U0203857

计算机技术开发与应用丛书

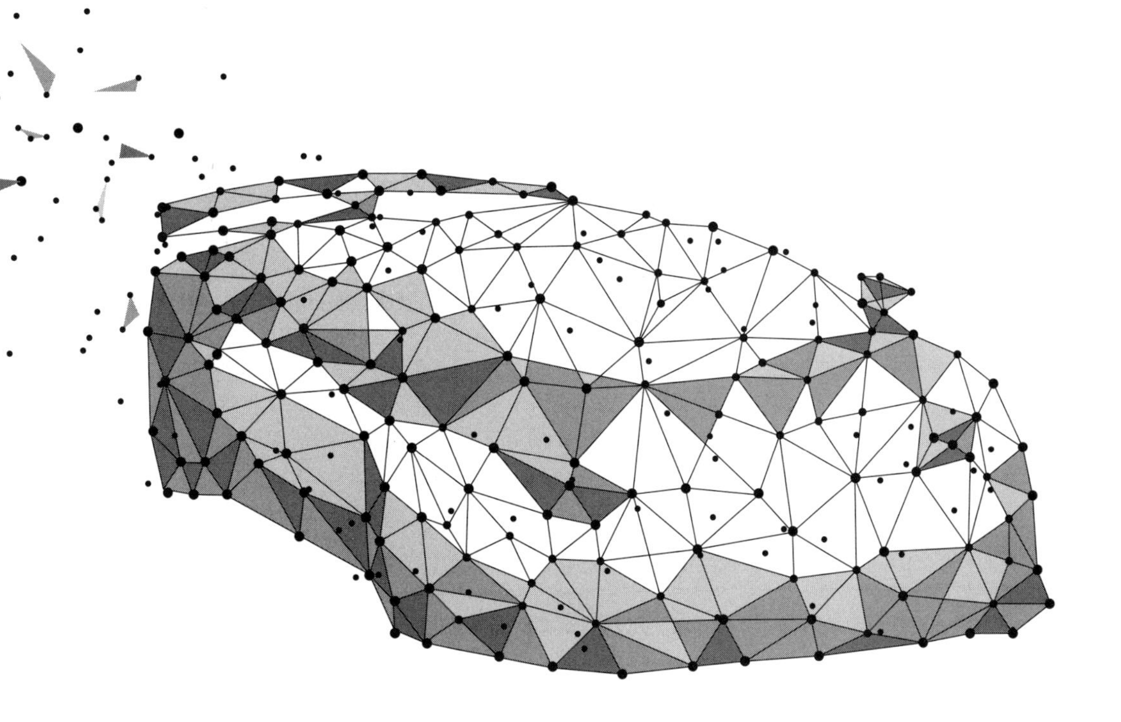

AutoCAD 快速入门教程

微课视频版

邵为龙 ◎ 编著

清华大学出版社
北京

内 容 简 介

本书针对零基础的高职高专、大学本科及广大工程技术人员，循序渐进地介绍使用 AutoCAD 2016 进行机械设计、建筑设计、室内设计的相关内容，包括 AutoCAD 概述、图形的绘制、精确高效绘图、图形的编辑、标注尺寸、文字与表格、图层、图块、样板文件的制作、参数化设计、轴测图、三维图形的绘制、三维图形的编辑、由三维图形制作二维工程图、综合应用案例等。

为了能够使读者更快地掌握该软件的基本功能，在内容安排上，书中结合大量的案例对 AutoCAD 软件中的一些抽象的概念、命令和功能进行讲解；在写作方式上，本书采用软件真实的操作界面，采用软件真实的对话框、操控板和按钮进行具体讲解，这样就可以让读者直观、准确地操作软件进行学习，从而尽快入手，提高学习效率。

本书内容全面、条理清晰、实例丰富、讲解详细、图文并茂，可作为高等院校和各类培训学校 AutoCAD 课程的教材或者上机练习素材，也可作为广大工程技术人员学习 AutoCAD 的自学教材或参考书。

图书在版编目（CIP）数据

AutoCAD快速入门教程：微课视频版 / 邵为龙编著. —北京：清华大学出版社，2023.8
（计算机技术开发与应用丛书）
ISBN 978-7-302-62855-2

Ⅰ. ①A… Ⅱ. ①邵… Ⅲ. ①AutoCAD软件 Ⅳ. ①TP391.72

中国国家版本馆CIP数据核字（2023）第035268号

责任编辑：赵佳霓
封面设计：吴　刚
责任校对：郝美丽
责任印制：宋　林

出版发行：清华大学出版社
网　　址：http://www.tup.com.cn, http://www.wqbook.com
地　　址：北京清华大学学研大厦 A 座　　**邮　　编：**100084
社 总 机：010-83470000　　**邮　　购：**010-62786544
投稿与读者服务：010-62776969，c-service@tup.tsinghua.edu.cn
质 量 反 馈：010-62772015，zhiliang@tup.tsinghua.edu.cn
课 件 下 载：http://www.tup.com.cn,010-83470236
印 装 者：三河市东方印刷有限公司
经　　销：全国新华书店
开　　本：186mm×240mm　　**印　　张：**14　　**字　　数：**318 千字
版　　次：2023 年 8 月第 1 版　　**印　　次：**2023 年 8 月第 1 次印刷
印　　数：1～1500
定　　价：49.00 元

产品编号：098835-01

前言

PREFACE

党的二十大报告中指出：教育、科技、人才是全面建设社会主义现代化国家的基础性、战略性支撑。必须坚持科技是第一生产力、人才是第一资源、创新是第一动力，深入实施科教兴国战略、人才强国战略、创新驱动发展战略，这三大战略共同服务于创新型国家的建设。高等教育与经济社会发展紧密相连，对促进就业创业、助力经济社会发展、增进人民福祉具有重要意义。

AutoCAD（Autodesk Computer Aided Design）是 Autodesk（欧特克）公司首次于 1982 年开发的自动计算机辅助设计软件，用于二维绘图、详细绘图、设计文档和基本三维设计，现已经成为国际上广为流行的绘图工具。AutoCAD 具有良好的用户界面，通过交互菜单或命令行方式便可以进行各种操作。它的多文档设计环境，让非计算机专业人员也能很快地学会使用，在不断实践的过程中更好地掌握它的各种应用和开发技巧，从而不断提高工作效率。AutoCAD 具有广泛的适应性，它可以在各种操作系统支持的微型计算机和工作站上运行。

AutoCAD 软件可以用于二维图形绘制和基本三维设计，通过它无须懂得编程即可自动制图，因此它在全球广泛使用，可以用于土木建筑、装饰装潢、工业制图、工程制图、电子工业和服装加工等多个领域。

本书系统、全面地讲解了 AutoCAD 2016 的常用功能，读者可快速入门，进而精通各种设计技巧，其特色如下：

（1）内容全面。涵盖了图形绘制、图形编辑、精确高效绘图、标注尺寸、文字与表格、图层、图块、参数化设计、轴测图、三维实体建模、工程图、样板文件制作。

（2）讲解详细，条理清晰。保证自学的读者能独立学习和实际使用 AutoCAD 软件。

（3）实例丰富。本书对软件的主要功能命令，先结合简单的实例进行讲解，然后安排一些较复杂的综合案例帮助读者深入理解、灵活运用。

（4）写法独特。采用 AutoCAD 2016 真实对话框、操控板和按钮进行讲解，使初学者可以直观、准确地操作软件，大大提高学习效率。

（5）附加值高。本书涵盖了几百个知识点、设计技巧，并根据工程师多年的设计经验有针对性地录制了教学视频，时间长达 719min。

资源下载提示

素材（源码）等资源：扫描目录上方的二维码下载。

视频等资源：扫描封底的文泉云盘防盗码，再扫描书中相应章节中的二维码，可以在线学习。

本书由济宁格宸教育咨询有限公司邵为龙编著，参加编写的人员还有程琪、吕广凤、邵玉霞、陆辉、祁树奎、石磊、邵翠丽、陈瑞河、吕凤霞、孙德荣、吕杰。本书经过多次审核，如有疏漏之处，恳请广大读者予以指正，以便及时更新和改正。

编著者

2023 年 5 月

目录

CONTENTS

教学课件（PPT）

示例文件

第1章

AutoCAD 概述

1.1 AutoCAD 简介

AutoCAD（Autodesk Computer Aided Design）是 Autodesk（欧特克）公司首次于 1982 年开发的自动计算机辅助设计软件，用于二维绘图、详细绘图、设计文档和基本三维设计，现已经成为国际上广为流行的绘图工具。

传统的手绘图纸是利用各种绘图仪器和工具进行绘图，其劳动强度相当大，如果数据有误，则修改起来非常麻烦，而使用 AutoCAD 进行绘图，设计人员只需边绘图边修改，直到绘制出满意的结果，然后利用图形输出设备将其打印便可完工，如果发现图纸有误，则只需再次打开文件进行简单修改，绘图效率相比于传统绘图明显提高。

AutoCAD 具有良好的用户界面，可通过交互菜单或命令行方便地进行各种操作。它的多文档设计环境，让非计算机专业人员能够很快地学会使用，进而在不断实践的过程中更好地掌握它的各种应用技巧，不断提高工作效率。AutoCAD 具有广泛的适应性，这就为它的普及创造了条件。AutoCAD 自问世至今，已被广泛地应用于机械、建筑、电子、冶金、地质、土木工程、气象、航天、造船、石油化工、纺织、轻工等领域，深受广大技术人员的欢迎。

1.2 AutoCAD 的基本功能

1. 平面绘图

AutoCAD 是一种能以多种方式创建直线、圆、椭圆、多边形、样条曲线等基本图形对象的绘图工具。AutoCAD 提供了正交、对象捕捉、极轴追踪、捕捉追踪等绘图辅助工具。正交功能使用户可以很方便地绘制水平、竖直直线，对象捕捉功能可帮助拾取几何对象上的特殊点，而追踪功能可使画斜线及沿不同方向定位点变得更加容易。

2. 编辑图形

AutoCAD 具有强大的编辑功能，可以移动、复制、旋转、阵列、拉伸、延长、修剪、缩放对象等。

AutoCAD 具有图层管理功能。图形对象都位于某一图层上，可设定图层颜色、线型、线宽等特性。

3. 三维绘图

对于二维图形，用户可以通过拉伸、旋转、扫掠、放样等方式得到三维实体，并且可以通过视图相关功能对视图进行旋转查看。另外还可以将三维实体赋予光源和材质，再通过渲染工具得到一张真实感极强的图片。

4. 图形的标注

AutoCAD 可以进行标注尺寸。可以创建多种类型尺寸，标注外观可以自行设定。

AutoCAD 可以进行书写文字。能轻易地在图形的任何位置、沿任何方向书写文字，可设定文字字体、倾斜角度及宽度缩放比例等属性。

5. 图形的输出打印

AutoCAD 不仅允许将绘制的图形以不同的样式通过绘图仪或者打印机输出，还可以将其他格式的图形导入 AutoCAD 中，或者将 AutoCAD 图形以其他格式导出，这就使 AutoCAD 可与其他软件更好地进行协作工作。

7min

1.3 软件的启动与退出

1.3.1 软件的启动

启动 AutoCAD 软件主要有以下几种方法。

方法 1：双击 Windows 桌面上的 AutoCAD 2016 软件快捷图标，如图 1.1 所示。

方法 2：右击 Windows 桌面上的 AutoCAD 2016 软件快捷图标并选择“打开”命令，如图 1.2 所示。

图 1.1 AutoCAD 2016 快捷图标

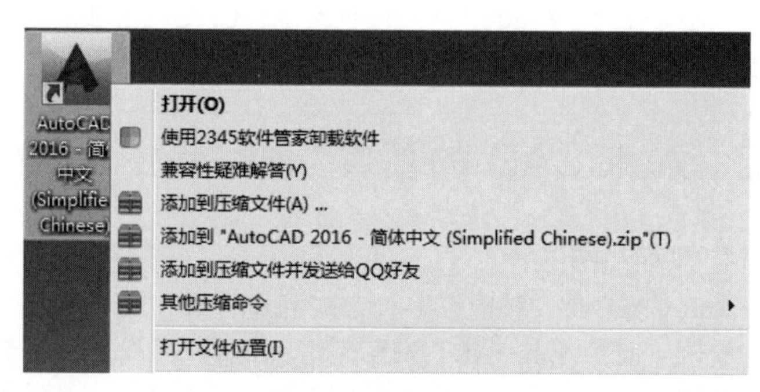

图 1.2 右击快捷菜单

说明：读者在正常安装 AutoCAD 2016 之后，在 Windows 桌面上都会显示 AutoCAD 2016 的快捷图标。

方法 3：从 Windows 系统开始菜单启动 AutoCAD 2016 软件，操作方法如下。

步骤 1：单击 Windows 左下角的按钮。

步骤 2：选择→ 所有程序→ Autodesk → AutoCAD 2016 - 简体中文→ AutoCAD 2016 - 简体中文

命令，如图 1.3 所示。

图 1.3　Windows 开始菜单

方法 4：双击现有的 AutoCAD 文件也可以启动软件。

1.3.2　软件的退出

退出 AutoCAD 软件主要有以下几种方法。

方法 1：选择下拉菜单“文件”→“退出”命令退出软件。

方法 2：单击软件右上角的 × 按钮。

方法 3：在命令行中输入 EXIT 或 QUIT 命令，然后按 Enter 键。

说明：在退出 AutoCAD 时，如果还没有对每个打开的图形保存最近的更改（例如绘制了一条线），系统则会弹出 AutoCAD 对话框，将提示是否要将更改保存到当前的图形中，单击 是(Y) 按钮将退出 AutoCAD 并保存更改；单击 否(N) 按钮将退出 AutoCAD 而不保存更改；单击 取消 按钮将不退出 AutoCAD，维持现有的状态。

1.4　AutoCAD 2016 软件的工作界面

在学习本节前，先打开一个随书配套的模型文件。选择下拉菜单“文件”→“打开”命令，在“打开”对话框中的选择目录 D:\AutoCAD2016\work\ch01.04，选中“工作界面”文件，单击“打开”按钮。

AutoCAD 2016 版本草图与注释工作空间的工作界面主要包括快速访问工具栏、下拉菜单、功能选项卡区（功能区）、绘图区、ViewCube、导航栏、命令行、状态栏等，如图 1.4 所示。

1. 快速访问工具栏

快速访问工具栏包含了与文件操作相关的功能命令，例如新建、打开、保存、打印等，主要作用是帮助我们执行与文件相关的常用功能命令。

自定义快速访问工具栏的方法：单击快速访问工具栏最右侧的 ▼ 按钮，系统会弹出“自定义快速访问工具栏”下拉列表，通过此列表用户可以非常方便地控制功能是否显示在快速访问工具栏；我们会发现有一些功能的前面有 ☑，有的前面没有 ☑，有 ☑ 代表此功能已经显示在快速访问工具栏中，没有 ☑ 代表此功能没有显示在快速访问工具栏。

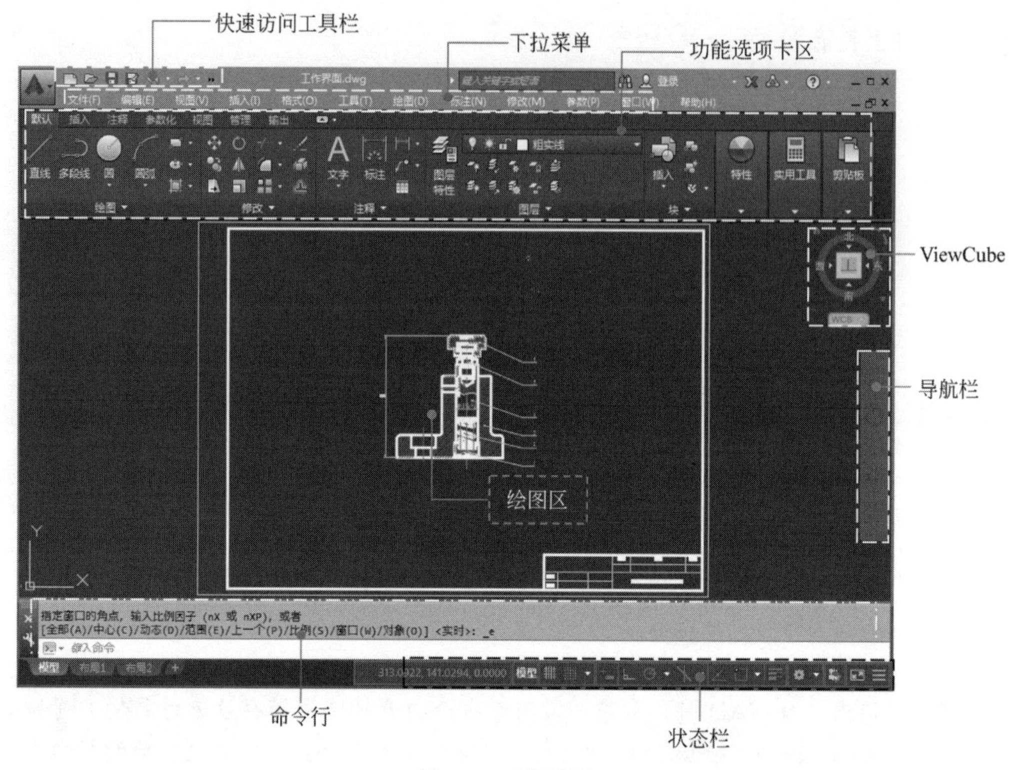

图 1.4　工作界面

快速访问工具栏的自定义：默认情况下快速访问工具栏在功能选项卡的上方显示，如图 1.4 所示；用户通过单击快速访问工具栏最右侧的▾按钮，在系统弹出的下拉菜单中选择“在功能区下方显示”就可以将下拉菜单显示在功能选项卡的下方，如图 1.5 所示。

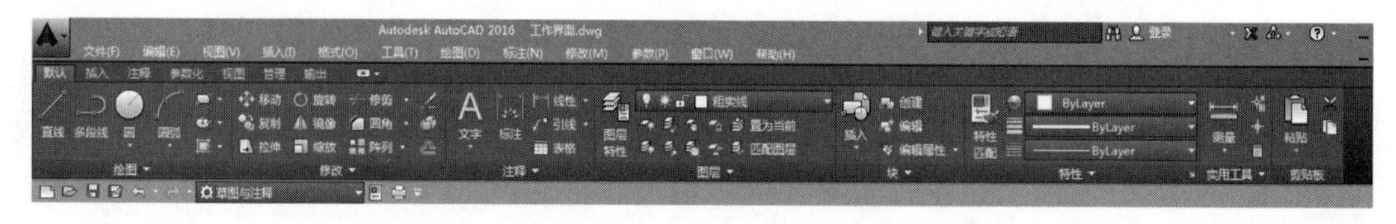

图 1.5　在功能选项卡下方显示快速访问工具栏

2. 下拉菜单

下拉菜单由文件、编辑、视图、插入、格式、工具、绘图、标注、修改、参数、窗口和帮助组成。若要显示某个下拉菜单，则可直接单击其菜单名称，也可以同时按下 Alt 键和显示在该菜单名后边的热键字符。例如，要显示“格式”下拉菜单，可同时按下 Alt 键和 O 字符。下拉菜单的主要作用是帮助我们执行相关的功能命令。

注意：下拉菜单功能命令的特点是比较全，我们在使用 AutoCAD 执行功能命令时绝大多数的功能命令可以在下拉菜单中找到。

下拉菜单的显示与隐藏：在默认情况下下拉菜单是隐藏的，用户通过单击快速访问工具栏最右侧的按钮，在系统弹出的下拉菜单中选择“显示菜单栏”就可以显示菜单栏了。

3. 功能选项卡区（功能区）

功能选项卡显示了 AutoCAD 中的常用功能按钮，并以选项卡的形式进行分类；有的面板中没有足够的空间显示所有的按钮，用户在使用时可以单击下方或者右侧带三角的按钮，以展开折叠区域，显示其他相关的命令按钮。

下面是 AutoCAD 中部分选项卡的介绍。

（1）默认功能选项卡包含 AutoCAD 中常用的工具，主要有绘图工具、编辑工具、注释标注工具、图层工具、图块工具、特性修改工具等，如图 1.6 所示。

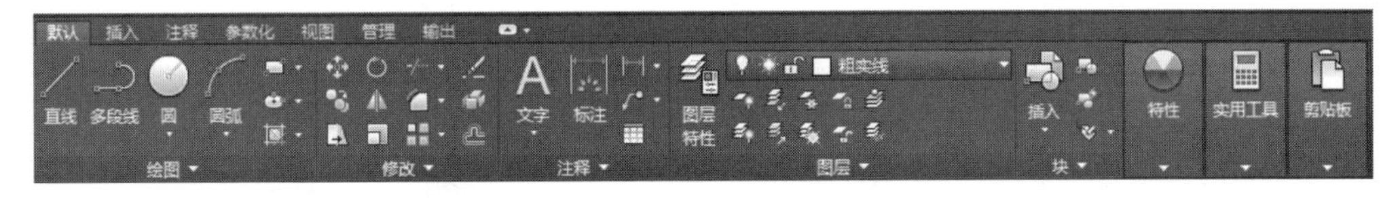

图 1.6　默认功能选项卡

（2）插入功能选项卡用于创建图块、插入使用图块、插入外部参考、插入外部输入等，如图 1.7 所示。

图 1.7　插入功能选项卡

（3）注释功能选项卡用于文字的输入、文字样式的设置、尺寸标注、标注样式的设置、引线标注、表格的创建、表格样式的设置等，如图 1.8 所示。

图 1.8　注释功能选项卡

（4）参数化功能选项卡用于几何约束的添加、尺寸约束的添加及约束的基本设置等，如图 1.9 所示。

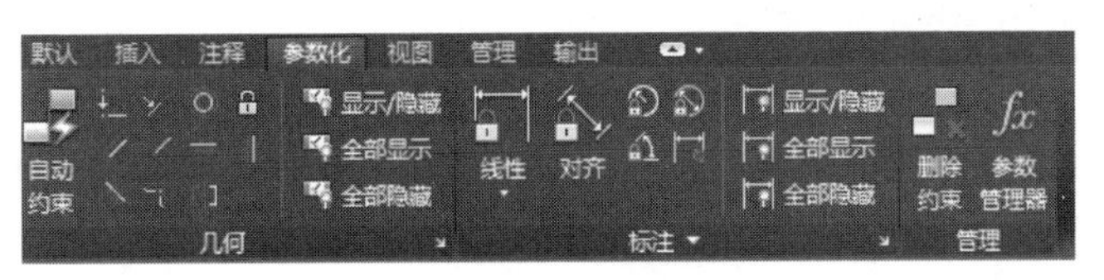

图 1.9　参数化功能选项卡

（5）视图功能选项卡主要用于视图窗口的定制、视图的保存、模型视口等，如图 1.10

所示。

图 1.10　视图功能选项卡

（6）管理功能选项卡主要用于常规动作的录制、用户界面的自定义、应用程序的加载及无用对象的清理等，如图 1.11 所示。

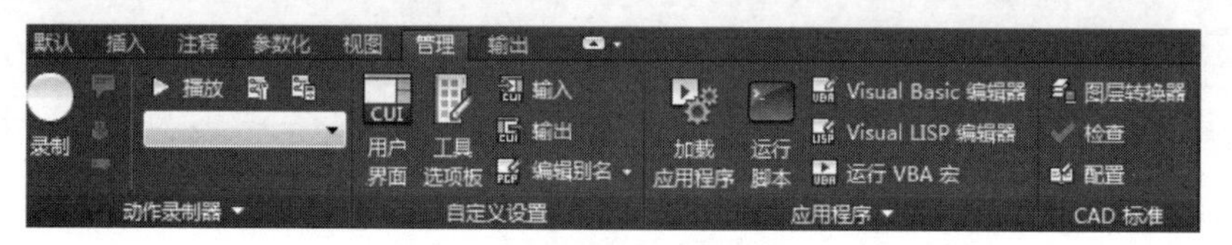

图 1.11　管理功能选项卡

4. 图形区（绘图区）

绘图区是用户绘图的工作区域，它占据了屏幕的绝大部分空间，用户绘制的任何内容都将显示在这个区域中。可以根据需要关闭一些工具栏或缩小界面中的其他窗口，以增大绘图区；绘图区中除了可以显示当前的绘图结果外，还可显示当前坐标系的图标，该图标可标识坐标系的类型、坐标原点及 *X*、*Y*、Z 轴的方向。

5. ViewCube

ViewCube 是用户在二维模型空间或三维视觉样式中处理图形时显示的导航工具。主视图方位如图 1.12 所示，上视图方位如图 1.13 所示。通过 ViewCube 用户可以在标准视图和等轴测视图间切换。显示 ViewCube 时，它将显示在模型上绘图区域中的一个角上，并且处于非活动状态。ViewCube 工具将在视图更改时提供有关模型当前视点的直观反映。当光标放置在 ViewCube 工具上时，它将变为活动状态。用户可以拖动或单击 ViewCube、切换至可用预设视图之一、滚动当前视图或更改为模型的主视图。

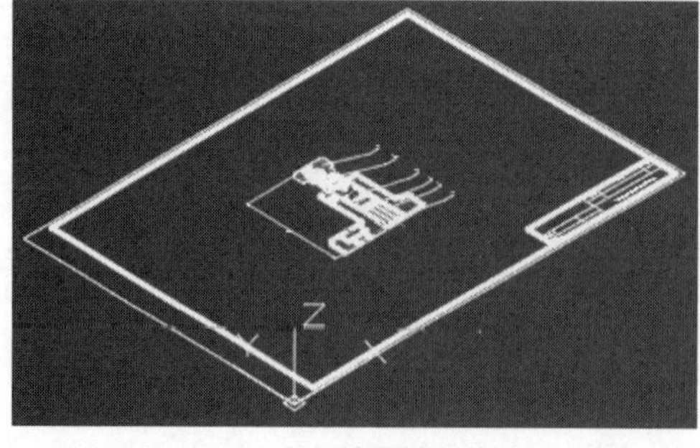

（a）绘图区　　（b）ViewCube

图 1.12　主视图方位

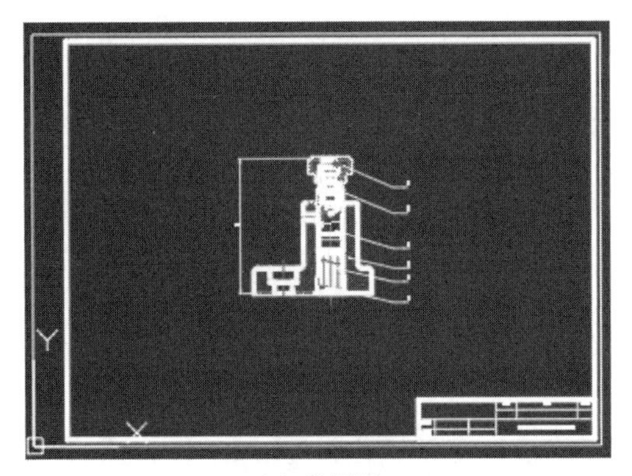

（a）绘图区

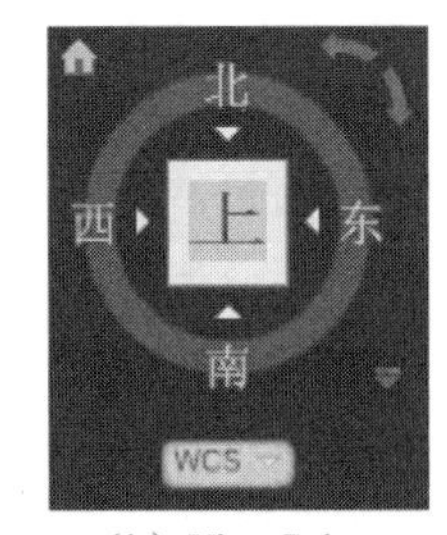

（b）ViewCube

图 1.13　上视图方位

注意：用户如果在图形区看不到 ViewCube，则单击 视图 功能选项卡，在  区域选中 （ViewCube）即可。

6. 导航栏

导航栏是一种用户界面元素，用户可以从中访问通用导航工具和特定于产品的导航工具。

通用导航工具包含 ViewCube（指示模型的当前方向，并用于重定向模型的当前视图）、SteeringWheels（提供在专用导航工具之间快速切换的控制盘集合）、平移（平行于屏幕移动视图）、缩放（提供一组导航工具，用于增大或缩小模型的当前视图的比例）、动态观察（用于旋转模型当前视图的导航工具集）与 ShowMotion（可提供用于创建和回放以便进行设计查看、演示和书签样式导航的屏幕显示）。

在默认情况下导航栏与 ViewCube 是相连的，此时导航栏位于 ViewCube 之上或之下，并且方向为竖直。当没有连接到 ViewCube 时，导航栏可以沿绘图区域的一条边自由对齐。

断开连接的方法：单击导航栏右下角的 ，在系统弹出的快捷菜单中选择“固定位置”下的“连接到 ViewCube”，断开连接后导航栏的位置就可以独立放置了。

注意：用户如果在图形区看不到导航栏，则单击 视图 功能选项卡，在 视口工具 区域选中 （导航栏）即可。

7. 命令行

系统命令行用于输入 AutoCAD 命令或查看命令提示和消息，它位于绘图窗口的下面。文本窗口是记录 AutoCAD 命令的窗口，是放大的“命令行窗口”，它记录了已执行的命令，也可以在其中输入新命令，如图 1.14 所示。

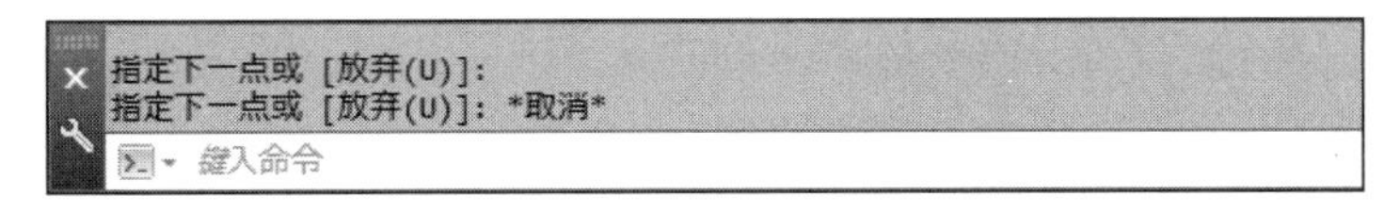

图 1.14　命令行

注意：用户如果在图形区看不到命令行，则可以通过选择下拉菜单“工具”→“命令行”

命令显示命令行。或者按下快捷键 Ctrl+9 快速显示命令行。

8. 状态栏

状态栏位于屏幕的底部，如图 1.15 所示，它用于显示当前鼠标光标的坐标位置，以及控制与切换各种 AutoCAD 模式的状态。状态栏中包括坐标显示区和 (模型或图纸空间)、 (显示图形栅格)、 (捕捉模式)、 (正交限制开关)、 (动态输入)、 (极轴追踪) (等轴测草图)、 (对象捕捉追踪)、 (对象捕捉)、 (切换工作空间)按钮，当鼠标光标在工具栏或菜单命令上停留片刻时，状态栏中会显示有关的信息，如命令的解释等。

图 1.15 状态栏

6min

1.5 AutoCAD 基本鼠标操作

在默认情况下，鼠标光标处于标准模式（呈十字交叉线形状），十字交叉线的交叉点是光标的实际位置，如图 1.16 所示。当移动鼠标时，光标在屏幕上移动；当光标移动到屏幕上的不同区域时，其形状也会相应地发生变化。如将光标移至菜单选项、工具栏或对话框内时，它会变成一个箭头。另外，光标的形状会随当前激活的命令的不同而变化。例如激活直线命令后，当系统提示指定一个点时，光标将显示为十字交叉线，可以在绘图区拾取点，而当命令行提示选取对象时，光标则显示为小方框（又称拾取框），用于选择图形中的对象。

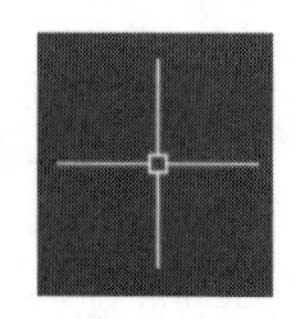

图 1.16 鼠标光标

在 AutoCAD 中，鼠标按键的主要功能如下。

（1）左键：也称为拾取键（或选择键），用于在绘图区中拾取所需要的点，或者选择对象、工具栏按钮和菜单命令等。

（2）中键：用于缩放和平移视图。

（3）右键：单击右键即右击时，系统可根据当前绘图状态弹出相应的快捷菜单，然后单击左键可选择命令。右键功能可以修改，方法是选择下拉菜单 工具(T) → 选项(N)... 命令，系统会弹出“选项”对话框，在“选项”对话框的 用户系统配置 选项卡中，单击 自定义右键单击(I)... 按钮，在弹出的“自定义右键”对话框中进行所需的修改。

1.6 AutoCAD 文件操作

4min

1.6.1 新建文件

在实际的产品设计中，当新建一个 AutoCAD 图形文件时，往往要使用一个样板文件（图纸），样板文件中通常包含与绘图相关的一些通用设置，如图层、图块、图框、标题栏、线型、文字样式、标注样式等。利用样板创建新图形不仅能提高设计效率，也能保证企业产品图形的一致性，有利于实现产品设计的标准化。

下面介绍新建文件的一般操作。

步骤 1：选择命令。选择下拉菜单“文件”→“新建”命令，或者单击快速访问工具栏中的命令，系统会弹出“选择样板”对话框。

选择命令还有以下两种方法：选择应用程序下的新建命令；在命令行中输入 new 后按 Enter 键。

步骤 2：选择合适的样板文件。在“选择样板” 对话框的“文件类型”下拉列表中选择“图形样板（*.dwt）”类型，选取 acadiso 的样板文件。

步骤 3：单击 打开(O) 按钮，完成新建操作。

1.6.2　打开文件

下面介绍打开文件的一般操作。

步骤 1：选择命令。选择下拉菜单“文件”→“打开”命令，或者单击快速访问工具栏中的命令，系统会弹出“选择文件”对话框。

步骤 2：选择需要打开的文件。在“选择文件” 对话框“查找范围”下拉列表中选择打开文件所在的位置，然后选中需要打开的文件。

步骤 3：单击 打开(O) 按钮完成操作。

注意：读者除了可以采用常规的方式打开文件外，还可以根据需要选择“以只读方式打开”“局部打开”“以只读方式局部打开”等打开方式，如图 1.17 所示。

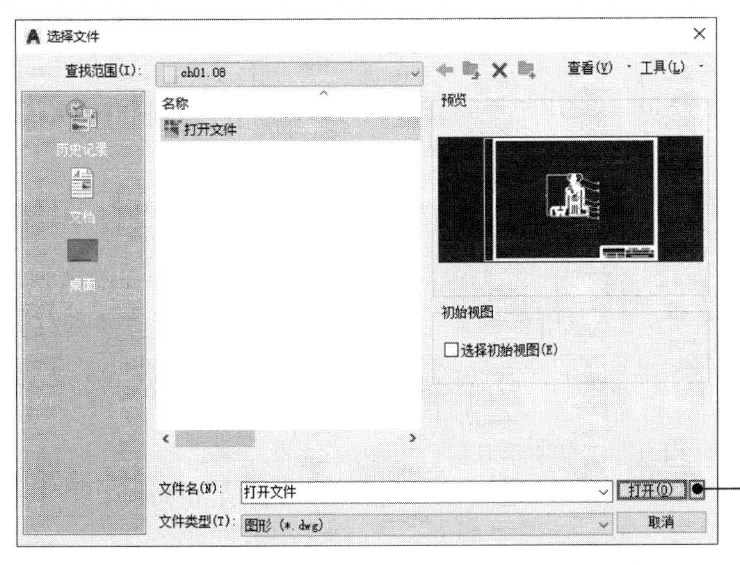

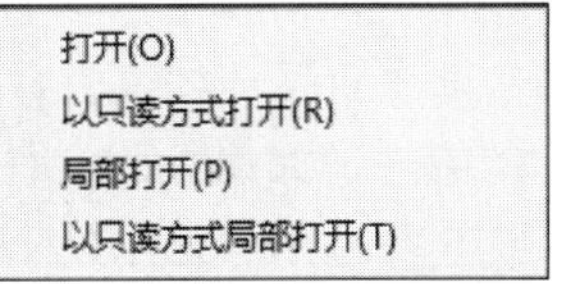

图 1.17 “打开”对话框

8min

1.6.3 保存文件

保存文件非常重要，读者一定要养成间隔一段时间就对所做工作进行保存的习惯，这样就可以避免出现一些意外而造成不必要的麻烦。保存文件分两种情况：如果要保存已经打开的文件，文件保存后系统则会自动覆盖当前文件；如果要保存新建的文件，系统则会弹出另存为对话框。下面以新建一个 save 文件并保存为例，说明保存文件的一般操作过程。

步骤 1：新建文件。选择快速访问工具栏中的 （或者选择下拉菜单“文件”→“新建”命令），系统会弹出“选择样板”对话框。

步骤 2：选择样板文件。在“选择样板”对话框中选择 acadiso 的样板文件，然后单击 打开(O) ▾ 按钮。

步骤 3：保存文件。选择快速访问工具栏中的 命令（或者选择下拉菜单“文件”→“保存”命令），系统会弹出“图形另存为”对话框。

步骤 4：在“图形另存为”对话框中选择文件保存的路径，例如 D:\AutoCAD2016\ch01.06，在文件名文本框中输入文件名称（例如 save），单击“图形另存为”对话框中的 保存(S) 按钮，即可完成保存工作。

注意：

在文件下拉菜单中有一个另存为命令，保存与另存为的区别主要在于：保存是保存当前文件，另存为可以将当前文件复制进行保存，并且保存时可以调整文件名称，原始文件不受影响。

为了方便早期版本的 AutoCAD 可以打开 AutoCAD 2016 的图形文件，在保存文件时，可以保存为较早格式的类型。在“图形另存为”对话框中单击“文件类型”的下拉列表，在打开的列表中包括 16 种类型的保存格式，选择其中一种较早的文件类型后单击 保存(S) 按钮即可。

为了避免系统崩溃或者突然断电引起的文件丢失问题，AutoCAD 会进行自动保存，默认情况下软件每隔 10min 保存一次，用户也可以根据自己的实际情况进行设置，选择下拉菜单 工具(T) → 选项(N)... 命令，在系统弹出的“选项”对话框中选择“打开和保存”选项卡，在“文件安全措施”区域选中“自动保存”，在下方的文本框输入保存间隔的时间即可。

1.6.4 关闭文件

关闭文件主要有以下两种情况。

第一，如果关闭文件前已经对文件进行了保存，则可以选择下拉菜单“文件”→“关闭”命令直接关闭文件。

第二，如果关闭文件前没有对文件进行保存，则在选择 “文件”→“关闭”命令后，系统会弹出 AutoCAD 对话框，提示用户是否需要保存文件，此时单击对话框中的“是”按钮就可以将文件保存后关闭；单击“否”按钮将不保存文件而直接关闭，单击“取消”按钮将结束关闭文件操作。

第 2 章

图形的绘制

2.1 线对象的绘制

2.1.1 直线的绘制

通过定义直线上的两个点就可以确定一条直线，直线是实际绘图中用得最多的图形对象，大多数的图形是由直线组成的，因此需要熟练掌握直线的相关绘制方法。

1. 一般直线

步骤 1：选择命令。单击“默认”功能选项卡“绘图”区域中的命令。

说明：进入直线命令还有以下两种方法。

方法一：选择下拉菜单 绘图(D)→ 直线(L) 命令。

方法二：在命令行中输入 LINE 命令，并按 Enter 键。注意，AutoCAD 的很多命令可以采用简化输入法（输入命令的第 1 个字母或前两个字母），例如 LINE 命令就可以直接输入 L（不分大小写），并按 Enter 键。

步骤 2：指定第 1 个点。在系统 LINE 指定第 1 个点: 的提示下，将鼠标移动到图形区域合适的位置单击即可确定第 1 个点（单击位置就是起始点位置），此时可以在绘图区看到“橡皮筋”线附着在鼠标指针上，如图 2.1 所示。

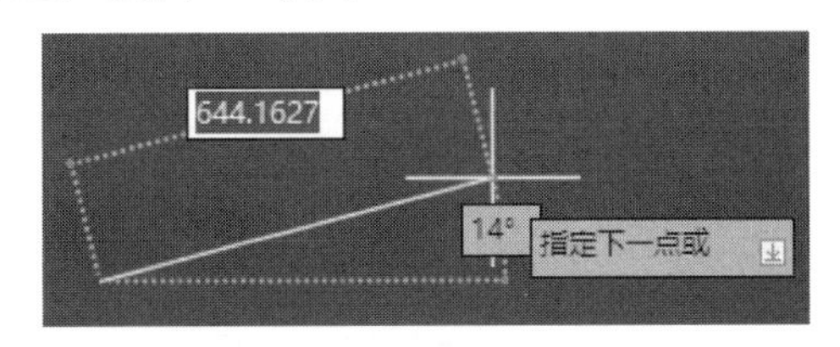

图 2.1 “橡皮筋”线

步骤 3：指定第 2 个点。在系统 LINE 指定下一点或 [放弃(U)]: 的提示下，在图形区任意位置单击，即可确定直线的终点（单击位置就是终点位置），系统会自动在起点和终点之间绘制一条直线，并且在直线的终点处再次出现“橡皮筋”线。

步骤 4：结束绘制。在键盘上按 Esc 键，结束直线的绘制。

2. 水平竖直特定长度直线

步骤 1：选择命令。单击“默认”功能选项卡“绘图区域中的命令。

步骤 2：指定第 1 个点。在系统LINE 指定第 1 个点:的提示下，将鼠标移动到图形区域合适的位置单击即可确定第 1 个点（单击位置就是起始点位置）。

步骤 3：定义角度。水平移动鼠标，当看到如图 2.2 所示的水平虚线就说明当前直线为水平线。

步骤 4：定义长度。在如图 2.2 所示的长度文本框中输入直线的长度值（例如 200），按 Enter 键确定。

注意：

只有打开状态栏中的极轴追踪才可以捕捉水平竖直虚线，否则将无法捕捉。

只有打开动态输入才可以手动输入直线的长度值，否则将无法输入。

步骤 5：结束绘制。在键盘上按 Esc 键，结束直线的绘制。

3. 倾斜一定角度的直线

步骤 1：选择命令。单击“默认”功能选项卡“绘图”区域中的命令。

步骤 2：指定第 1 个点。在系统LINE 指定第 1 个点: 的提示下，将鼠标移动到图形区域合适的位置单击即可确定第 1 个点（单击位置就是起始点位置）。

步骤 3：定义长度。在如图 2.3 所示的长度文本框中输入直线的长度值（例如 100）。

步骤 4：定义角度。按键盘的 Tab 键切换到角度文本框输入角度值（例如 30），按 Enter 键确定。

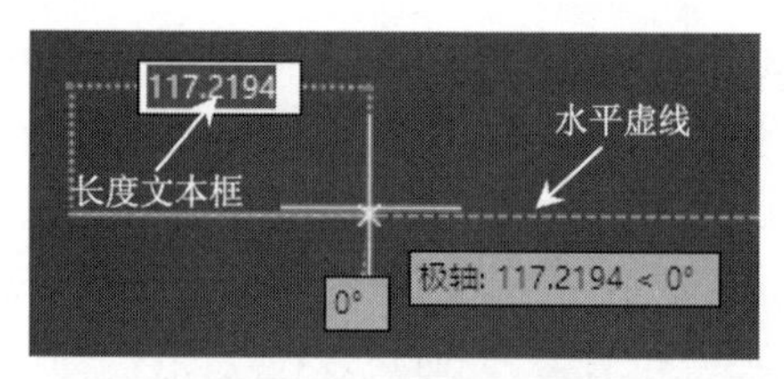

图 2.2 定义角度和长度

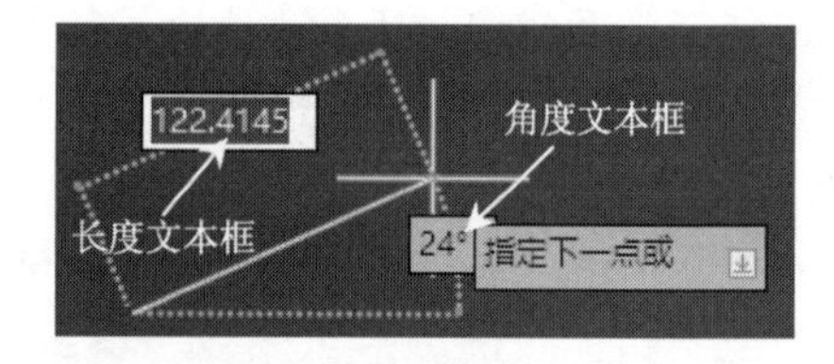

图 2.3 定义角度和长度

说明：只有打开动态输入才可以手动输入直线的长度值与角度值，否则将无法输入。

步骤 5：结束绘制。在键盘上按 Esc 键，结束直线的绘制。

4. 连续直线

下面以绘制如图 2.4 所示的图形为例介绍绘制连续直线的一般方法。

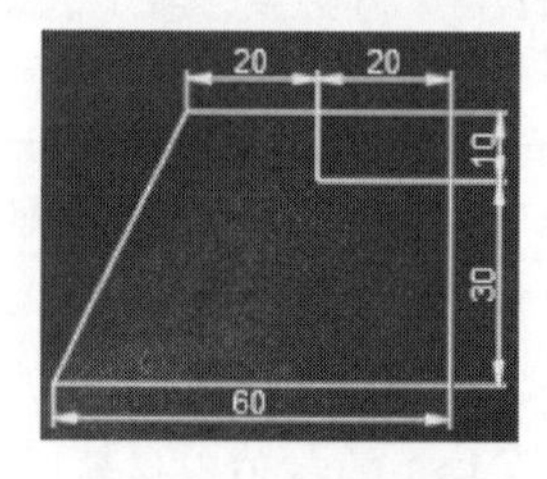

图 2.4 连续直线

步骤 1：选择命令。单击“默认”功能选项卡“绘图”区域中的命令。

步骤 2：绘制如图 2.5 所示的第 1 段直线。在系统 LINE 指定第 1 个点：的提示下，将鼠标移动到图形区域合适的位置单击即可确定第 1 个点（单击位置就是起始点位置），水平向右移动鼠标捕捉到水平虚线，然后在长度文本框输入长度值 20，按 Enter 键确定。

步骤 3：绘制如图 2.6 所示的第 2 段直线。竖直向下移动鼠标捕捉到竖直虚线，然后在长度文本框输入长度值 10，按 Enter 键确定。

步骤 4：绘制如图 2.7 所示的第 3 段直线。水平向右移动鼠标捕捉到水平虚线，然后在长度文本框输入长度值 20，按 Enter 键确定。

图 2.5 第 1 段直线

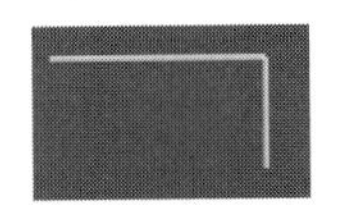

图 2.6 第 2 段直线

图 2.7 第 3 段直线

步骤 5：绘制如图 2.8 所示的第 4 段直线。竖直向下移动鼠标捕捉到竖直虚线，然后在长度文本框输入长度值 30，按 Enter 键确定。

步骤 6：绘制如图 2.9 所示的第 5 段直线。水平向左移动鼠标捕捉到水平虚线，然后在长度文本框输入长度值 60，按 Enter 键确定。

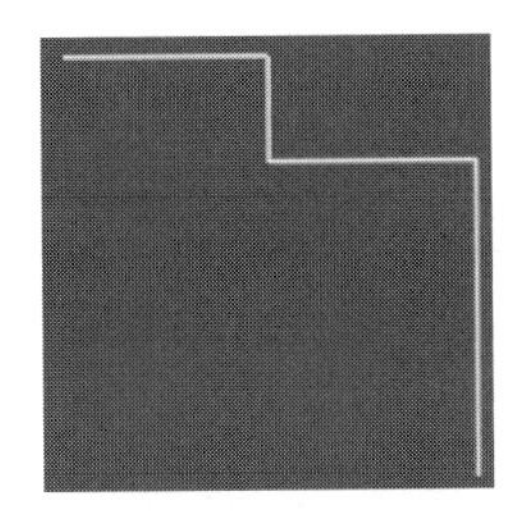

图 2.8 第 4 段直线

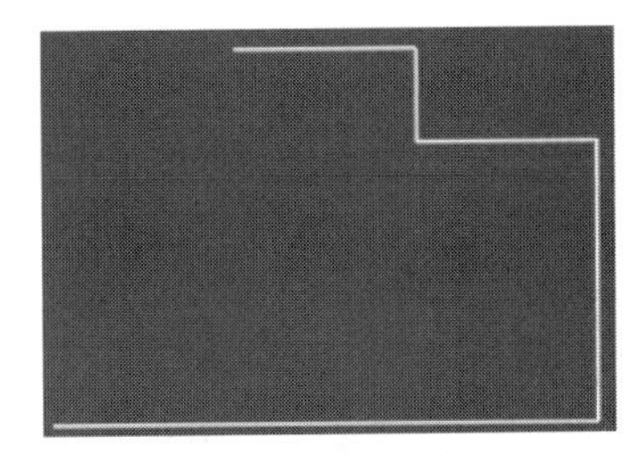

图 2.9 第 5 段直线

步骤 7：绘制第 6 段直线。在 LINE 指定下一点或 [闭合(C) 放弃(U)]：的提示下选择“闭合”选项完成第 6 段直线的绘制。

2.1.2 射线的绘制

7min

射线是指从某点出发沿着指定的方向无限延伸所得到的线。由于实际中不存在无限长度的线，因此射线在绘制图形中主要起到辅助参考的作用。

下面以绘制如图 2.10 所示的图形为例介绍绘制射线的一般方法。

步骤 1：绘制如图 2.11 所示的水平直线。单击“默认”功能选项卡“绘图”区域中的命令，在系统提示下，将鼠标移动到图形区域合适的位置单击即可确定第 1 个点（单击位置就是起始点位置），水平向右移动鼠标捕捉到水平虚线，然后在长度文本框输入长度值 60，按 Enter 键确定，在键盘上按 Esc 键，结束直线的绘制。

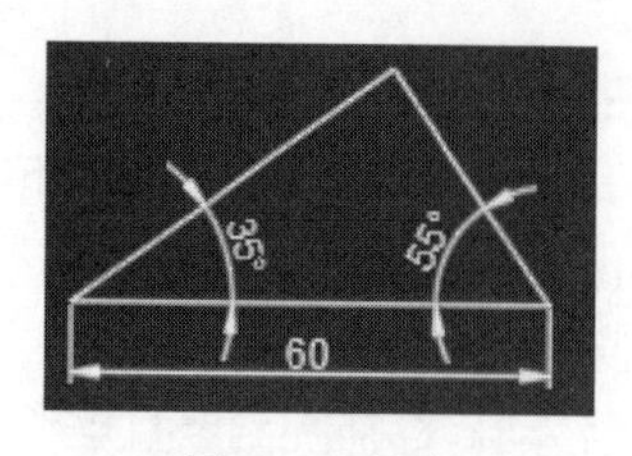

图 2.10 射线

图 2.11 水平直线

步骤 2：选择命令。单击“默认”功能选项卡“绘图”后的节点，在系统弹出的列表中选择命令。

步骤 3：定义位置。在系统 RAY _ray 指定起点：的提示下选取步骤 1 绘制直线的左侧端点作为参考，移动鼠标可以看到如图 2.12 所示的射线预览。

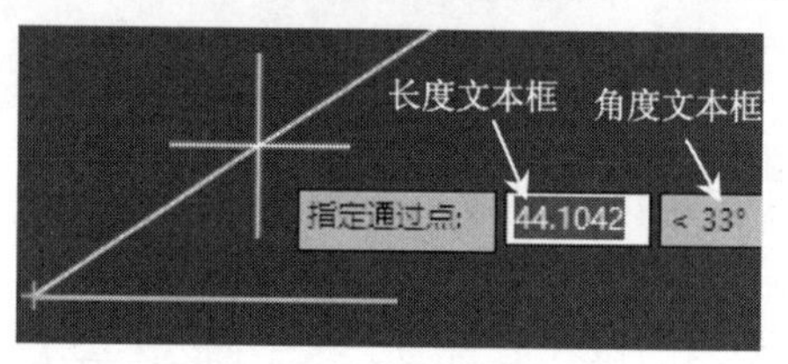

图 2.12 定义位置

步骤 4：定义角度。在系统 RAY 指定通过点：的提示下按 Tab 键切换到角度文本框，输入角度 35 并按 Enter 键确认，在键盘上按 Esc 键，结束射线的绘制，效果如图 2.13 所示。

步骤 5：参考步骤 2~步骤 4 的操作绘制如图 2.14 所示的射线（射线通过步骤 1 绘制直线的右端点，角度为 125）。

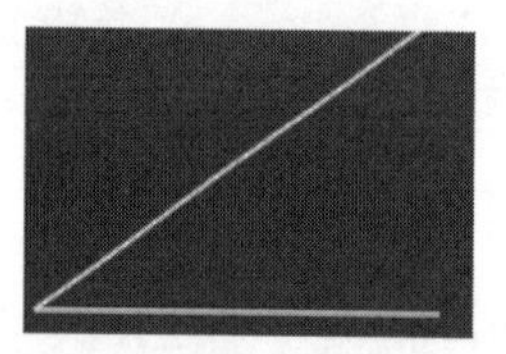

图 2.13 射线 1

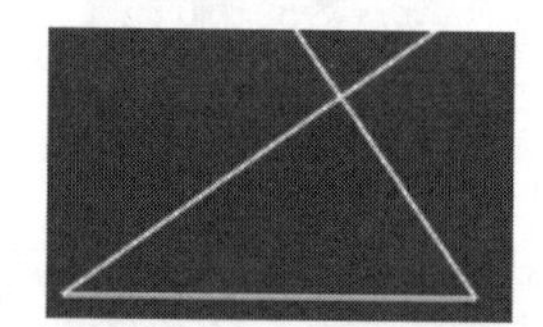

图 2.14 射线 2

步骤 6：修剪多余对象。单击“默认”功能选项卡“修改”区域中的 修剪 命令，在系统 TRIM [剪切边(T) 窗交(C) 模式(O) 投影(P) 删除(R)]：的提示下按 Enter 键，然后选取如图 2.15 所示的对象，在键盘上按 Esc 键，结束操作，效果如图 2.16 所示。

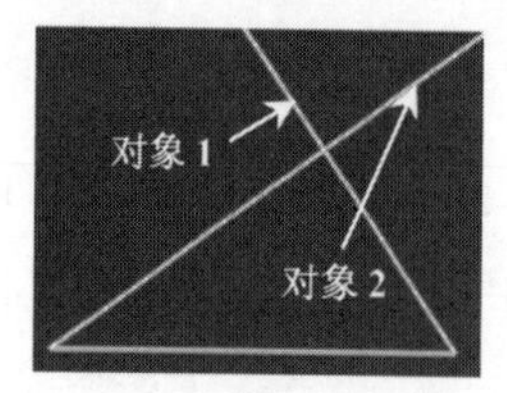

图 2.15 要修剪的对象

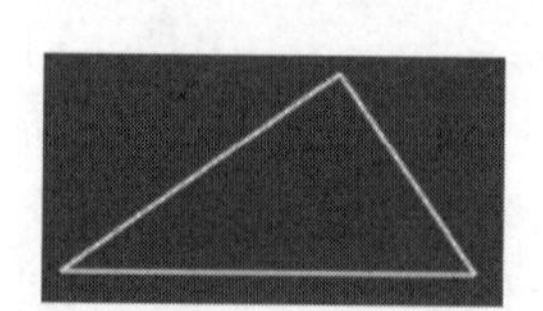

图 2.16 修剪后

2.1.3　构造线的绘制

12min

构造线是一条通过指定点的无限延长的直线，该点被认定为构造线概念上的中点。在绘图过程中，构造线一般作为我们绘图中的辅助线来使用。

1. 水平构造线

步骤 1：选择命令。单击“默认”功能选项卡“绘图”后的▾节点，在系统弹出的列表中选择⤢命令。

步骤 2：选择构造线类型。在系统 XLINE 指定点或 [水平(H) 垂直(V) 角度(A) 二等分(B) 偏移(O)]: 的提示下，选择 水平(H) 选项（或者在命令行输入 H，然后按 Enter 键）。

步骤 3：指定构造线的通过点。在命令行 XLINE 指定通过点: 的提示下，将鼠标光标移至屏幕上的任意位置并单击，系统便在绘图区中绘出通过该点的水平构造线，如图 2.17 所示。

步骤 4：如果需要继续绘制水平构造线，则可以继续单击放置，如果不想放置，则可以在键盘上按 Esc 键，结束构造线的绘制。

2. 与水平轴成一定角度的构造线

步骤 1：选择命令。单击“默认”功能选项卡“绘图”后的▾节点，在系统弹出的列表中选择⤢命令。

步骤 2：选择构造线类型。在系统 XLINE 指定点或 [水平(H) 垂直(V) 角度(A) 二等分(B) 偏移(O)]: 的提示下，选择 角度(A) 选项（或者在命令行输入 A，然后按 Enter 键）。

步骤 3：指定构造线角度。在命令行 XLINE 输入构造线的角度 (0) 或 [参照(R)]: 的提示下，输入构造线的角度（例如 30）。

步骤 4：指定构造线的通过点。在命令行 XLINE 指定通过点: 的提示下，将鼠标光标移至屏幕上的任意位置并单击，系统便在绘图区中绘出通过该点的特定角度的构造线，如图 2.18 所示。

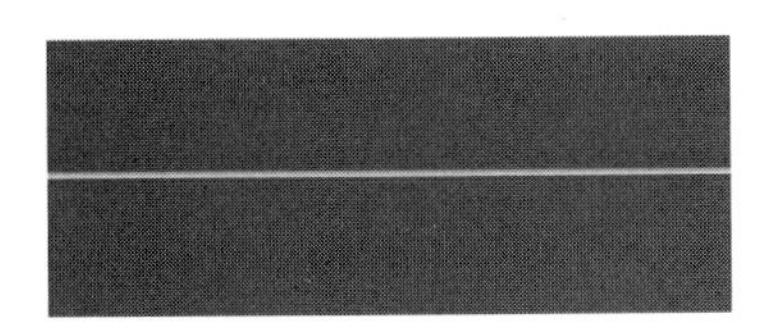

图 2.17　水平构造线

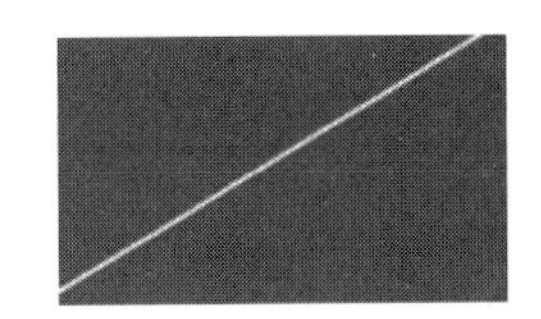

图 2.18　与水平轴成一定角度的构造线

步骤 5：如果需要继续绘制构造线，则可以继续单击放置，如果不想放置，则可以在键盘上按 Esc 键，结束构造线的绘制。

3. 二等分构造线

二等分构造线是指通过角的顶点且平分该角的构造线。

步骤 1：打开文件。打开文件 D:\AutoCAD2016\work\ch02.01\03\构造线 02-ex。

步骤 2：选择命令。单击“默认”功能选项卡“绘图”后的▾节点，在系统弹出的列表中选择⤢命令。

步骤 3：选择构造线类型。在系统 XLINE 指定点或 [水平(H) 垂直(V) 角度(A) 二等分(B) 偏移(O)]：的提示下，选择 二等分(B) 选项（或者在命令行输入 B，然后按 Enter 键）。

步骤 4：指定构造线顶点。在命令行 XLINE 指定角的顶点：的提示下，选取如图 2.19 所示的顶点参考。

步骤 5：指定构造线起点。在命令行 XLINE 指定角的起点：的提示下，选取如图 2.19 所示的起点参考。

步骤 6：指定构造线端点。在命令行 XLINE 指定角的端点：的提示下，选取如图 2.19 所示的端点参考。

步骤 7：结束操作。在键盘上按 Esc 键，结束构造线的绘制，效果如图 2.20 所示。

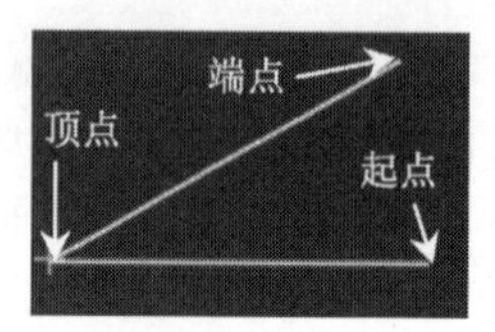

图 2.19 构造线顶点、起点与端点

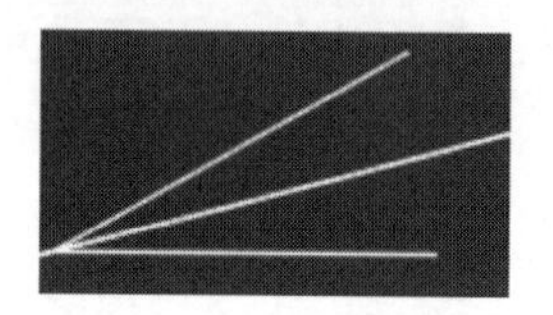
图 2.20 二等分构造线

4. 偏移构造线

偏移构造线是指与现有直线平行并且通过一定的距离或者通过指定的点得到的构造线。

步骤 1：打开文件。打开文件 D:\AutoCAD2016\work\ch02.01\03\构造线 03-ex。

步骤 2：选择命令。单击“默认”功能选项卡“绘图”后的 ▾ 节点，在系统弹出的列表中选择 命令。

步骤 3：选择构造线类型。在系统 XLINE 指定点或 [水平(H) 垂直(V) 角度(A) 二等分(B) 偏移(O)]：的提示下，选择 偏移(O) 选项（或者在命令行输入 O，然后按 Enter 键）。

步骤 4：定义偏移距离。在命令行 XLINE 指定偏移距离或 [通过(T)] 的提示下，输入距离 100，按 Enter 键确认。

步骤 5：定义参考直线。在命令行 XLINE 选择直线对象：的提示下选取如图 2.21 所示的直线参考。

步骤 6：定义偏移方向。在系统 XLINE 指定向哪侧偏移：的提示下在直线上方单击放置，效果如图 2.21 所示。

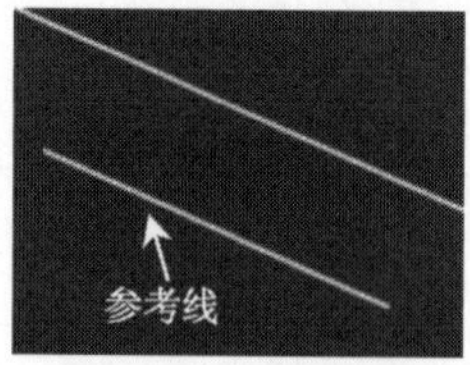

图 2.21 偏移构造线

步骤 7：结束操作。在键盘上按 Esc 键，结束构造线的绘制。

2.2　多边形对象的绘制

2.2.1　矩形的绘制

矩形是四条直线组成，并且相邻的两条直线是相互垂直的关系。通过直线命令绘制矩形可以实现但是效率比较低，通过软件提供的矩形命令可以帮助我们绘制并得到各种不同类型的矩形，这其中主要包括普通矩形、倾斜矩形、倒角矩形、圆角矩形及带有线宽的矩形等。

1. 通过两点绘制两点矩形

步骤 1：选择命令。单击“默认”功能选项卡中的 命令。

说明：进入矩形命令还有以下两种方法。

方法一：选择下拉菜单 绘图(D) → 矩形(G) 命令。

方法二：在命令行中输入 RECTANG 命令，并按 Enter 键。

步骤 2：定义矩形的第 1 个角点，在系统 RECTANG 指定第 1 个角点或 [倒角(C) 标高(E) 圆角(F) 厚度(T) 宽度(W)]: 的提示下，将鼠标光标移至屏幕上的任意位置并单击，即可确定矩形的第 1 个角点。

步骤 3：定义矩形的第 2 个角点，在系统 RECTANG 指定另一个角点或 [面积(A) 尺寸(D) 旋转(R)]: 的提示下，将鼠标光标移至屏幕上的任意位置并单击，即可确定矩形的第 2 个角点，完成矩形的绘制，如图 2.22 所示。

图 2.22　两点矩形

说明：定义的两个角点需要是矩形的对角点，两点之间的水平距离将决定矩形的长度，两点之间的竖直距离将决定矩形的宽度。

2. 指定长度与宽度绘制矩形

步骤 1：选择命令。单击“默认”功能选项卡中的 命令。

步骤 2：定义矩形的第 1 个角点，在系统 RECTANG 指定第 1 个角点或 [倒角(C) 标高(E) 圆角(F) 厚度(T) 宽度(W)]: 的提示下，将鼠标光标移至屏幕上的任意位置并单击，即可确定矩形的第 1 个角点。

步骤 3：定义矩形的长度与宽度。在图形区如图 2.23 所示的长度文本框输入长度值（例如 100），按 Tab 键切换到宽度文本框并输入宽度值（例如 60），按 Enter 键确认，完成后的效果如图 2.24 所示。

3. 绘制倾斜矩形

步骤 1：选择命令。单击“默认”功能选项卡中的 命令。

步骤 2：定义矩形的第 1 个角点，在系统 RECTANG 指定第 1 个角点或 [倒角(C) 标高(E) 圆角(F) 厚度(T) 宽度(W)]: 的提示下，将鼠标光标移至屏幕上的任意位置并单击，即可确定矩形的第 1 个角点。

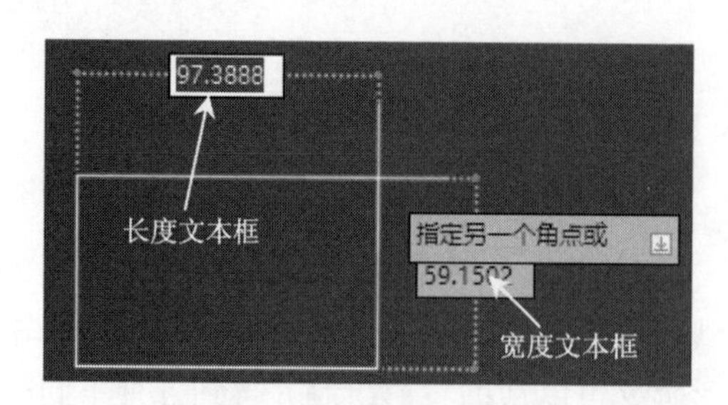

图 2.23 长度与宽度文本框

图 2.24 指定长度与宽度绘制矩形

步骤 3：定义矩形的倾斜角度。在系统 RECTANG 指定另一个角点或 [面积(A) 尺寸(D) 旋转(R)]: 的提示下，选择 旋转(R) 选项（或者在命令行输入 R，然后按 Enter 键），在系统 RECTANG 指定旋转角度或 [拾取点(P)] <0>: 的提示下，输入旋转角度值（例如 30）。

说明：

（1）通过拾取点定义角度需要读者在图形区选取两个点，两点与水平线的夹角就是当前矩形的角度。

（2）输入的角度值为逆时针的角度。

步骤 4：定义矩形的长度与宽度。在系统提示下选择“尺寸”选项，然后依次将长度设置为 40，将宽度设置为 25，按 Enter 键确认，完成后的效果如图 2.25 所示。

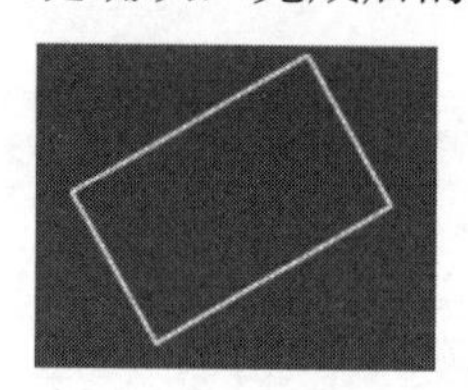

图 2.25 倾斜矩形

4. 绘制倒角矩形

倒角矩形就是对普通矩形的 4 个角进行倒角，这样的操作避免了我们在后面执行倒角操作，节省了绘图的时间。

步骤 1：选择命令。单击“默认”功能选项卡中的命令。

步骤 2：选择类型。在系统的提示下，选择 倒角(C) 选项（或者在命令行输入 C，然后按 Enter 键）。

步骤 3：定义倒角距离。在系统 RECTANG 指定矩形的第 1 个倒角距离 的提示下输入第 1 个倒角距离 5，按 Enter 键确认，在系统 RECTANG 指定矩形的第 2 个倒角距离 <5.0000>: 直接按 Enter 键确认。

说明：

（1）系统默认情况下第 2 个倒角距离与第 1 个倒角距离相同。

（2）如果上一次创建的矩形为倾斜矩形，则必须在系统提示 指定另一个角点或 [面积(A) 尺寸(D) 旋转(R)]: 时将旋转角度调整为 0，这样才可以绘制水平矩形。

步骤 4：定义矩形的第 1 个角点。在系统提示下将鼠标光标移至屏幕上的任意位置并单击，即可确定矩形的第 1 个角点。

步骤 5：定义矩形的长度与宽度。在图形区的长度文本框输入 50，按 Tab 键切换到宽度文本框输入宽度值 30，按 Enter 键确认，完成后的效果如图 2.26 所示。

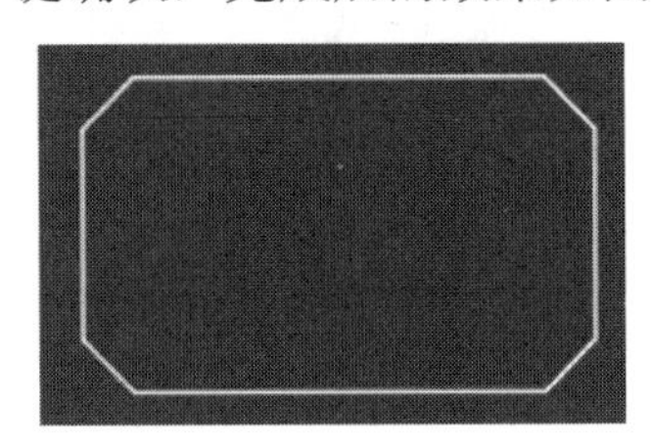

图 2.26　倒角矩形

2.2.2　多边形的绘制

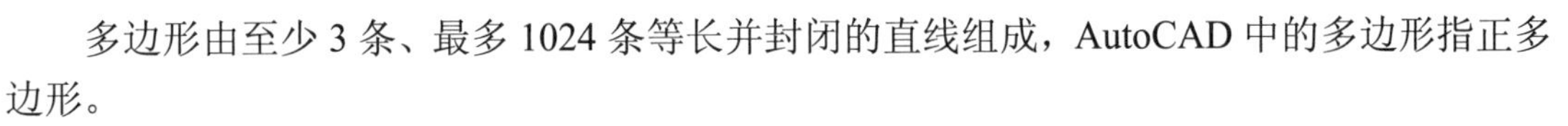

多边形由至少 3 条、最多 1024 条等长并封闭的直线组成，AutoCAD 中的多边形指正多边形。

1. 内接正多边形

步骤 1：选择命令。单击“默认”功能选项卡中的 命令。

说明：进入多边形命令还有以下两种方法。

方法一：选择下拉菜单 绘图(D) → 多边形(Y) 命令。

方法二：在命令行中输入 POLYGON 命令，并按 Enter 键。

步骤 2：定义多边形边数。在系统 POLYGON _polygon 输入侧面数 <4>: 的提示下输入多边形边数（例如 6）。

步骤 3：定义多边形中心。在系统 POLYGON 指定正多边形的中心点或 [边(E)]: 的提示下，将鼠标光标移至屏幕上的任意位置并单击，即可确定多边形的中心点。

步骤 4：定义多边形类型。在如图 2.27 所示图形区的选项列表中选择 • 内接于圆(I) 类型。

步骤 5：定义内接圆大小。在系统 POLYGON 指定圆的半径: 的提示下，输入圆的半径 70，然后按 Enter 键确定，效果如图 2.28 所示。

图 2.27　多边形类型

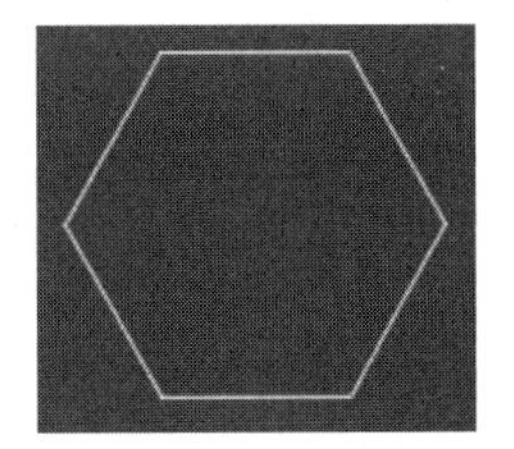

图 2.28　内接多边形

说明：多边形的大小是由如图 2.29 所示的外接圆大小决定的。

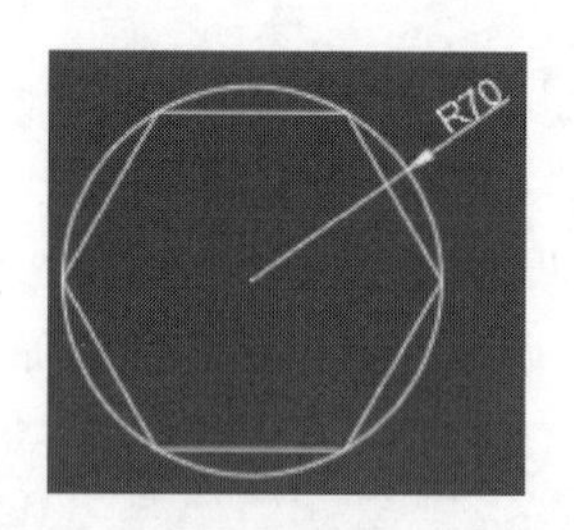

图 2.29　多边形大小

2. 外切正多边形

步骤 1：选择命令。单击“默认”功能选项卡中的 命令。

步骤 2：定义多边形边数。在系统 POLYGON _polygon 输入侧面数 <4>: 的提示下输入多边形边数（例如 6）。

步骤 3：定义多边形中心。在系统 POLYGON 指定正多边形的中心点或 [边(E)]: 的提示下，将鼠标光标移至屏幕上的任意位置并单击，即可确定多边形的中心点。

步骤 4：定义多边形类型。在图形区的选项列表中选择 外切于圆(C) 类型。

步骤 5：定义内接圆大小。在系统 POLYGON 指定圆的半径: 的提示下，输入圆的半径 70，然后按 Enter 键确定，效果如图 2.30 所示。

说明：多边形的大小是由如图 2.31 所示的内切圆大小决定的。

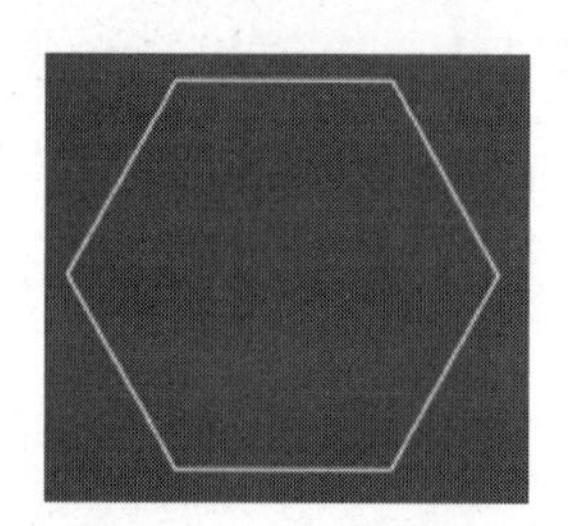

图 2.30　外切多边形

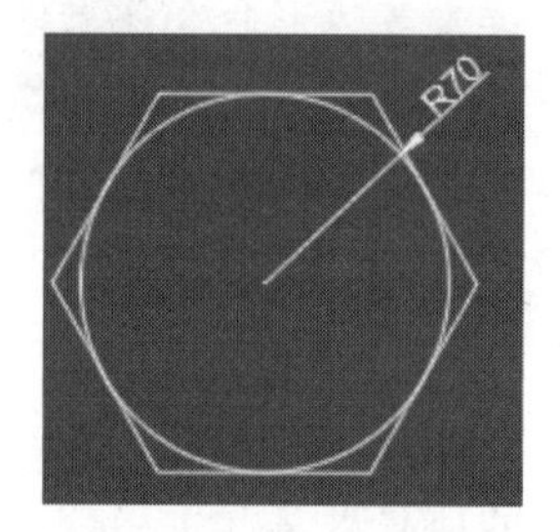

图 2.31　外切多边形大小

2.3　圆弧类对象的绘制

19min

2.3.1　圆的绘制

AutoCAD 向用户提供了 6 种绘制圆的方法：圆心半径、圆心直径、两点、三点、相切相切半径与相切相切相切。

1. 通过圆心半径绘制圆

步骤 1：选择命令。单击“默认”功能选项卡中的 按钮，在系统弹出的下拉菜单中选择 圆心，半径 命令。

说明：进入圆心半径命令还有以下两种方法。

方法一：选择下拉菜单 绘图(D) → 圆(C) → 圆心、半径(R) 命令。

方法二：在命令行中输入 CIRCLE 命令，并按 Enter 键。

步骤 2：定义圆的圆心。在系统 CIRCLE 指定圆的圆心或 [三点(3P) 两点(2P) 切点、切点、半径(T)]:的提示下，将鼠标光标移至屏幕上的任意位置并单击，即可确定圆心位置。

步骤 3：定义圆形的半径。在系统 CIRCLE 指定圆的半径或 [直径(D)]:的提示下，输入圆形的半径值（例如 30），效果如图 2.32 所示。

说明：在系统 CIRCLE 指定圆的半径或 [直径(D)]:的提示下，读者也可以通过单击点（例如点 B）的方式定义圆形的半径，系统会以圆心与点 B 之间的间距作为半径绘制圆。

2. 通过圆心直径绘制圆

步骤 1：选择命令。单击“默认”功能选项卡中的按钮，在系统弹出的下拉菜单中选择 圆心，直径 命令。

步骤 2：定义圆的圆心。在系统 CIRCLE 指定圆的圆心或 [三点(3P) 两点(2P) 切点、切点、半径(T)]:的提示下，将鼠标光标移至屏幕上的任意位置并单击，即可确定圆心位置。

步骤 3：定义圆形的直径。在系统的提示下，输入圆形的直径值（例如 60），效果如图 2.33 所示。

图 2.32　圆心半径

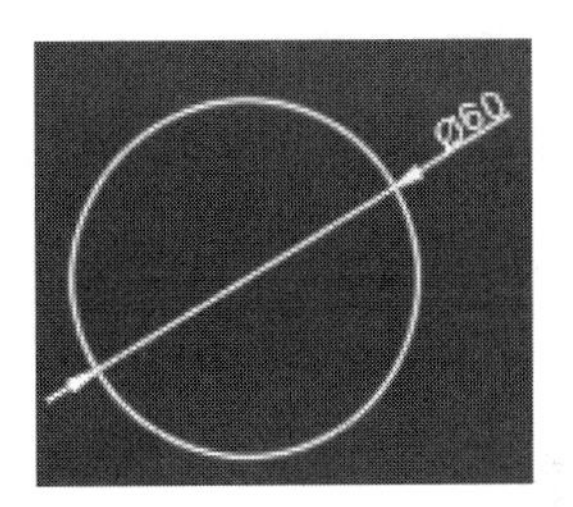

图 2.33　圆心直径

说明：

（1）在系统提示输入直径大小时，读者也可以通过单击点的方式定义圆形的直径，系统会以圆心与点 B 之间的间距作为直径绘制圆。

（2）当读者选择圆心半径方式绘制圆时，确定圆心位置后，当系统提示 CIRCLE 指定圆的半径或 直径(D)]：时，可以通过选择 直径(D) 选项（或者在命令行输入 D，然后按 Enter 键），就可以通过设置直径确定圆的大小。

3. 通过两点绘制圆

步骤 1：选择命令。单击“默认”功能选项卡中的按钮，在系统弹出的下拉菜单中选择 两点 命令。

步骤 2：定义圆形的第 1 个端点。在系统提示下，将鼠标光标移至屏幕上的任意位置并单击，即可确定第 1 个端点。

步骤 3：定义圆形的第 2 个端点。在图形区的长度文本框输入长度值 80，按 Enter 键确认，效果如图 2.34 所示。

说明：

（1）长度值是指圆的直径。

（2）读者在定义圆形的第 2 个端点时也可以通过在图形区单击的方式确定，此时第 2 个端点与第 1 个端点的间距就是圆的直径。

4. 通过三点绘制圆

步骤 1：选择命令。单击“默认”功能选项卡中的圆按钮，在系统弹出的下拉菜单中选择三点命令。

步骤 2：定义圆上的第 1 个点。在系统提示下，将鼠标光标移至屏幕上的任意位置并单击，即可确定第 1 个点。

步骤 3：定义圆上的第 2 个点。在系统 **CIRCLE 指定圆上的第2个点：**的提示下，将鼠标光标移至屏幕上的任意位置并单击，即可确定第 2 个点。

步骤 4：定义圆上的第 3 个点。在系统 **CIRCLE 指定圆上的第3个点：**的提示下，将鼠标光标移至屏幕上的任意位置并单击，即可确定第 3 个点，此时便完成了如图 2.35 所示的圆。

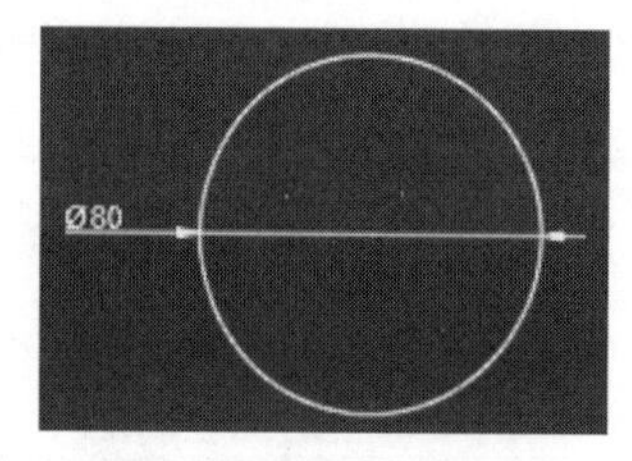

图 2.34　两点

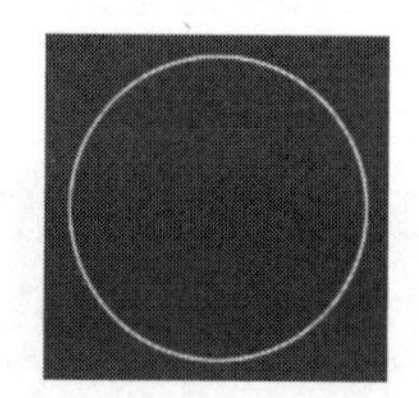

图 2.35　三点

5. 通过相切、相切、半径绘制圆

步骤 1：打开文件。打开文件 D:\AutoCAD2016\work\ch02.03\01\圆 01-ex。

步骤 2：选择命令。单击“默认”功能选项卡中的圆按钮，在系统弹出的下拉菜单中选择相切，相切，半径命令。

步骤 3：定义第 1 个相切对象。在系统 **CIRCLE 指定对象与圆的第 1 个切点：**的提示下，靠近左侧选取圆（代表后期所创建的圆将在左侧位置与圆相切）。

步骤 4：定义第 2 个相切对象。在系统 **CIRCLE 指定对象与圆的第 2 个切点：**的提示下，选取水平直线作为第 2 个相切对象。

步骤 5：定义圆的半径。在系统 **CIRCLE 指定圆的半径**的提示下输入圆的半径值（例如 5）按 Enter 键确认，效果如图 2.36 所示，

说明：在定义第 1 个相切对象时，如果靠近右侧选取圆，则此时将得到右侧相切的圆，如图 2.37 所示。

6. 通过相切、相切、相切绘制圆

步骤 1：打开文件。打开文件 D:\AutoCAD2016\work\ch02.03\01\圆 02-ex。

步骤 2：选择命令。单击“默认”功能选项卡中的圆按钮，在系统弹出的下拉菜单中选择相切，相切，相切命令。

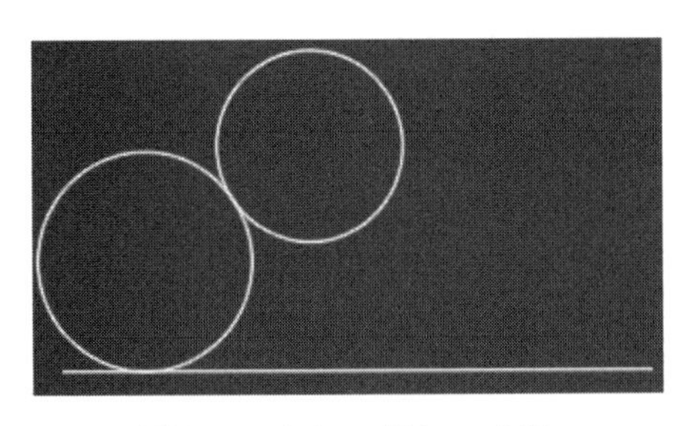

图 2.36 相切、相切、半径

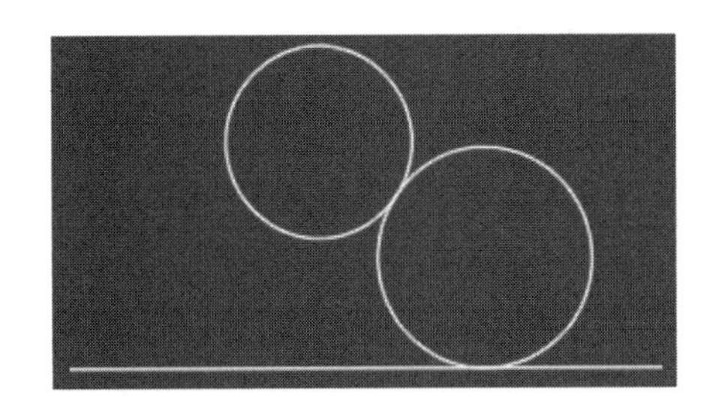

图 2.37 靠近右侧选取相切对象

步骤 3：定义第 1 个相切对象。在系统的提示下，靠近下侧选取如图 2.38 所示的圆 1。

步骤 4：定义第 2 个相切对象。在系统 CIRCLE 指定圆上的第 2 个点：_tan 到 的提示下，靠近下侧选取如图 2.38 所示的直线 1。

步骤 5：定义第 3 个相切对象。在系统 CIRCLE 指定圆上的第 3 个点：_tan 到 的提示下，靠近下侧选取如图 2.38 所示的直线 2。

步骤 6：完成创建。系统会自动根据选择的 3 个相切对象得到如图 2.39 所示的圆。

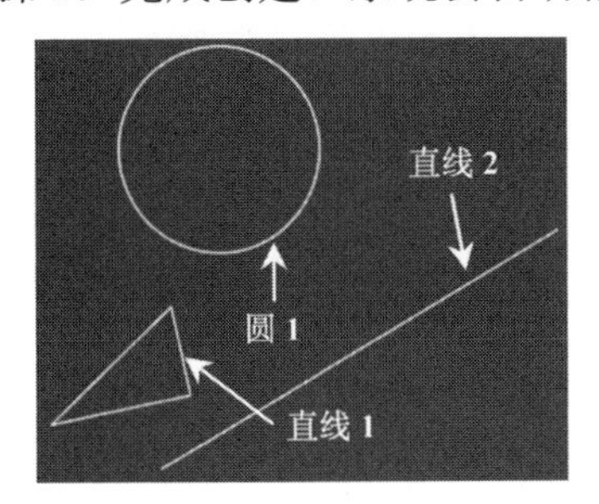

图 2.38 定义相切对象

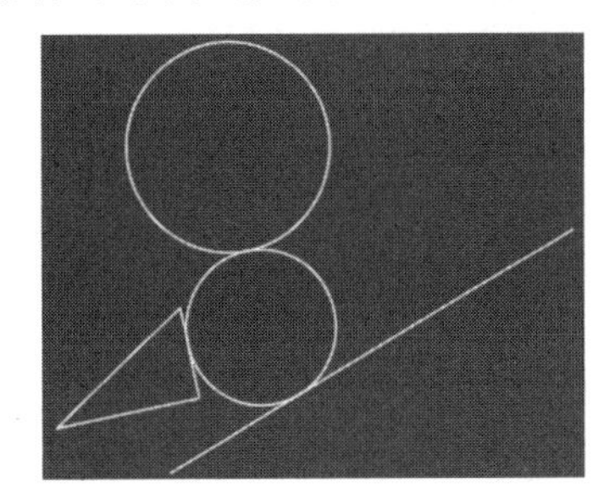

图 2.39 相切、相切、相切

2.3.2 圆弧的绘制

17min

AutoCAD 向用户提供了 11 种绘制圆弧的方法：三点圆弧、起点圆心端点、起点圆心角度、起点圆心长度、起点端点角度、起点端点方向、起点端点半径、圆心起点端点、圆心起点角度、圆心起点长度及相切。

1. 通过三点绘制圆弧

步骤 1：选择命令。单击“默认”功能选项卡中的圆弧按钮，在系统弹出的下拉菜单中选择三点命令。

步骤 2：定义圆弧的起点。在系统 ARC 指定圆弧的起点或 [圆心(C)]：的提示下，将鼠标光标移至屏幕上的任意位置并单击，即可确定圆弧的起点位置。

步骤 3：定义圆弧的第 2 点。在系统 ARC 指定圆弧的第 2 个点或 [圆心(C) 端点(E)]：的提示下，将鼠标光标移至屏幕上的任意位置并单击，即可确定圆弧的第 2 个点的位置。

步骤 4：定义圆弧的端点。在系统 ARC 指定圆弧的端点： 的提示下，将鼠标光标移至屏幕上的任意位置并单击，即可确定圆弧的端点位置，完成后的效果如图 2.40 所示。

2. 通过起点、圆心、角度绘制圆弧

步骤 1：选择命令。单击“默认”功能选项卡中的圆弧按钮，在系统弹出的下拉菜单中选择起点，圆心，角度命令。

步骤 2：定义圆弧的起点。在系统 ARC 指定圆弧的起点或 [圆心(C)]: 的提示下，将鼠标光标移至屏幕上的任意位置并单击，即可确定圆弧的起点位置。

步骤 3：定义圆弧的圆心。在系统 ARC 指定圆弧的圆心: 的提示下，将鼠标光标移至屏幕上的任意位置并单击，即可确定圆弧圆心位置。

步骤 4：定义圆弧的角度。在系统 ARC 指定夹角(按住 Ctrl 键以切换方向): 的提示下，在图形区角度文本框输入角度值(例如 60)，按 Enter 键确认，完成后的效果如图 2.41 所示。

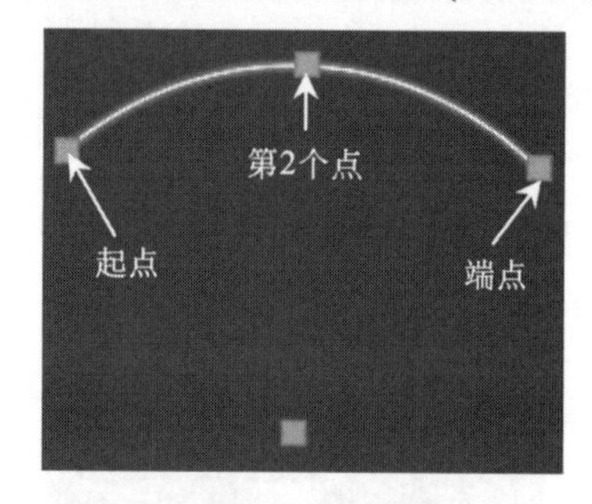

图 2.40　三点圆弧

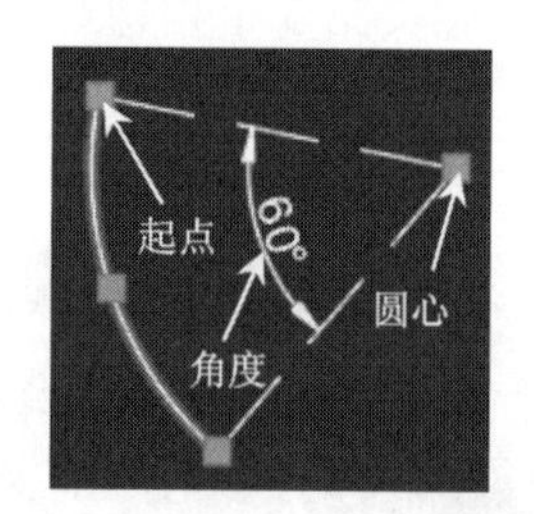

图 2.41　起点、圆心、角度

说明：系统默认会将起点绕着圆心逆时针旋转得到圆弧，如果读者想顺时针创建圆弧，则可以在系统 ARC 指定夹角(按住 Ctrl 键以切换方向): 提示时，按 Ctrl 键，然后输入角度即可。

3. 通过起点、端点、角度绘制圆弧

步骤 1：选择命令。单击“默认”功能选项卡中的圆弧按钮，在系统弹出的下拉菜单中选择起点，端点，角度命令。

步骤 2：定义圆弧的起点。在系统 ARC 指定圆弧的起点或 [圆心(C)]: 的提示下，将鼠标光标移至屏幕上的任意位置并单击，即可确定圆弧的起点位置。

步骤 3：定义圆弧的端点。在系统 ARC 指定圆弧的端点: 的提示下，将鼠标光标移至屏幕上的任意位置并单击，即可确定圆弧的端点位置。

步骤 4：定义圆弧的角度。在系统 ARC 指定夹角(按住 Ctrl 键以切换方向): 的提示下，在图形区角度文本框输入角度值（例如 70)，按 Enter 键确认，完成后的效果如图 2.42 所示。

说明：系统默认会将起点绕着圆心逆时针旋转得到圆弧，如果读者想顺时针创建圆弧，则可以在系统 ARC 指定夹角(按住 Ctrl 键以切换方向): 提示时，按 Ctrl 键，然后输入角度。

4. 通过起点、端点、方向绘制圆弧

步骤 1：选择命令。单击“默认”功能选项卡中的圆弧按钮，在系统弹出的下拉菜单中选择起点，端点，方向命令。

步骤 2：定义圆弧的起点。在系统 ARC 指定圆弧的起点或 [圆心(C)]: 的提示下，将鼠标光标移至屏幕上的任意位置并单击，即可确定圆弧的起点位置。

步骤 3：定义圆弧的端点。在系统 ARC 指定圆弧的端点：的提示下，将鼠标光标移至屏幕上的任意位置并单击，即可确定圆弧圆心位置。

步骤 4：定义圆弧的方向。在系统 ARC 指定圆弧起点的相切方向(按住 Ctrl 键以切换方向)：的提示下，相对于起点水平向右移动鼠标，在水平虚线合适位置单击即可确定方向，完成后的效果如图 2.43 所示。

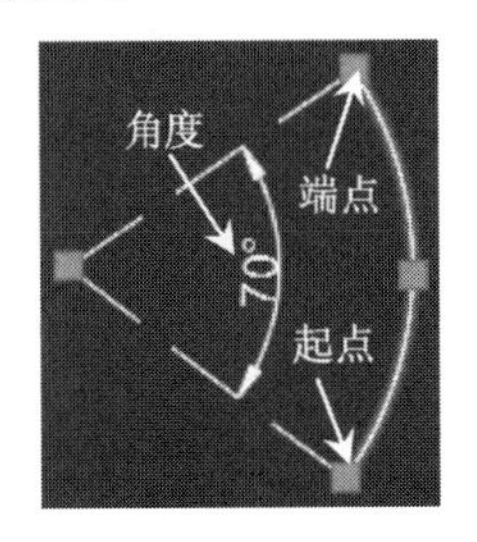

图 2.42　起点、端点、角度

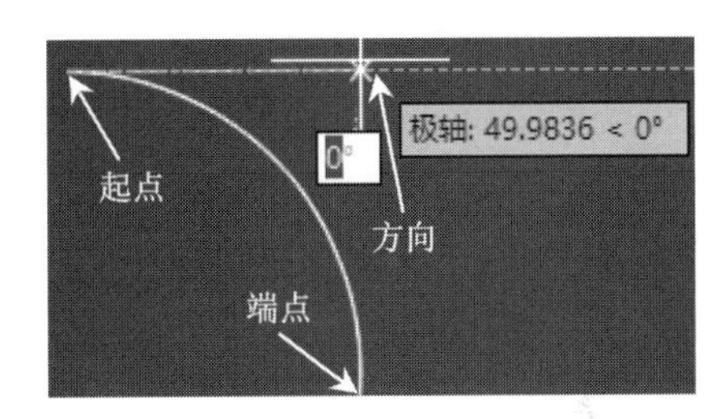

图 2.43　起点、端点、方向

说明：相同的起点与端点，不同的相切角度方向所得到的圆弧也是不同的。

5. 通过起点、端点、半径绘制圆弧

步骤 1：选择命令。单击“默认”功能选项卡中的圆弧按钮，在系统弹出的下拉菜单中选择起点，端点，半径命令。

步骤 2：定义圆弧的起点。在系统 ARC 指定圆弧的起点或 [圆心(C)]：的提示下，将鼠标光标移至屏幕上的任意位置并单击，即可确定圆弧的起点位置。

步骤 3：定义圆弧的端点。在系统 ARC 指定圆弧的端点：的提示下，将鼠标光标移至屏幕上的任意位置并单击，即可确定圆弧圆心位置。

步骤 4：定义圆弧的半径。在系统 ARC 指定圆弧的半径(按住 Ctrl 键以切换方向)：的提示下，在图形区的半径文本框输入半径值（例如 30），按 Enter 键确认，完成后的效果如图 2.44 所示。

说明：在给定半径值时，半径值必须大于或等于起点与端点之间连线长度的一半，否则将无法正确生成圆弧。

6. 通过圆心、起点、端点绘制圆弧

步骤 1：选择命令。单击“默认”功能选项卡中的圆弧按钮，在系统弹出的下拉菜单中选择圆心，起点，端点命令。

步骤 2：定义圆弧的圆心。在系统 ARC 指定圆弧的圆心：的提示下，将鼠标光标移至屏幕上的任意位置并单击，即可确定圆弧圆心位置。

步骤 3：定义圆弧的起点。在系统 ARC 指定圆弧的起点：的提示下，将鼠标光标移至屏幕上的任意位置并单击，即可确定圆弧的起点位置。

步骤 4：定义圆弧的端点。在系统 ARC 指定圆弧的端点(按住 Ctrl 键以切换方向)或 [角度(A) 弦长(L)]：的提示下，将鼠标光标移至屏幕上的任意位置并单击，即可确定圆弧的端点位置，完成后的效果如图 2.45 所示。

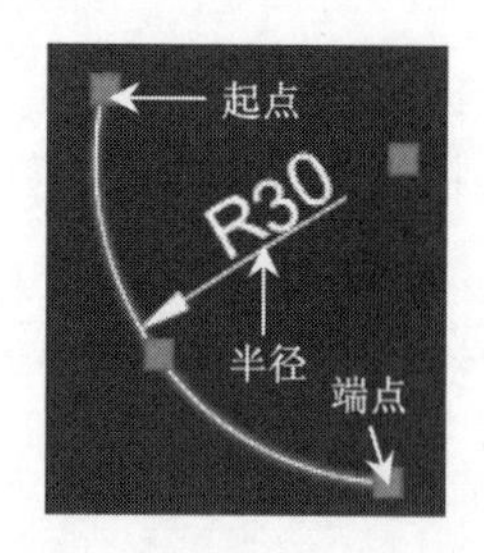

图 2.44　起点、端点、半径

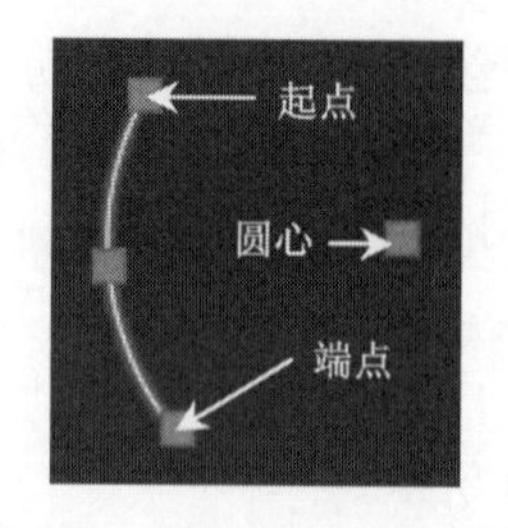

图 2.45　圆心、起点、端点

7. 通过圆心、起点、角度绘制圆弧

步骤 1：选择命令。单击“默认”功能选项卡中的圆弧按钮，在系统弹出的下拉菜单中选择圆心，起点，角度命令。

步骤 2：定义圆弧的圆心。在系统 ARC 指定圆弧的圆心：的提示下，将鼠标光标移至屏幕上的任意位置并单击，即可确定圆弧圆心位置。

步骤 3：定义圆弧的起点。在系统 ARC 指定圆弧的起点：的提示下，将鼠标光标移至屏幕上的任意位置并单击，即可确定圆弧的起点位置。

步骤 4：定义圆弧的角度。在系统 ARC 指定夹角(按住 Ctrl 键以切换方向)：的提示下，在图形区角度文本框输入角度值（例如 90），按 Enter 键确认，完成后的效果如图 2.46 所示。

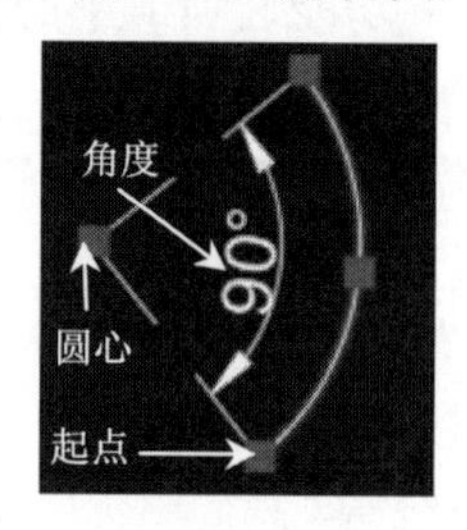

图 2.46　圆心、起点、角度

8. 通过连续绘制圆弧

步骤 1：绘制直线。选择直线命令，绘制如图 2.47 所示的直线。

步骤 2：选择命令。单击“默认”功能选项卡中的圆弧按钮，在系统弹出的下拉菜单中选择连续命令。

步骤 3：定义圆弧的端点。在系统 ARC 指定圆弧的端点(按住 Ctrl 键以切换方向)：的提示下，将鼠标光标移至屏幕上的合适位置并单击，即可确定圆弧的端点位置，完成后的效果如图 2.48 所示。

图 2.47　绘制直线

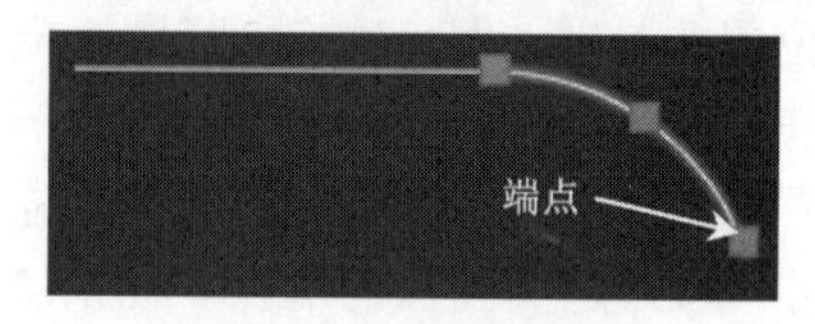

图 2.48　连续圆弧

说明：连续圆弧的起点为上一步所绘制对象的端点位置，所绘制的圆弧与上一步绘制的

对象为相切关系。如果上一步所绘制的对象为封闭对象（例如圆），则此时系统将往前找上一步所绘制的开放对象。

2.3.3 椭圆的绘制

椭圆与圆很相似，不同之处在于椭圆有不同的 x 和 y 半径，而圆的 x 和 y 半径是相同的，在数学中，椭圆是平面上到两个固定点的距离之和是同一个常数的点的轨迹，这两个固定点叫作焦点。

AutoCAD 向用户提供了两种绘制椭圆的方法：通过圆心绘制椭圆及通过轴端点绘制椭圆。

步骤 1：选择命令。单击“默认”功能选项卡后的按钮，在系统弹出的下拉菜单中选择圆心命令。

说明：进入椭圆命令还有以下两种方法。

方法一：选择下拉菜单 绘图(D) → 椭圆(E) → 圆心(C) 命令。

方法二：在命令行中输入 ELLIPSE 命令，并按 Enter 键。

步骤 2：定义椭圆中心点。在系统 ELLIPSE 指定椭圆的中心点: 的提示下，将鼠标光标移至屏幕上的任意位置并单击，即可确定椭圆的圆心位置。

步骤 3：定义椭圆长半轴及角度。在如图 2.49 所示的绘图区长度文本框输入长半轴长度值（例如 30），按 Tab 键切换到角度文本框，输入椭圆的角度值（例如 10）。

步骤 4：定义椭圆短半轴。在系统 ELLIPSE 指定另一条半轴长度或 [旋转(R)]: 的提示下，输入椭圆的短半轴长度值（例如 16），完成后的效果如图 2.50 所示。

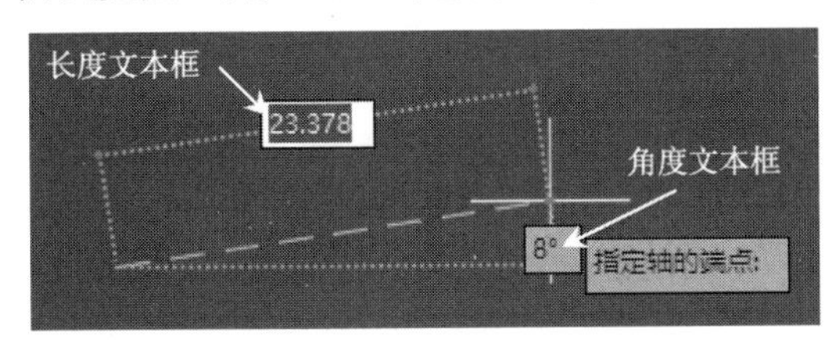

图 2.49　定义长半轴及角度

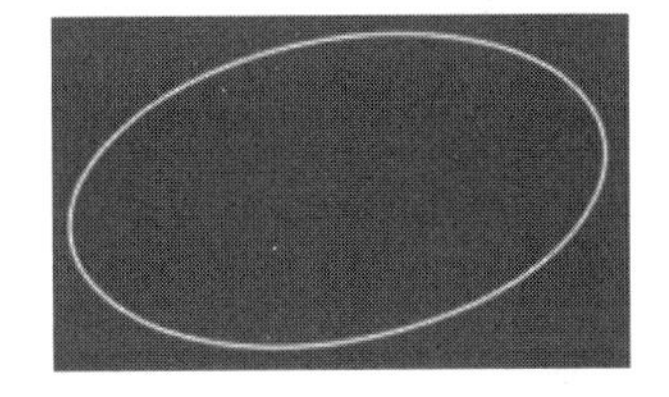

图 2.50 通过圆心绘制椭圆

说明：定义短半轴长度时，读者除了可以输入具体的值外，还可以通过旋转的方式控制短半轴的大小，旋转的角度范围为 0～90°，角度越大，离心率就越大。

2.3.4 椭圆弧的绘制

椭圆弧就是绘制椭圆后再通过两点来确定椭圆弧。椭圆弧是椭圆的一部分，在某些设计中经常会用到椭圆弧。

步骤 1：选择命令。单击“默认”功能选项卡后的按钮，在系统弹出的下拉菜单中选择椭圆弧命令。

步骤 2：定义椭圆弧中心点。在系统 ELLIPSE 指定椭圆弧的轴端点或 [中心点(C)]: 的提示下，选择中心点(C)选项（或者在命令行输入 C，然后按 Enter 键），在系统 ELLIPSE 指定椭圆的中心点：的提示下，将鼠标光标移至屏幕上的任意位置并单击，即可确定椭圆的圆心位置。

步骤 3：定义椭圆长半轴及角度。在绘图区长度文本框输入长半轴长度值（例如 50），按 Tab 键切换到角度文本框，输入椭圆的角度值（例如 0）。

步骤 4：定义椭圆短半轴。在系统 ELLIPSE 指定另一条半轴长度或 [旋转(R)]：的提示下，输入椭圆的短半轴长度值（例如 25）。

步骤 5：定义椭圆弧起始角度。在系统 ELLIPSE 指定起点角度或 [参数(P)]：的提示下，输入起始角度值（例如 30°）。

步骤 6：定义椭圆弧终止角度。在系统 ELLIPSE 指定端点角度或 [参数(P) 夹角(I)]：的提示下，输入终止角度值（例如 220°），完成后的效果如图 2.51 所示。

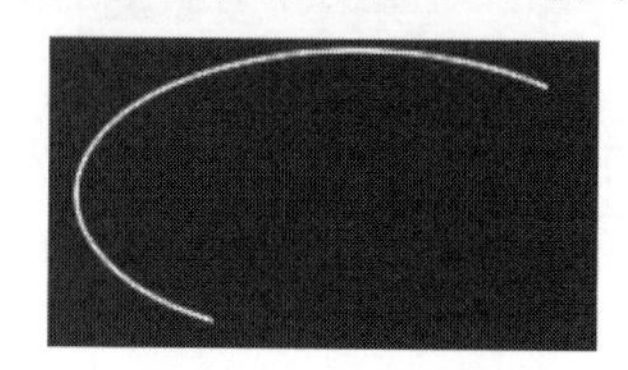

图 2.51　椭圆弧

4min

2.3.5　圆环的绘制

圆环实际上是具有一定宽度的闭合多段线。圆环常用于在电路图中表示焊点或创建填充的实心圆。

步骤 1：选择命令。单击“默认”功能选项卡“绘图”后的 ▾ 节点，在系统弹出的列表中选择 ◎ 命令。

说明：进入圆环命令还有以下两种方法。

方法一：选择下拉菜单 绘图(D) → ◎ 圆环(D) 命令。

方法二：在命令行中输入 DONUT 命令，并按 Enter 键。

步骤 2：定义圆环内径值。在系统 DONUT 指定圆环的内径 <0.5000>：的提示下，输入内径值（例如 10）。

步骤 3：定义圆环外径值。在系统 DONUT 指定圆环的外径 <1.0000>：的提示下，输入外径值（例如 20）。

步骤 4：定义圆环位置。在系统 DONUT 指定圆环的中心点或 <退出>：的提示下，将鼠标光标移至屏幕上的任意位置并单击，即可确定圆环位置，效果如图 2.52 所示，读者继续在绘图区单击即可放置多个圆环，或者按 Esc 键结束圆环操作。

说明：圆环的填充颜色默认为白色（背景是黑色），用户可以通过选中圆环，然后在“默认”功能选项卡“特性”区域的“对象颜色”下拉列表中选择合适的颜色，颜色选择红色时效果如图 2.53 所示。

图 2.52　内径不为 0 的圆环

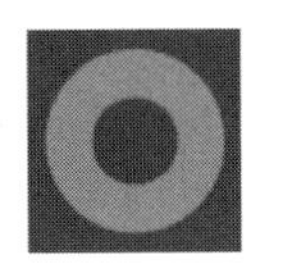

图 2.53　红色填充

2.4　点对象的绘制

在 AutoCAD 中，点对象可用作节点或参考点，点对象分单点、多点、定数等分和等距等分。

2.4.1　单点的绘制

4min

使用单点命令，一次只能绘制一个点。

步骤 1：设置点样式。选择下拉菜单“格式”→“点样式”命令，系统会弹出如图 2.54 所示的“点样式”对话框，选取如图 2.54 所示的点样式，单击“确定”按钮完成设置。

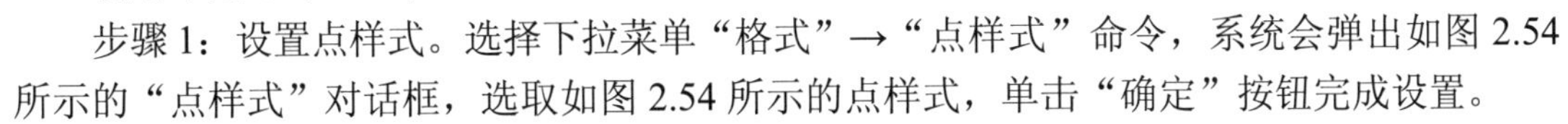

步骤 2：选择命令。选择下拉菜单 绘图(D) → 点(O) → 单点(S) 命令。

说明：读者也可以在命令行中输入 point 命令，并按 Enter 键执行命令。

步骤 3：定义点位置。在系统 POINT 指定点: 的提示下，将鼠标光标移至屏幕上的任意位置并单击，即可确定点的位置，如图 2.55 所示。

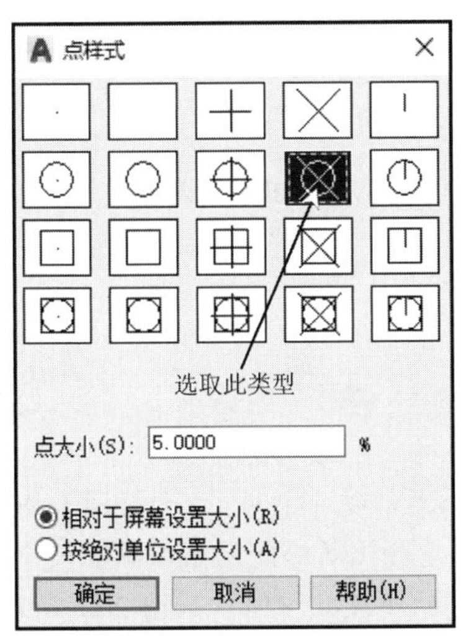

图 2.54 “点样式”对话框

图 2.55　单点

2.4.2　多点的绘制

1min

使用多点命令，一次可以绘制多个点。

步骤 1：选择命令。选择下拉菜单 绘图(D) → 点(O) → 多点(P) 命令。

步骤 2：定义点位置。在系统 POINT 指定点：的提示下，将鼠标光标移至屏幕上的任意位置点处连续单击，即可确定多个点的位置，如图 2.56 所示。

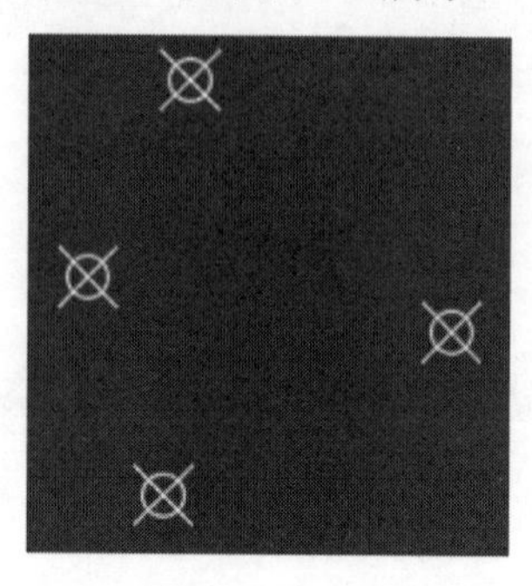

图 2.56 多点

4min

2.4.3 定数等分的绘制

使用定数等分命令，可以在现有的对象上均匀地分布一些点。下面以图 2.57 为例，介绍绘制定数等分点的一般操作过程。

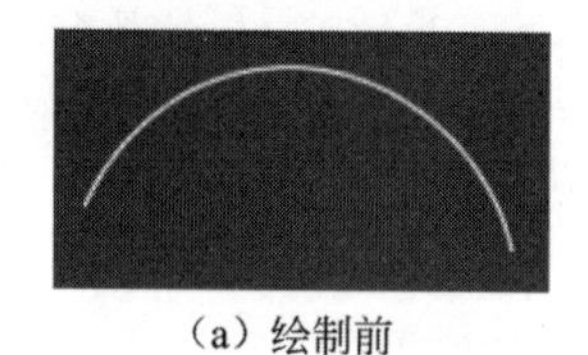

（a）绘制前 （b）绘制后

图 2.57 定数等分

步骤 1：打开文件。打开文件 D:\AutoCAD2016\work\ch02.04\定数等分-ex。

步骤 2：选择命令。单击“默认”功能选项卡“绘图”后的 节点，在系统弹出的列表中选择 命令。

步骤 3：选择要定数等分的对象。选取如图 2.57（a）所示圆弧作为定数等分的对象。

步骤 4：定义线段数。在系统 DIVIDE 输入线段数目或 [块(B)]：的提示下，输入数目值（例如 5），效果如图 2.57（b）所示。

说明：当线段数为 5 时，系统会自动在圆弧上创建 4 个点，从而将圆弧均匀地分成 5 段，当要等分的对象为开放对象时，创建的点的数量会比所给定的线段数少一个；当要分割的对象为封闭对象时，创建的点的数量会与所给定的线段数相同，如图 2.58 所示。

4min

2.4.4 定距等分的绘制

“定距等分”命令可以将对象按给定的数值进行等距离划分。下面以图 2.59 为例，介绍绘制定距等分点的一般操作过程。

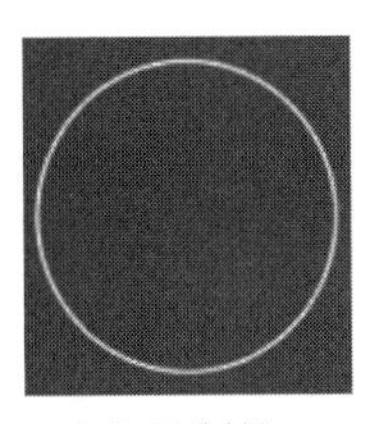

（a）绘制前

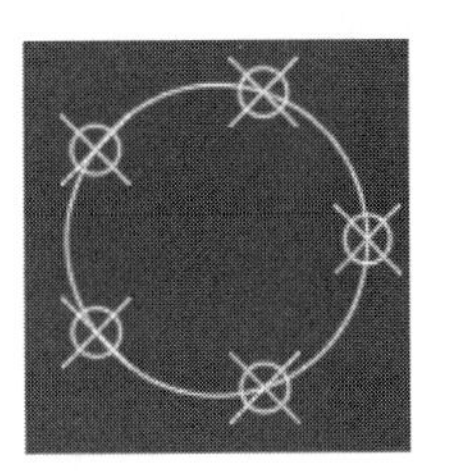

（b）绘制后

图 2.58　封闭对象

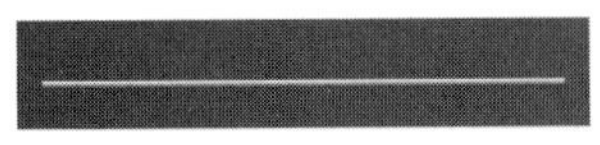

（a）绘制前

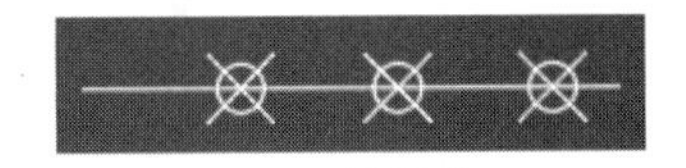

（b）绘制后

图 2.59　定距等分

步骤 1：打开文件。打开文件 D:\AutoCAD2016\work\ch02.04\定距等分-ex。

步骤 2：选择命令。单击“默认”功能选项卡“绘图”后的▾节点，在系统弹出的列表中选择命令。

步骤 3：选择要定距等分的对象。在系统 MEASURE 选择要定距等分的对象：的提示下，选取如图 2.59（a）所示直线作为定距等分的对象。

注意：在拾取直线时，如果拾取方框偏向于左侧位置，则系统就以左侧端点为起始进行划分距离，效果如图 2.59（b）所示，否则就以右侧端点为起始进行划分距离，效果如图 2.60 所示。

步骤 4：定义线段长度。在系统 MEASURE 指定线段长度或 [块(B)]：的提示下，输入长度值（例如 35），效果如图 2.59（b）所示。

说明：长度值 35 的含义是以系统判断的起始点为基础，沿着等分对象移动 35 的距离得到一个点，然后以所创建的点为参考，再次沿着等分对象移动 35 的距离创建第 2 个点，以此类推得到多个点，如图 2.61 所示。

图 2.60　以右侧端点为起点

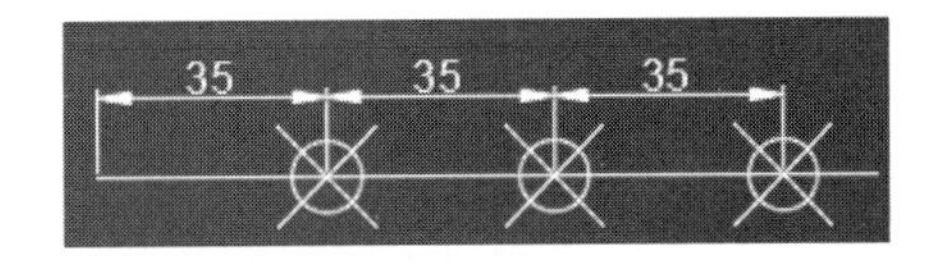

图 2.61　线段长度

2.5　多线的绘制

多线是一种复合线，它是由连续的直线段复合组成；其在建筑制图中是必不可少的工具。它的显著特点是可以一次性绘制多条线段。

7min

2.5.1 绘制多线

1. 绘制普通多线

下面以图 2.62 为例，介绍绘制普通多线的一般操作过程。

图 2.62 普通多线

步骤 1：选择命令。选择下拉菜单 绘图(D) → 多线(U) 命令（或者在命令行输入 MLINE 并按 Enter 键）。

步骤 2：定义多线起点。在系统 MLINE 指定起点或 [对正(J) 比例(S) 样式(ST)]: 的提示下，将鼠标光标移至屏幕上的任意位置并单击，即可确定起点位置。

步骤 3：定义多线通过点。在系统 MLINE 指定下一点: 的提示下，在图形区相对于起始点水平向右移动鼠标，捕捉到水平虚线时，输入水平多线的长度值（例如 100）并按 Enter 键确认；在图形区相对于上一点竖直向下移动鼠标，捕捉到竖直虚线时，输入竖直多线的长度值（例如 80）并按 Enter 键确认；在图形区相对于上一点水平向左移动鼠标，捕捉到水平虚线时，输入水平多线的长度值（例如 100）并按 Enter 键确认。

步骤 4：结束操作。按 Esc 键完成多线的绘制。

2. 设置多线的对齐方式

系统默认情况下多线的对齐方式为上对齐，如图 2.63 所示，读者可以根据实际需求进行调整，在系统 MLINE 指定起点或 [对正(J) 比例(S) 样式(ST)]: 的提示下，选择 对正(J) 选项（或者在命令行输入 J，然后按 Enter 键），在系统 MLINE 输入对正类型 [上(T) 无(Z) 下(B)] <上>:的提示下，选择合适的类型即可；当对齐方式为 下(B) 时，效果如图 2.64 所示，当对齐方式为 无(Z) 时，效果如图 2.65 所示。

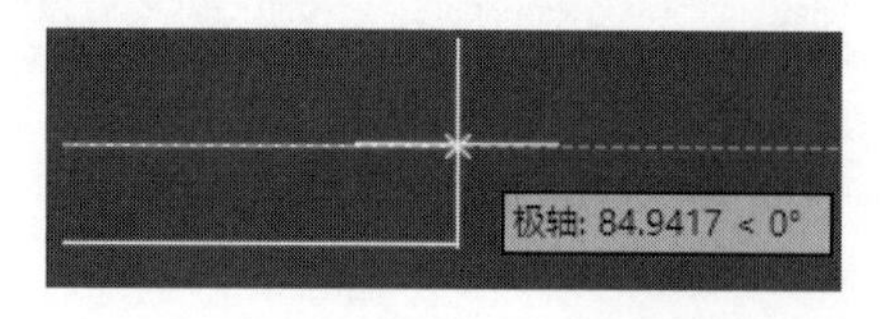

图 2.63 上对齐

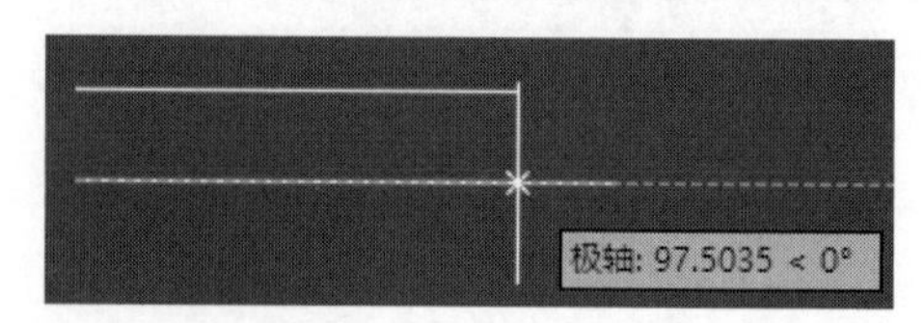

图 2.64 下对齐

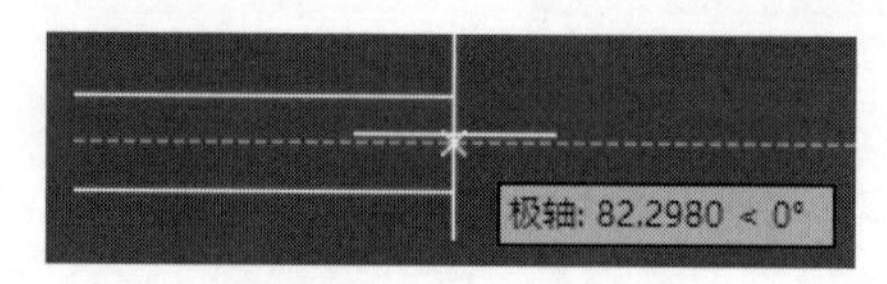

图 2.65 无对齐

3. 设置多线的比例

多线比例用来设置调整多线之间的间距，如图 2.66 所示的 20 间距尺寸。

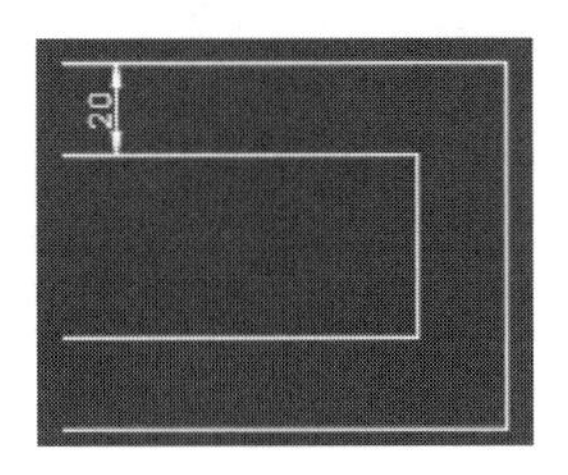

图 2.66　多线比例 20

系统默认情况下多线的比例为 20，读者可以根据实际需求进行调整，在系统 MLINE 指定起点或 [对正(J) 比例(S) 样式(ST)]: 的提示下，选择 比例(S) 选项（或者在命令行输入 S，然后按 Enter 键），在系统 MLINE 输入多线比例 <20.00>: 的提示下，输入合适的比例即可；当设置比例为 10 时，效果如图 2.67 所示，当比例设置为 50 时，效果如图 2.68 所示。

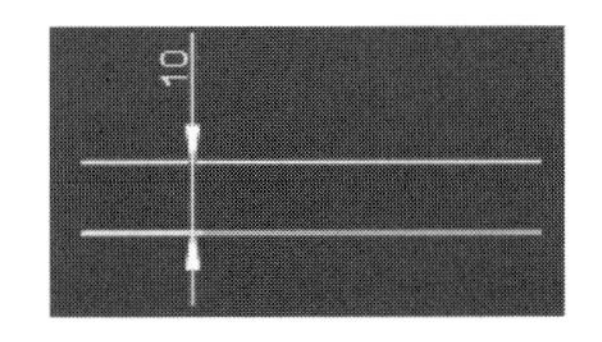

图 2.67　多线比例 10

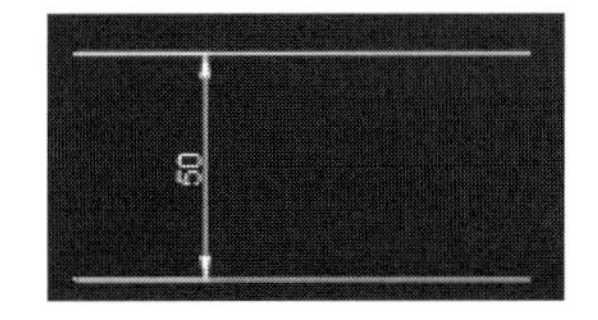

图 2.68　多线比例 50

4. 设置多线样式

多线样式用来控制多线的线段数量、线型、颜色、斜接及封口等参数。选择下拉菜单 格式(O) → 多线样式(M)... 命令（或者在命令行输入 MLSTYLE，并按 Enter 键），系统会弹出“多线样式”对话框。

“多线样式”对话框部分选项的说明如下。

修改(M)... 按钮：用于显示“修改多线样式”对话框，从中可以修改选定的多线样式。

注意：不能编辑图形中正在使用的任何多线样式的元素和多线特性。要编辑现有多线样式，必须在使用该样式绘制任何多线之前进行。

“修改多线样式”对话框部分选项的说明如下。

（1）封口 区域：用于控制多线起点和端点的封口。

（2）角度(N): 文本框：用于控制起点与端点封口的角度。

（3）填充 区域：用于设置多线的背景填充。

（4）显示连接(J): 复选框：用于控制每条多线线段顶点处连接的显示。

（5）图元(E) 区域：用于设置添加或者修改现有多线元素的特定偏移、颜色和线型，系统默认有两个图元；读者可以通过单击 添加(A) 按钮增加图元数量，单击 删除(D) 按钮删除现有图元。

（6）偏移(S): 文本框：用于为多线样式中的每个元素指定偏移比例，具体间距值的计算方法可参考图 2.69。

图 2.69　间距值

（7）颜色(C):下拉列表：用于显示并设置多线样式中元素的颜色。如果选择“选择颜色”，则将显示“选择颜色”对话框。

（8）线型:按钮：用于显示并设置多线样式中元素的线型。如果选择 线型(Y)... ，系统则将弹出“选择线型”对话框，该对话框列出了已加载的线型。读者如果要加载新线型，则可以单击 加载(L)... 按钮。系统会弹出“加载或重载线型”对话框，在该对话框可以选择要加载的新的线型。

2.5.2　编辑多线

在创建多线后，往往还需要进行编辑，选择下拉菜单 修改(M) → 对象(O) → 多线(M)... 命令（或者在命令行输入 MLEDIT，并按 Enter 键），系统会弹出如图 2.70 所示的“多线编辑工具”对话框，AutoCAD 向用户提供了 12 种编辑多线的方法。

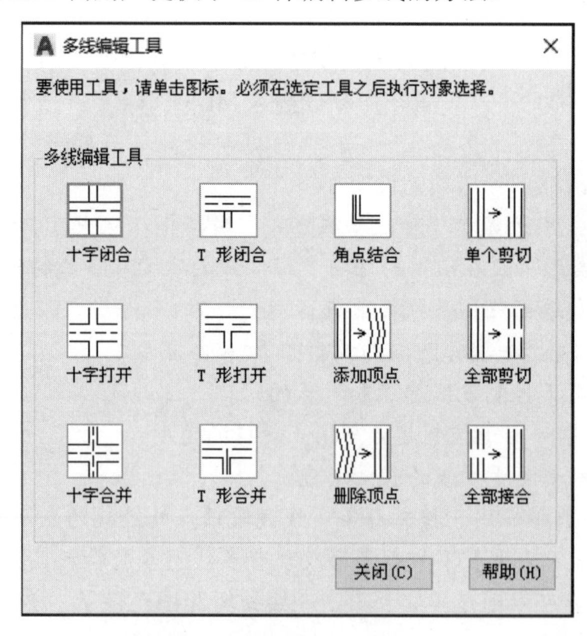

图 2.70　“多线编辑工具”对话框

1. 十字闭合

用于在两条多线之间创建闭合的十字交点，如图 2.71 所示。

（a）编辑前

（b）编辑后

图 2.71　十字闭合

2. 十字打开

用于在两条多线之间创建打开的十字交点，如图 2.72 所示。

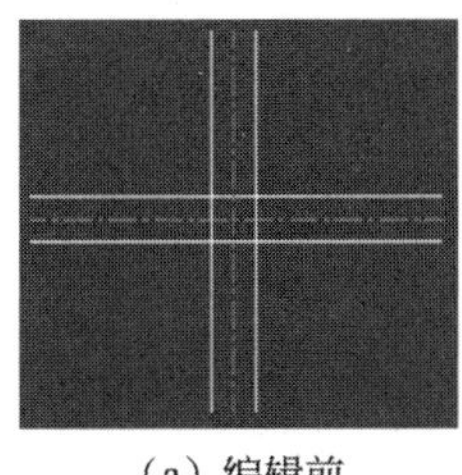

（a）编辑前

（b）编辑后

图 2.72　十字打开

3. 十字合并

用于在两条多线之间创建合并的十字交点，如图 2.73 所示。

（a）编辑前

（b）编辑后

图 2.73　十字合并

4. T 形闭合

用于在两条多线之间创建闭合的 T 形交点，在系统弹出的“多线编辑工具”对话框中选择（T 形闭合）类型，选取两个多线参考即可。

需要注意以下两点：

（1）不同的选择顺序效果也会不同。

（2）选取第一参考的位置不同，结果也会不同。

5. T形打开

用于在两条多线之间创建打开的 T 形交点，在系统弹出的“多线编辑工具”对话框中选择（T 形打开）类型，选取两个多线参考即可。

6. T形合并

用于在两条多线之间创建合并的 T 形交点，在系统弹出的“多线编辑工具”对话框中选择（T 形合并）类型，选取两个多线参考即可。

7. 角点结合

用于在多线之间创建角点结合，将多线修剪或延伸到它们的交点处；在系统弹出的“多线编辑工具”对话框中选择（角点结合）类型，选取两个多线参考即可。

需要注意以下两点：

（1）选取多线的位置决定了编辑后保留的位置。

（2）当原始多线没有相交时，通过交点结合可以实现相互延伸，以便得到拐角效果。

8. 添加顶点

用于在多线上添加一个分割点；在系统弹出的“多线编辑工具”对话框中选择（添加顶点）类型，选取需要添加的多线即可。

9. 删除顶点

用于在多线上删除一个分割点；在系统弹出的“多线编辑工具”对话框中选择（删除顶点）类型，在现有多线的顶点处单击选取即可。

10. 单个剪切

用于在选定多线元素中创建可见打断；在系统弹出的“多线编辑工具”对话框中选择（单个剪切）类型，在现有多线上选取两个剪切点即可。

11. 全部剪切

用于创建穿过整条多线的可见打断；在系统弹出的“多线编辑工具”对话框中选择（全部剪切）类型，在现有多线上选取两个剪切点即可。

12. 全部接合

用于将已被剪切的多线线段重新接合起来；在系统弹出的“多线编辑工具”对话框中选择（全部接合）类型，在现有多线上选取两个接合点即可。

13min

2.6 多段线的绘制

多段线是可以由一系列直线段、圆弧段相互连接而成的图元。它是一个整体，如图 2.74 所示，并且可有一定的宽度，宽度值既可以是一个常数，如图 2.75 所示，也可以沿着线段的长度方向逐渐变化，如图 2.76 所示。

1. 绘制普通直线多段线

下面以图 2.77 为例，介绍绘制普通直线多段线的一般操作过程。

步骤 1：选择命令。单击“默认”功能选项卡中的（多段线）按钮。

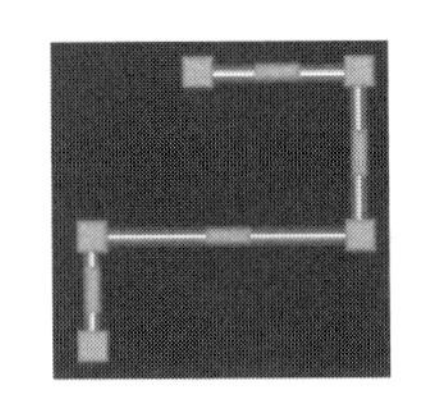

图 2.74　多段线（整体）

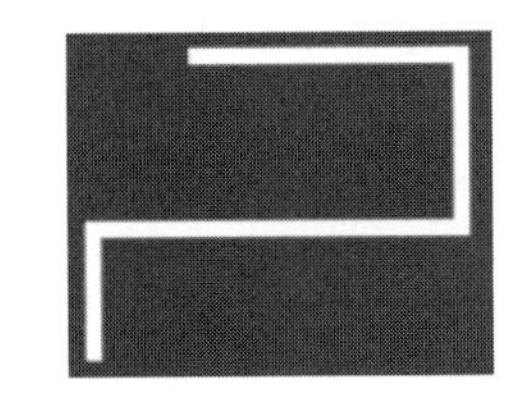

图 2.75　多段线（宽度）

图 2.76　多段线（宽度渐变）

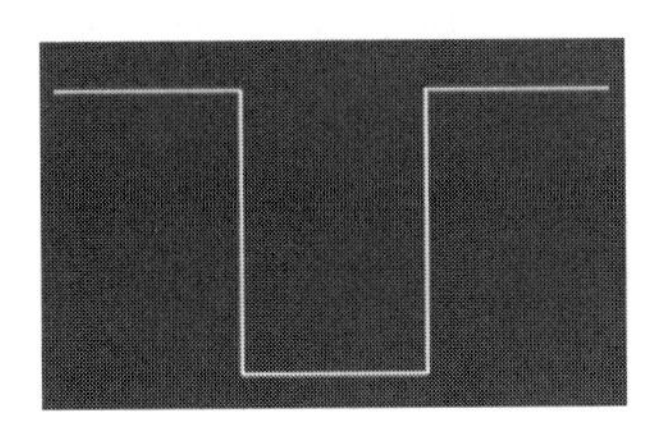

图 2.77　普通多段线

说明：进入多段线命令还有两种方法：

方法一：选择下拉菜单 绘图(D) → 多段线(P) 命令。

方法二：在命令行中输入 PLINE 命令，并按 Enter 键。

步骤 2：定义多段线起点。在系统 PLINE 指定起点：的提示下，将鼠标光标移至屏幕上的任意位置并单击，即可确定起点位置。

步骤 3：定义多段线的第 1 条直线段。水平向右移动光标，捕捉到水平虚线时，在长度文本框输入直线段的长度值（例如 200）。

步骤 4：定义多段线的第 2 条直线段。竖直向下移动光标，捕捉到竖直虚线时，在长度文本框输入直线段的长度值（例如 300）。

步骤 5：定义多段线的第 3 条直线段。水平向右移动光标，捕捉到水平虚线时，在长度文本框输入直线段的长度值（例如 200）。

步骤 6：定义多段线的第 4 条直线段。竖直向上移动光标，捕捉到竖直虚线时，在长度文本框输入直线段的长度值（例如 300）。

步骤 7：定义多段线的第 5 条直线段。水平向右移动光标，捕捉到水平虚线时，在长度文本框输入直线段的长度值（例如 200）。

步骤 8：结束操作。按 Esc 键完成多段线的绘制。

2. 绘制带有圆弧的多段线

下面以图 2.78 为例，介绍绘制带有圆弧的多段线的一般操作过程。

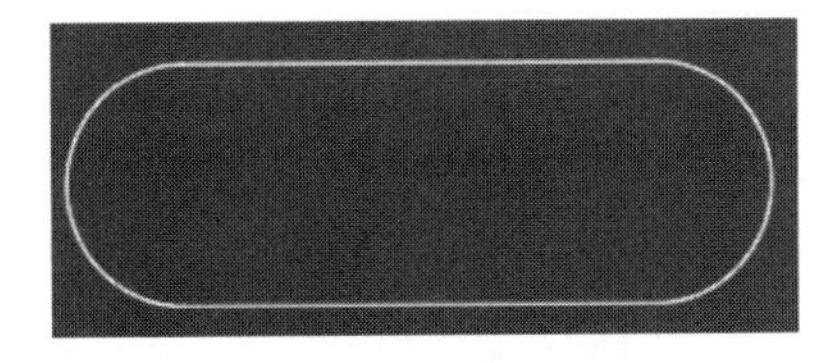

图 2.78　带有圆弧的多段线

步骤1：选择命令。选择“默认”功能选项卡中的 （多段线）命令。

步骤2：定义多段线起点。在系统 PLINE 指定起点：的提示下，将鼠标光标移至屏幕上的任意位置并单击，即可确定起点位置。

步骤3：定义多段线的第1条直线段。水平向右移动光标，捕捉到水平虚线时，在长度文本框输入直线段的长度值（例如300）。

步骤4：定义多段线的第1条圆弧段。在系统的提示下，选择 圆弧(A) 选项，在绘图区竖直向下移动光标，当捕捉到竖直虚线时，输入圆弧的直径值（例如150）。

步骤5：定义多段线的第2条直线段。在系统提示下，选择 直线(L) 选项，在图形区水平向左移动光标，捕捉到水平虚线时，在长度文本框输入直线段的长度值（例如300）。

步骤6：定义多段线的第2条圆弧段。在系统的提示下，选择 圆弧(A) 选项，在绘图区竖直向上移动光标，当捕捉到竖直虚线时，输入圆弧的直径值（例如150）。

步骤7：结束操作。按Esc键完成多段线的绘制。

3. 绘制可变宽度的多段线

下面以图2.79为例，介绍绘制可变宽度多段线的一般操作过程。

步骤1：选择命令。选择“默认”功能选项卡中的 （多段线）命令。

步骤2：定义多段线起点。在系统 PLINE 指定起点：的提示下，将鼠标光标移至屏幕上的任意位置并单击，即可确定起点位置。

步骤3：定义多段线的宽度，在系统提示下，选择 宽度(W) 选项，在系统“指定起点宽度”的提示下输入起点的宽度值（例如 0），在系统“指定端点宽度”的提示下输入端点的宽度值（例如8）。

步骤4：定义多段线的第1条圆弧段。在系统的提示下，依次选择 圆弧(A)、方向(D) 选项，在绘图区竖直向下移动光标，捕捉到竖直虚线作为圆弧的相切方向，然后水平向左移动光标，当捕捉到水平虚线时，输入圆弧的直径值（例如50），按Esc键完成多段线的绘制，效果如图2.80所示。

图2.79　可变宽度多段线

图2.80　圆弧段多段线

步骤5：绘制多段线的第1条直线段。选择“默认”功能选项卡中的 （多段线）命令；在系统 PLINE 指定起点：的提示下，将鼠标光标移至步骤4所创建的圆弧的端点处单击，即可确定起点位置；在系统提示下，选择 宽度(W) 选项，在系统“指定起点宽度”的提示下输入起点的宽度值（例如5），在系统“指定端点宽度”的提示下直接按Enter键确认；竖直向上移动光标，捕捉到竖直虚线时，在长度文本框输入直线段的长度值（例如 10），按 Esc 键完成多段线的绘制，效果如图 2.81 所示。

步骤 6：绘制宽度变化的多段线。选择“默认”功能选项卡中的 （多段线）命令；在系统 PLINE 指定起点：的提示下，将鼠标光标移至步骤 5 所创建的直线的上端点处单击，即可确定起点位置；在系统提示下，选择 宽度(W) 选项，在系统“指定起点宽度”的提示下输入起点的宽度值（例如 10），在系统“指定端点宽度”的提示下输入端点的宽度值（例如 0）；竖直向上移动光标，捕捉到竖直虚线时，在长度文本框输入直线段的长度值（例如 12），按 Esc 键完成多段线的绘制，效果如图 2.82 所示。

图 2.81 直线段多段线（1）

图 2.82 直线段多段线（2）

2.7 样条曲线的绘制

样条曲线是一种拟合曲线，它是由一组点定义的光滑曲线。其创建方法是将一组点用光滑的曲线连接起来。这种类型的曲线适宜于表达具有不规则变化曲率半径的曲线，例如，船体、手机的轮廓曲线、机械图形的断面和地形外貌轮廓线等。

下面以图 2.83 为例，介绍指定点创建拟合样条曲线的一般操作过程。

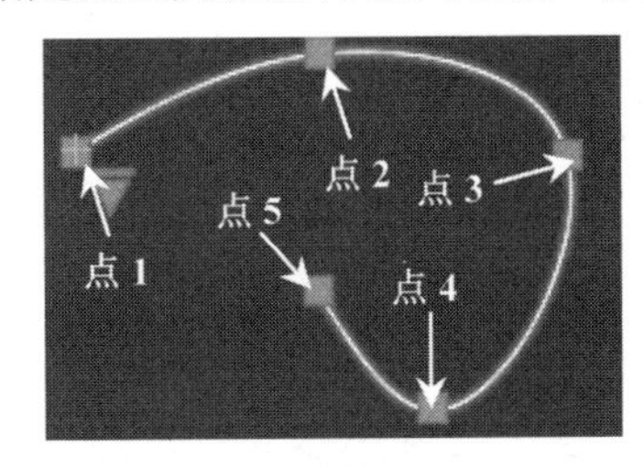

图 2.83 指定点创建拟合样条曲线

步骤 1：选择命令。单击“默认”功能选项卡“绘图”后的 节点，在系统弹出的列表中选择 命令。

说明：进入样条曲线命令还有以下两种方法。

方法一：选择下拉菜单 绘图(D) → 样条曲线(S) → 拟合点(F) 命令。

方法二：在命令行中输入 SPLINE 命令，并按 Enter 键。

步骤 2：定义第 1 个点。在系统 SPLINE 指定第 1 个点或 [方式(M) 节点(K) 对象(O)]:的提示下，将鼠标光标移至屏幕上的如图 2.83 所示的点 1 位置处并单击，即可确定第 1 个点位置。

步骤 3：定义第 2 个点。在系统 SPLINE 输入下一个点或 [起点切向(T) 公差(L)]:的提示下，将鼠标光标移至屏幕上的如图 2.83 所示的点 2 位置处并单击，即可确定第 2 个点的位置。

说明：

（1）起点相切是用来控制起点处的相切方向的。

（2）公差用来控制样条曲线与拟合点之间的位置公差，当公差值为 0 时，样条曲线必须通过拟合点，当公差值大于 0 时，样条曲线将在指定的公差范围内通过拟合点，公差值不可以小于 0。

步骤 4：定义第 3 个点。在系统 SPLINE 输入下一个点或 [端点相切(T) 公差(L) 放弃(U)]: 的提示下，将鼠标光标移至屏幕上的如图 2.83 所示的点 3 位置处并单击，即可确定第 3 个点的位置。

步骤 5：定义第 4 个点。在系统 SPLINE 输入下一个点或 [端点相切(T) 公差(L) 放弃(U) 闭合(C)]: 的提示下，将鼠标光标移至屏幕上的如图 2.83 所示的点 4 位置处并单击，即可确定第 4 个点的位置。

步骤 6：定义第 5 个点。在系统 SPLINE 输入下一个点或 [端点相切(T) 公差(L) 放弃(U) 闭合(C)]: 的提示下，将鼠标光标移至屏幕上的如图 2.83 所示的点 5 位置处并单击，即可确定第 5 个点的位置。

步骤 7：结束操作。在图形区右击，选择确定完成操作。

2.8 徒手绘图

4min

2.8.1 徒手线

徒手绘图是一种用鼠标当作画笔进行绘制图形的方法，使用徒手绘图功能可以轻松地绘制形状非常不规则的图形（如不规则的边界或地形的等高线、轮廓线、签名及一些特殊的符号），另外在使用数字化仪追踪现有图形时，该功能也非常有用。

徒手线是由许多单独的直线对象或多段线来创建的，线段越短，徒手线就越准确，但线段太短会大大增加图形文件的字节数，因此在开始创建徒手绘线之前，有必要设置每个线段的长度或增量。

下面以图 2.84 为例，介绍绘制徒手线的一般操作过程。

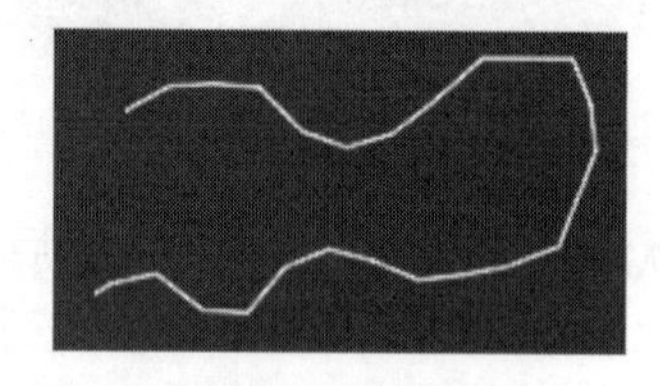

图 2.84 徒手线

步骤 1：选择命令。在命令行输入 SKETCH，按 Enter 键确认。

步骤 2：设置徒手线类型。在系统 SKETCH 指定草图或 [类型(T) 增量(I) 公差(L)]: 的提示下，选择 类型(T) 选项，在系统 SKETCH 输入草图类型 [直线(L) 多段线(P) 样条曲线(S)] <直线>: 的提示下，选择多段线(P) 选项。

2.8.2 修订云线

3min

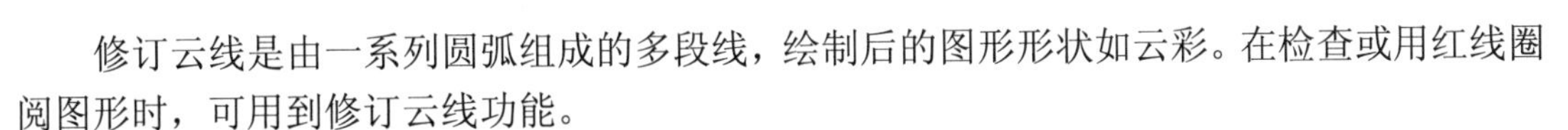

修订云线是由一系列圆弧组成的多段线，绘制后的图形形状如云彩。在检查或用红线圈阅图形时，可用到修订云线功能。

下面以图 2.85 为例，介绍绘制开放修订云线的一般操作过程。

图 2.85 开放修订云线

步骤 1：选择命令。选择下拉菜单 绘图(D) → 修订云线(V) 命令（或者在命令行中输入 REVCLOUD 命令，并按 Enter 键）。

步骤 2：绘制图形。在系统 REVCLOUD 指定第一个点或 [弧长(A) 对象(O) 矩形(R) 多边形(P) 徒手画(F) 样式(S) 修改(M)] <对象>: 的提示下，在图形区单击开始绘制修订云线，根据如图 2.85 所示的形状移动鼠标，达到想要效果后按 Enter 键确认。

步骤 3：定义方向。在系统 REVCLOUD 反转方向 [是(Y) 否(N)] <否>: 的提示下，直接按 Enter 键采用默认方向。

2.9 上机实操

上机实操案例 1 完成后如图 2.86 所示。

上机实操案例 2 完成后如图 2.87 所示。

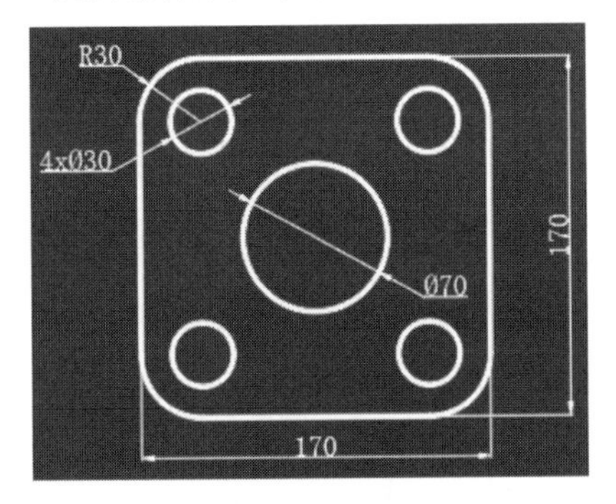

图 2.86 实操 1

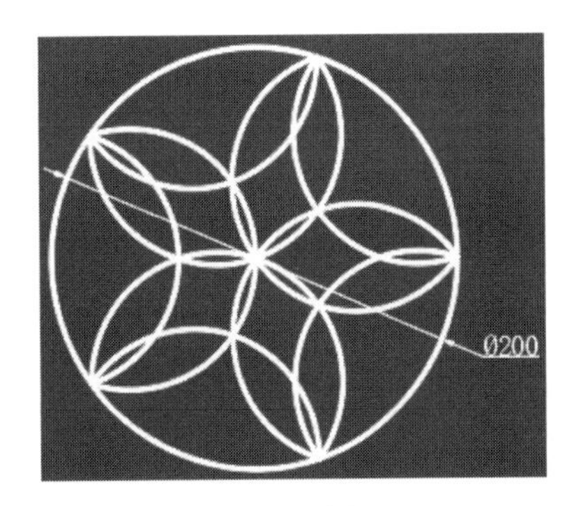

图 2.87 实操 2

第3章

精确高效绘图

3.1 使用坐标

3.1.1 坐标系概述

在 AutoCAD 中，坐标系的原点（0,0）位于绘图区的左下角，如图 3.1 所示。在绘图过程中，可以用 4 种不同形式的坐标来指定点的位置，分别为绘对直角坐标、相对直角坐标、绝对极坐标及相对极坐标。

6min

3.1.2 绝对直角坐标

绝对直角坐标是用当前点与坐标原点在 *X* 方向和 *Y* 方向上的距离来表示的（*x*，*y*），如图 3.2 所示。

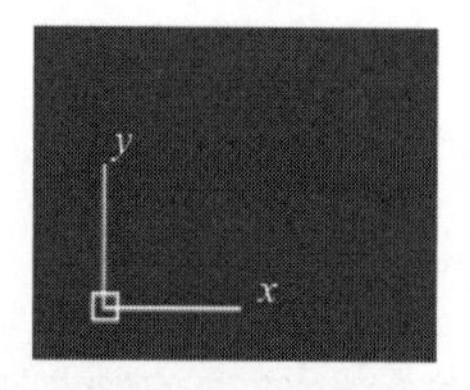

图 3.1　坐标原点

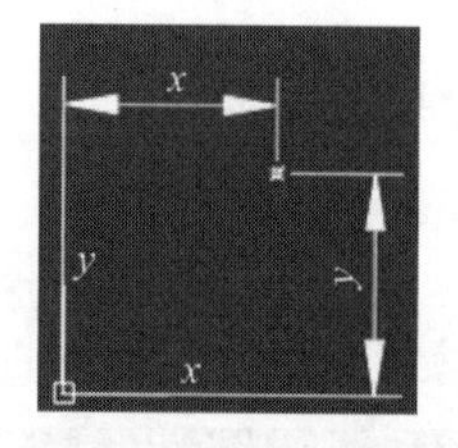

图 3.2　绝对直角坐标

下面以通过（0,0）、（5,5）、（5,10）、（3,15）与（0,15）绘制如图 3.3 所示的封闭图形为例介绍输入绝对直角坐标的一般方法。

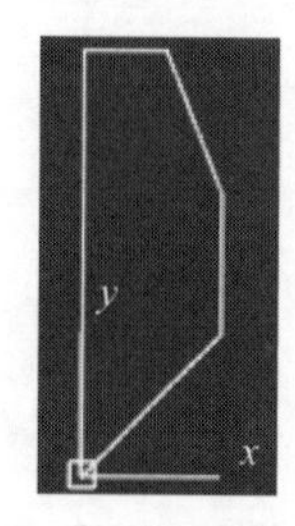

图 3.3　封闭图形

步骤 1：在状态栏中单击按钮，关闭动态输入功能。

步骤 2：选择命令。单击“默认”功能选项卡“绘图”区域中的命令。

步骤 3：定义第 1 个点。在命令行 LINE 指定第 1 个点:的提示下，在命令行输入 0,0 后按 Enter 键确认。

说明：输入点坐标时建议读者将输入法设置为美式键盘输入法。

步骤 4：定义第 2 个点。在命令行 LINE 指定下一点或 [放弃(U)]: 的提示下，在命令行输入 5,5 后按 Enter 键确认。

步骤 5：定义第 3 个点。在命令行 LINE 指定下一点或 [放弃(U)]: 的提示下，在命令行输入 5,10 后按 Enter 键确认。

步骤 6：定义第 4 个点。在命令行 LINE 指定下一点或 [闭合(C) 放弃(U)]: 的提示下，在命令行输入 3,15 后按 Enter 键确认。

步骤 7：定义第 5 个点。在命令行 LINE 指定下一点或 [闭合(C) 放弃(U)]: 的提示下，在命令行输入 0,15 后按 Enter 键确认。

步骤 8：封闭图形。在命令行 LINE 指定下一点或 [闭合(C) 放弃(U)]: 的提示下，选择 闭合(C) 选项。

3.1.3 相对直角坐标

6min

相对直角坐标是用当前点与前一点的相对位置来定义当前点的位置（@x，y），如图 3.4 所示。

下面还是以绘制如图 3.5 所示的封闭图形为例介绍输入相对直角坐标的一般方法。

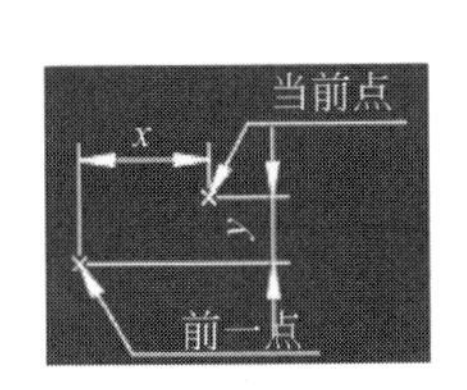

图 3.4 相对直角坐标（1）

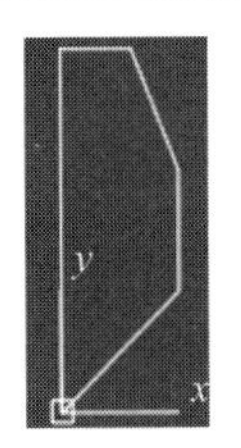

图 3.5 相对直角坐标（2）

说明：图 3.5 所示的图形点的坐标与图 3.3 所示的图形一致。

步骤 1：在状态栏中确认已经关闭动态输入功能。

步骤 2：选择命令。单击“默认”功能选项卡“绘图”区域中的命令。

步骤 3：定义第 1 个点。在命令行 LINE 指定第 1 个点:的提示下，在命令行输入 0,0 后按 Enter 键确认。

步骤 4：定义第 2 个点。在命令行 LINE 指定下一点或 [放弃(U)]: 的提示下，在命令行输入@5,5 后按 Enter 键确认。

步骤 5：定义第 3 个点。在命令行 LINE 指定下一点或 [放弃(U)]: 的提示下，在命令行输入@0,5 后按 Enter 键确认。

步骤 6：定义第 4 个点。在命令行 LINE 指定下一点或 [闭合(C) 放弃(U)]: 的提示下，在命令行输入@−2,5 后按 Enter 键确认。

步骤 7：定义第 5 个点。在命令行 LINE 指定下一点或 [闭合(C) 放弃(U)]：的提示下，在命令行输入@−3,0 后按 Enter 键确认。

步骤 8：封闭图形。在命令行 LINE 指定下一点或 [闭合(C) 放弃(U)]：的提示下，选择 闭合(C) 选项。

注意：绝对直角坐标与相对直角坐标的区别；通过输入（0,0）、（5,5）、（5,10）、（3,15）与（0,15）绝对直角坐标与通过输入（0,0）、（@5,5）、（@0,5）、（@−2,5）与（@−3,0）相对直角坐标得到的结果完全一致。

4min

3.1.4 绝对极坐标

绝对极坐标是通过两个要素来定义的，一是当前点与原点的距离，二是当前点和原点的连线与 *X* 轴的夹角（夹角是指以 *X* 轴正方向为 0°）。沿逆时针方向旋转的角度，其表示形式是（距离值＜角度值），如图 3.6 所示。

下面以下三点绘制如图 3.7 所示三角形为例，介绍输入绝对极坐标的一般方法。

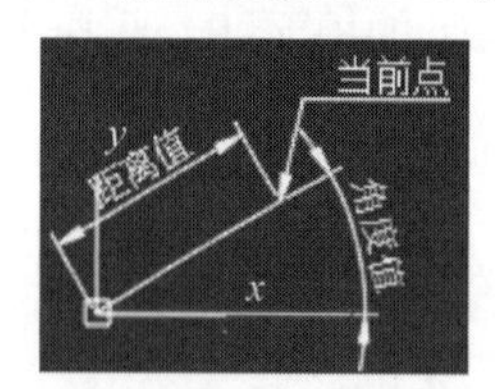

图 3.6 绝对极坐标（1）

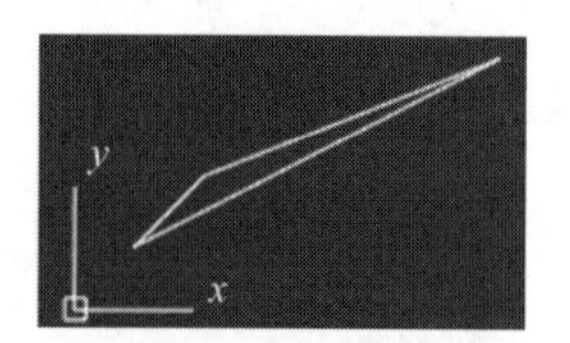

图 3.7 绝对极坐标（2）

第 1 个点的坐标值为（1,1）（绝对直角坐标）。

第 2 个点与原点之间的距离为 3，第 2 个点与原点之间的连线与水平轴的夹角为 45°（3＜45）。

第 3 个点与原点之间的距离为 8，第 3 个点与原点之间的连线与水平轴的夹角为 30°（8＜30）。

步骤 1：在状态栏中确认已经关闭动态输入功能。

步骤 2：选择命令。单击“默认”功能选项卡“绘图”区域中的 命令。

步骤 3：定义第 1 个点。在命令行 LINE 指定第 1 个点：的提示下，在命令行输入 1,1 后按 Enter 键确认。

步骤 4：定义第 2 个点。在命令行 LINE 指定下一点或 [放弃(U)]：的提示下，在命令行输入 3＜45 后按 Enter 键确认。

步骤 5：定义第 3 个点。在命令行 LINE 指定下一点或 [放弃(U)]：的提示下，在命令行输入 8＜30 后按 Enter 键确认。

步骤 6：闭合图形。在命令行 LINE 指定下一点或 [闭合(C) 放弃(U)]：的提示下，选择 闭合(C) 选项。

3.1.5　相对极坐标

相对极坐标通过指定当前点与前一点的距离和角度来定义当前点的位置，其表示形式是（@距离值<角度值），如图 3.8 所示。

下面以绘制如图 3.9 所示的封闭图形为例介绍输入相对极坐标的一般方法。

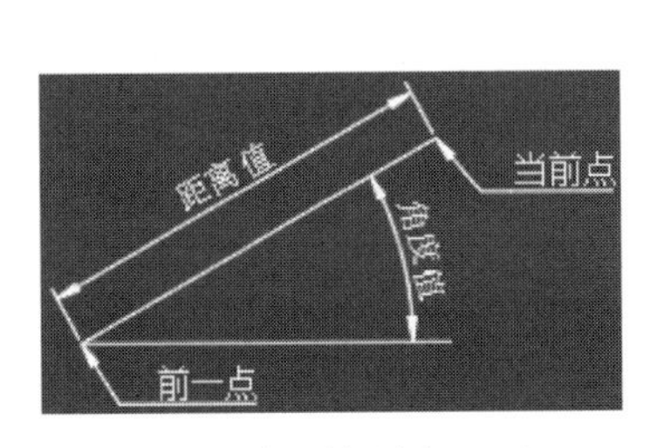

图 3.8　相对极坐标（1）

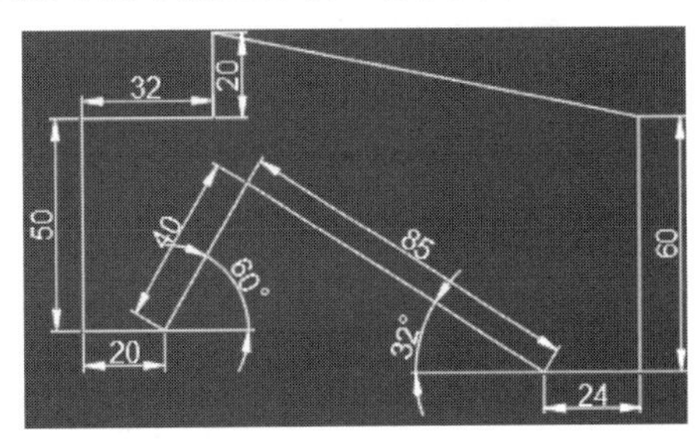

图 3.9　相对极坐标（2）

步骤 1：在状态栏中确认已经关闭动态输入功能。

步骤 2：选择命令。单击“默认”功能选项卡“绘图”区域中的 命令。

步骤 3：定义第 1 个点。在命令行 LINE 指定第 1 个点:的提示下，将鼠标移动到图形区域合适的位置单击即可确定第 1 个点。

步骤 4：定义第 2 个点。在命令行 LINE 指定下一点或 [放弃(U)]: 的提示下，在命令行输入@20<270 后按 Enter 键确认。

步骤 5：定义第 3 个点。在命令行 LINE 指定下一点或 [放弃(U)]: 的提示下，在命令行输入@32<180 后按 Enter 键确认。

步骤 6：定义第 4 个点。在命令行 LINE 指定下一点或 [闭合(C) 放弃(U)]: 的提示下，在命令行输入@50<270 后按 Enter 键确认。

步骤 7：定义第 5 个点。在命令行 LINE 指定下一点或 [闭合(C) 放弃(U)]: 的提示下，在命令行输入@20<0 后按 Enter 键确认。

步骤 8：定义第 6 个点。在命令行 LINE 指定下一点或 [闭合(C) 放弃(U)]: 的提示下，在命令行输入@40<60 后按 Enter 键确认。

步骤 9：定义第 7 个点。在命令行 LINE 指定下一点或 [闭合(C) 放弃(U)]: 的提示下，在命令行输入@85<328 后按 Enter 键确认。

步骤 10：定义第 8 个点。在命令行 LINE 指定下一点或 [闭合(C) 放弃(U)]: 的提示下，在命令行输入@24<0 后按 Enter 键确认。

步骤 11：定义第 9 个点。在命令行 LINE 指定下一点或 [闭合(C) 放弃(U)]: 的提示下，在命令行输入@60<90 后按 Enter 键确认。

步骤 12：封闭图形。在命令行 LINE 指定下一点或 [闭合(C) 放弃(U)]: 的提示下，选择 闭合(C) 选项。

▷ 9min

3.1.6 用户坐标系

任何一个 AutoCAD 图形都使用一个固定的坐标系，称为世界坐标系（WCS），并且图形中的任何点在世界坐标系中都有一个确定的 *X*、*Y*、*Z* 坐标。同时，也可以根据需要在三维空间中的任意位置和任意方向定义新的坐标系，这种类型的坐标系称为用户坐标系（UCS）。

1. 新建用户坐标系

下面以图 3.10 为例来说明新建用户坐标系的意义和操作过程。本实例需要在矩形内部绘制一个横放的 T 形，T 形左下角与矩形左下角的水平与竖直间距分别为 10 与 6，如果原始坐标系位置不在矩形左下角点，则 T 形左下角的位置就不容易确定了，如果用户可以在矩形左下角创建一个用户坐标系，则 T 形左下角的位置就很容易确定了（直接输入绝对直角坐标 10, 6 即可）。

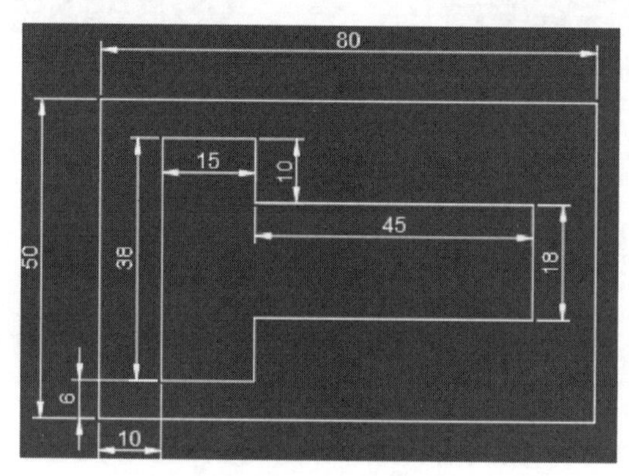

图 3.10 用户坐标系

步骤 1：新建文件。选择快速访问工具栏中的 命令，在“选择样板”对话框中选择 acadiso 的样板文件，然后单击 打开(O) 按钮。

步骤 2：绘制矩形。选择矩形命令，在任意位置绘制如图 3.11 所示的长度为 80、宽度为 50 的矩形。

步骤 3：新建用户坐标系。选择下拉菜单 工具(T) → 新建 UCS(W) → 原点(N) 命令，在系统 **UCS 指定新原点 <0,0,0>:** 的提示下，在图形区捕捉矩形的左下角点放置用户坐标系，完成后如图 3.12 所示。

图 3.11 绘制矩形

图 3.12 用户坐标系

步骤 4：绘制直线。在状态栏中确认打开动态输入功能，选择“直线”命令，在系统 LINE 指定第 1 个点:的提示下，输入绝对直角坐标值 10,6 后按 Enter 键确认；竖直向上移动鼠标捕捉到竖直虚线，然后在长度文本框输入长度值 38，按 Enter 键确定；水平向右移动鼠标捕捉到水平虚线，然后在长度文本框输入长度值 15，按 Enter 键确定；竖直向下移动鼠标捕捉到竖直虚线，然后在长度文本框输入长度值 10，按 Enter 键确定；水平向右移动鼠标捕捉到水平虚线，然后在长度文本框输入长度值 45，按 Enter 键确定；竖直向下移动鼠标捕捉到竖直虚线，然后在长度文本框输入长度值 18，按 Enter 键确定；水平向左移动鼠标捕捉到水平虚线，然后在长度文本框输入长度值 45，按 Enter 键确定；竖直向下移动鼠标捕捉到竖直虚线，然后在长度文本框输入长度值 10，按 Enter 键确定；在 LINE 指定下一点或 [闭合(C) 放弃(U)]: 的提示下选择“闭合”选项完成 T 形图形的绘制。

2. 保存用户坐标系（命名 UCS）

用户创建一个坐标系后，系统会以未命名的名称显示，当在创建另外一个用户坐标系时，系统仍以未命名的名称显示，并且会将前面我们创建的第 1 个未命名的坐标系覆盖，如果想保留创建的用户坐标系就需要进行重新命名；在进行复杂的图形设计时，往往要在许多位置创建 UCS，创建 UCS 后对其重命名，以后需要时就能够通过名称迅速回到该命名的坐标系。

下面介绍重命名用户坐标系的方法。

步骤 1：选择命令。选择下拉菜单 工具(T) → 命名 UCS(U)... 命令，系统会弹出 UCS 对话框。

步骤 2：重新命名。在 UCS 对话框“命名 UCS”选项卡中右击“未命名”的坐标系，在系统弹出的快捷菜单中选择“重命名”命令，然后输入新的名称（例如 UCS01）。

说明：

（1）更改名称时，读者也可以在用户坐标系上缓慢单击两次，然后输入新的名称。

（2）在现有文件包含两个坐标系（世界坐标系与用户定义的 UCS01 坐标系），现在正在使用的是 UCS01 坐标系（UCS01 前有 ▶），如果想使用世界坐标系，则可以选中世界坐标系，然后单击对话框中的 置为当前(C) 按钮，最后单击 确定 按钮即可。

3.2 使用捕捉

3.2.1 对象捕捉

8min

在精确绘图过程中，经常需要在图形对象上选取某些特征点，如圆心、切点、交点、端点和中点等，此时如果使用 AutoCAD 提供的对象捕捉功能，则可迅速、准确地捕捉到这些点的位置，从而精确地绘制图形，以此来提高我们的绘图速度。

1. 打开及关闭对象捕捉

单击软件状态栏中的 按钮，当 加亮显示时，代表对象捕捉已经打开；当 没有加亮显示时，代表对象捕捉已经关闭。

说明：打开及关闭对象捕捉还有以下几种方法。

方法一：按F3快捷键。

方法二：选择下拉菜单 工具(T) → 绘图设置(F)... 命令，系统会弹出“草图设置”对话框，单击 对象捕捉 功能选项卡，选中 ☑启用对象捕捉 (F3)(O) 代表对象捕捉已经打开，取消选中 ☐启用对象捕捉 (F3)(O) 代表对象捕捉已经关闭。

方法三：按Ctrl+F快捷键。

2. 对象捕捉的设置

在“草图设置”对话框，可在 对象捕捉模式 区域设置可以捕捉的类型，前面有☑代表可以捕捉，前面有☐代表不可以捕捉，下面对各个捕捉类型做简要说明。

☑端点(E)：用于捕捉几何对象的最近端点或者角点。

☑中点(M)：用于捕捉几何对象的中点。

☑圆心(C)：用于捕捉圆弧、圆、椭圆或椭圆弧的中心点。

☐几何中心(G)：用于捕捉任意闭合多段线和样条曲线的中心（比较常见的为矩形或者多边形），如图3.13所示。

☑节点(D)：用于捕捉点对象、标注定义点或标注文字原点。

☐象限点(Q)：用于捕捉圆弧、圆、椭圆或椭圆弧的象限点，如图3.14所示。

☑交点(I)：用于捕捉几何对象的相交点。

☑延长线(X)：用于当光标经过对象的端点时，显示临时延长线或圆弧，以便用户在延长线或圆弧上指定点。

☐插入点(S)：用于捕捉对象（如属性、块或文字）的插入点。

☐垂足(P)：用于捕捉垂直于选定几何对象的点，如图3.15所示。

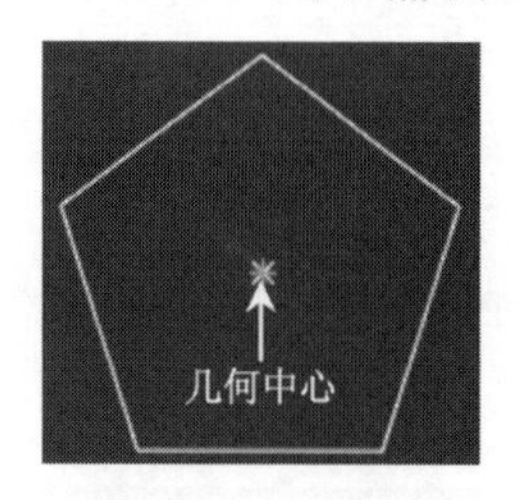

图3.13　几何中心

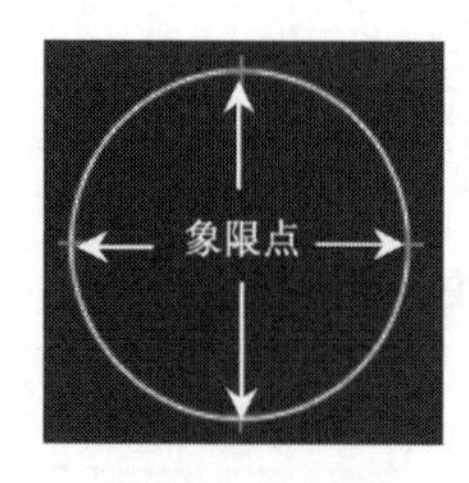

图3.14　象限点

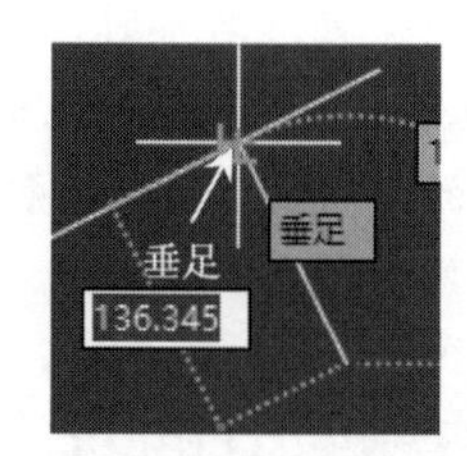

图3.15　垂足

☐切点(N)：用于捕捉到圆弧、圆、椭圆、椭圆弧、多段线圆弧或样条曲线的切点。

☑最近点(R)：用于捕捉到对象（如圆弧、圆、椭圆、椭圆弧、直线、点、多段线、射线、样条曲线或构造线）的最近点。

☐外观交点(A)：用于捕捉在三维空间中不相交但在当前视图中看起来可能相交的两个对象的视觉交点。

☐平行线(L)：用于通过悬停光标来约束新直线段、多段线线段、射线或构造线以使其与标识的现有线性对象平行。

3. 对象捕捉的使用-自动捕捉

开启自动捕捉后，当系统要求用户指定一个点时，把光标放在某对象上，系统便会自动捕捉到该对象上符合条件的特征点，并显示出相应的标记，如果光标在特征点处多停留一段时间，则会显示该特征点的提示，这样用户在选点之前，只需先预览一下特征点的提示，然后确认就可以了。

4. 对象捕捉的使用-使用捕捉工具栏

打开捕捉工具栏的方法：选择下拉菜单 工具(T) → 工具栏 → AutoCAD 在弹出的下拉菜单中勾选 ✓ 对象捕捉，即可显示如图 3.16 所示的“对象捕捉”工具栏。

图 3.16 “对象捕捉”工具栏

在具体绘制图形过程中，当系统要求用户指定一个点时（例如选择直线命令后，系统要求指定一点作为直线的起点），用户可以单击该工具栏中相应的特征点按钮，再把光标移到要捕捉对象上的特征点附近，系统即可捕捉到该特征点。图 3.16 所示的“对象捕捉”工具栏各按钮的功能说明如下。

临时追踪点：通常与其他对象捕捉功能结合使用，用户可以根据一个追踪参考点，然后根据该点移动光标，即可看到追踪路径，后期可在追踪路径上拾取一点。

捕捉自：通常与其他对象捕捉功能结合使用，用于拾取一个与捕捉点有一定偏移量的点。

捕捉到端点：用于捕捉对象的端点，包括圆弧、椭圆弧、多线线段、直线线段、多段线的线段、射线的端点，以及实体及三维面边线的端点。

捕捉到中点：用于捕捉对象的中点，包括圆弧、椭圆弧、多线、直线、多段线的线段、样条曲线、构造线的中点，以及三维实体和面域对象任意一条边线的中点。

捕捉到交点：用于捕捉两个对象的交点。

捕捉到外观交点：用于捕捉两个对象的外观交点，这两个对象实际上在三维空间中并不相交，但在屏幕上显得相交。

捕捉至延长线（也叫“延伸对象捕捉”）：用于捕捉到沿着直线或圆弧的自然延伸线上的点，一般可以与交点来结合用。

捕捉到圆心：用于捕捉圆弧对象的圆心。

捕捉到象限点：用于捕捉圆弧、圆、椭圆、椭圆弧或多段线弧段的象限点。

捕捉到切点：用于捕捉圆、圆弧、椭圆、椭圆弧或者样条曲线上的切点。

捕捉到垂足：用于捕捉垂直于对象的交点。

捕捉到平行线：用于创建与现有直线段平行的直线段（包括直线或多段线线段）。

捕捉到插入点：用于捕捉属性、形、块或文本对象的插入点。

捕捉到节点：用于捕捉点对象，此功能对于捕捉用 POINT 和 MEASURE 命令插入的点对象特别有用。

捕捉到最近点：用于捕捉在一个对象上离光标最近的点。

无捕捉：不使用任何对象捕捉模式，即暂时关闭对象捕捉模式。

对象捕捉设置：单击该按钮，系统会弹出“草图设置”对话框。

5. 对象捕捉的使用-使用捕捉字符

在绘图时，当系统要求用户指定一个点时，可输入所需的捕捉命令的字符，再把光标移到要捕捉对象的特征点附近，即可选择现有对象上的所需特征点，见表 3.1。

表 3.1 捕捉类型及对应命令

捕 捉 类 型	对 应 命 令	捕 捉 类 型	对 应 命 令
临时追踪点	TT	捕捉自	FROM
端点捕捉	ENDP	中点捕捉	MID
交点捕捉	INT	外观交点捕捉	APPINT
延长线捕捉	EXT	圆心捕捉	CEN
象限点捕捉	QUA	切点捕捉	TAN
垂足捕捉	PER	平行线捕捉	PAR
插入点捕捉	INS	最近点捕捉	NEA
节点捕捉	NOD		

6. 对象捕捉的使用-使用捕捉快捷菜单

在绘图时，当系统要求用户指定一个点时，可按 Shift 键（或 Ctrl 键）并同时在绘图区右击，系统会弹出对象捕捉快捷菜单。在该菜单上选择需要的捕捉命令，再把光标移到要捕捉对象的特征点附近，即可选择现有对象上的所需特征点。

7. 对象捕捉案例

“对象捕捉”案例如图 3.17 所示。

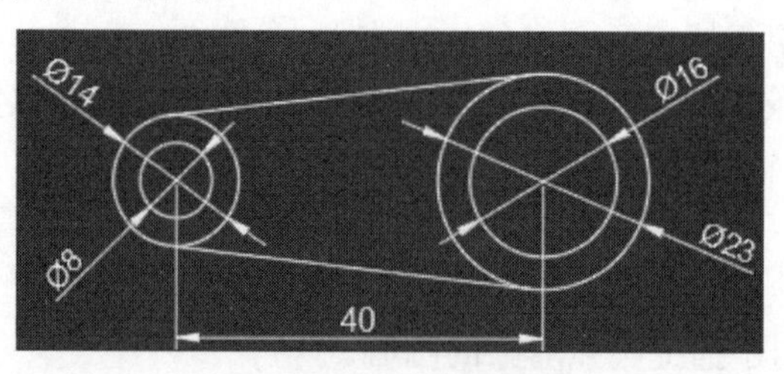

图 3.17 “对象捕捉”案例

步骤 1：新建文件。选择快速访问工具栏中的命令，在“选择样板”对话框中选择 acadiso 的样板文件，然后单击 打开(O) 按钮。

步骤 2：绘制第 1 个圆。选择圆心直径命令，在系统提示下输入 0,0 后按 Enter 键确认，然后在系统提示下输入圆的直径值 8，按 Enter 键确认，效果如图 3.18 所示。

步骤 3：绘制第 2 个圆。选择圆心直径命令，在系统提示下直接捕捉步骤 2 所绘制圆的圆心，然后在系统提示下输入圆的直径值 14，按 Enter 键确认，效果如图 3.19 所示。

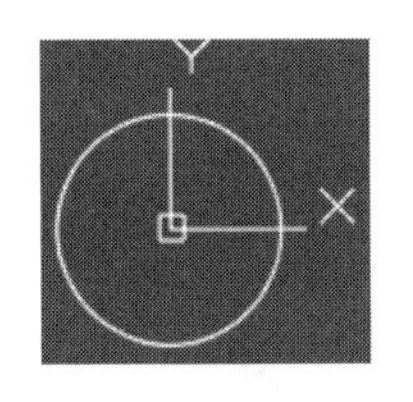

图 3.18　第 1 个圆

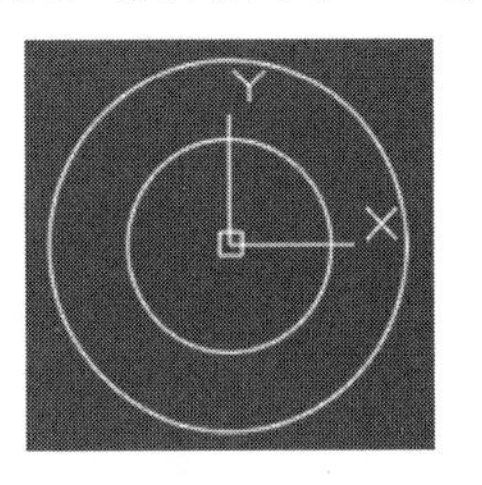

图 3.19　第 2 个圆

步骤 4：绘制第 3 个圆。选择圆心直径命令，在系统提示下输入 40,0 后按 Enter 键确认，然后在系统提示下输入圆的直径值 16，按 Enter 键确认，效果如图 3.20 所示。

步骤 5：绘制第 4 个圆。选择圆心直径命令，在系统提示下直接捕捉步骤 4 所绘制圆的圆心，然后在系统提示下输入圆的直径值 23，按 Enter 键确认，效果如图 3.21 所示。

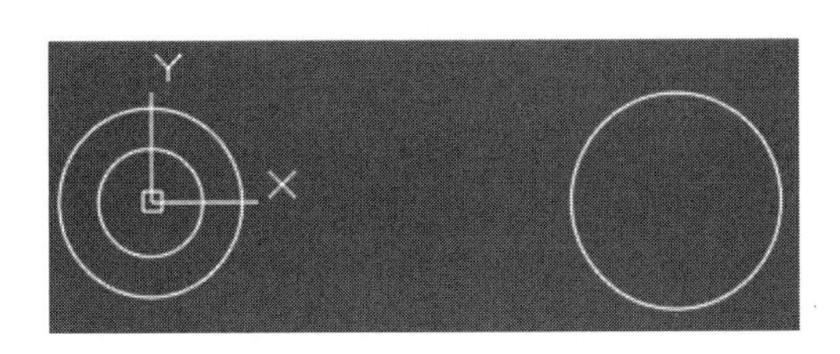

图 3.20　第 3 个圆

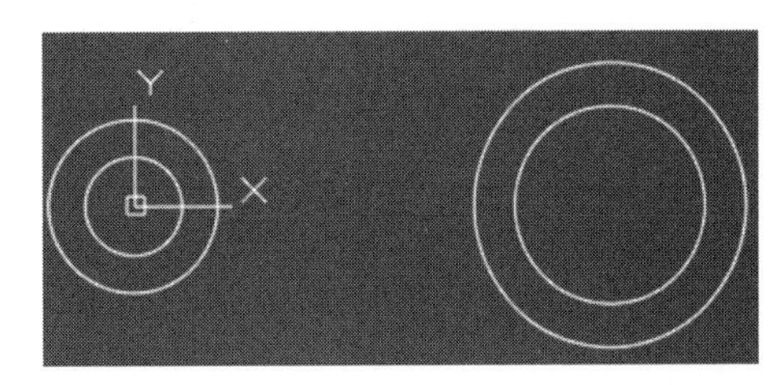

图 3.21　第 4 个圆

步骤 6：绘制相切直线 1 的第 1 个切点位置。选择直线命令，在系统提示下输入 tan（相切的捕捉字符），按 Enter 键确定，然后在图形区步骤 3 所绘制圆的上方选取第 1 个相切点，如图 3.22 所示。

步骤 7：绘制相切直线 1 的第 2 个切点位置。在“对象捕捉”工具条中单击（捕捉到相切）按钮，然后在步骤 5 所绘制圆的上方选取第 2 个相切位置，如图 3.23 所示，按 Esc 键完成操作，绘制完成后的效果如图 3.24 所示。

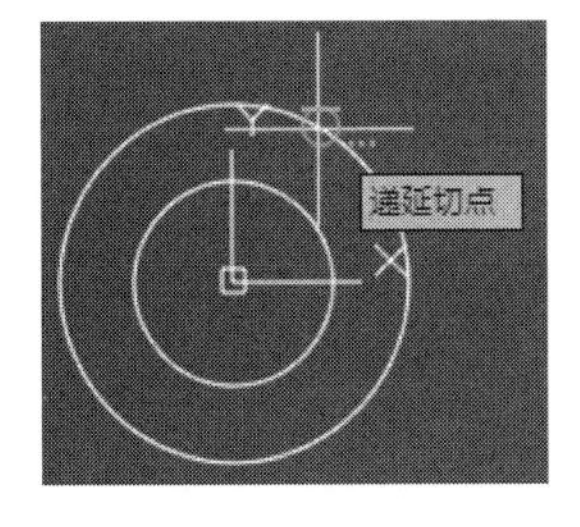

图 3.22　相切点 1

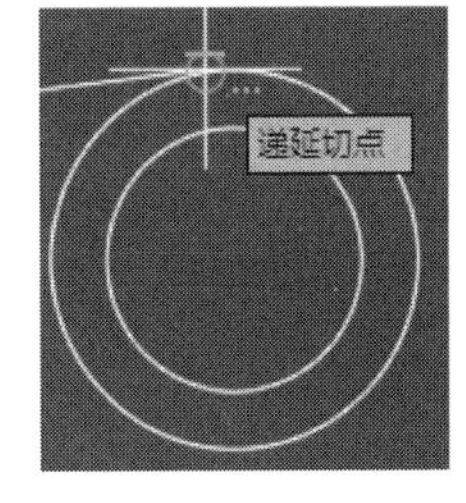

图 3.23　相切点 2

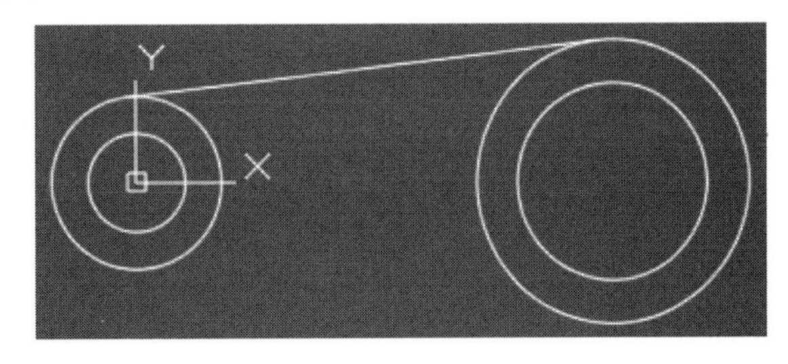

图 3.24　直线 1

步骤 8：绘制相切直线 2 的第 1 个切点位置。选择直线命令，在系统提示下，按住 Shift 键并同时在绘图区右击，在系统弹出的下拉列表中选择 切点(G)，然后在图形区步骤 3 所绘制圆的下方选取第 1 个相切点。

步骤 9：绘制相切直线 2 的第 2 个切点位置。在系统提示下，按 Ctrl 键并同时在绘图区右击，在系统弹出的下拉列表中选择 切点(G)，然后在步骤 5 所绘制圆的下方选取第 2 个相切位置，按 Esc 键完成操作，绘制完成后的效果如图 3.25 所示。

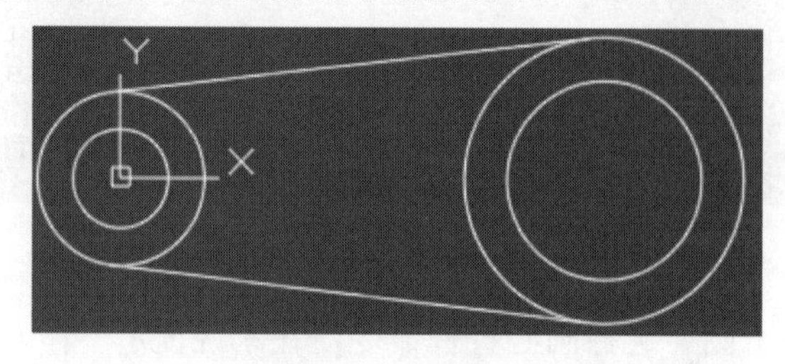

图 3.25　直线 2

3.2.2　捕捉与栅格

在 AutoCAD 绘图中，使用捕捉和栅格功能，就像使用坐标纸一样，可以直观地利用距离和位置参照进行图形绘制，从而提高绘图效率。栅格的间距和捕捉的间距可以独立地设置。

说明："捕捉"与"对象捕捉"是两个不同的概念，"捕捉"是控制鼠标光标在屏幕上移动的间距，使鼠标光标只能按设定的间距跳跃着移动，而"对象捕捉"是指捕捉对象的中点、端点和圆心等特征点。

1. 栅格

栅格是由规则的点阵图案组成的，使用这些栅格类似于在一张坐标纸上绘图。虽然参照栅格在屏幕上可见，但不会作为图形的一部分被打印出来。栅格点只分布在图形界限内，有助于将图形边界可视化、对齐对象，以及使对象之间的距离可视化。用户可根据需要打开和关闭栅格，也可在任何时候修改栅格的间距。

打开或关闭栅格功能的操作方法是：单击屏幕下部状态栏中的按钮，当加亮显示时，代表栅格已经打开，此时在图形区将布满栅格点；当没有加亮显示时，代表栅格已经关闭。

说明：打开或关闭栅格功能还有以下 3 种方法。

方法一：按 F7 键。

方法二：按 Ctrl+G 快捷键。

方法三：选择下拉菜单 工具(T) → 绘图设置(F)... 命令，系统会弹出"草图设置"对话框，单击 **捕捉和栅格** 功能选项卡，选中 ☑启用栅格 (F7)(G) 代表栅格已经打开，取消选中 □启用栅格 (F7)(G) 代表栅格已经关闭。

修改栅格间距的方法：

选择下拉菜单 工具(T) → 绘图设置(F)... 命令，系统会弹出"草图设置"对话框，单击 **捕捉和栅格** 功能选项卡，在 栅格 X 轴间距(N): 文本框中设置相邻两个栅格之间的水平间距，在 栅格 Y 轴间距(I): 文本框中设置相邻两个栅格之间的竖直间距，在 每条主线之间的栅格数(J): 文本框设置主线之间的栅格数目，如图 3.26 所示。

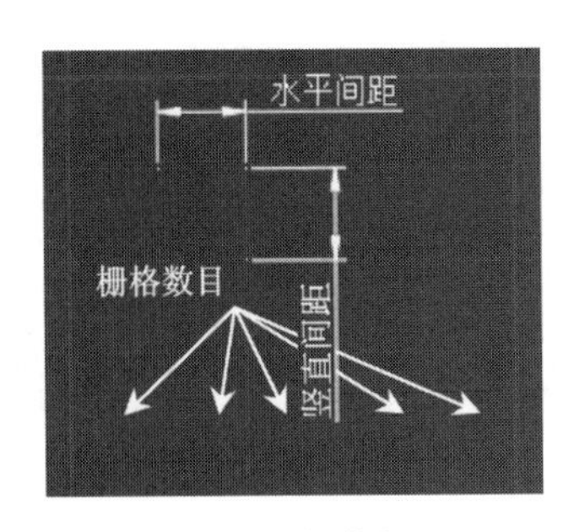

图 3.26　栅格间距

2. 捕捉

捕捉是用于设置鼠标光标一次移动的间距。

打开或关闭捕捉功能的操作方法是：单击屏幕下部状态栏中的▦按钮，当▦加亮显示时，代表捕捉已经打开；当▦没有加亮显示时，代表捕捉已经关闭。

说明：打开或关闭捕捉功能还有以下 3 种方法。

方法一：按 F9 键。

方法二：按 Ctrl+B 快捷键。

方法三：选择下拉菜单 工具(T) → 绘图设置(F)... 命令，系统会弹出“草图设置”对话框，单击 捕捉和栅格 功能选项卡，选中 ☑启用捕捉 (F9)(S) 代表捕捉已经打开，取消选中 ☐启用捕捉 (F9)(S) 代表捕捉已经关闭。

3.2.3　极轴追踪

▷ 5min

当绘制或编辑对象时，极轴追踪有助于按相对于前一点的特定距离和角度增量来确定点的位置。打开极轴追踪后，当命令行提示指定第 1 个点时，在绘图区指定一点；当命令行提示指定下一点时，绕前一点转动光标，即可按预先设置的角度增量显示出经过该点且与 X 轴成特定角度的无限长的辅助线（这是一条虚线），此时就可以沿辅助线追踪得到所需的点。

打开或关闭极轴追踪功能的操作方法是：单击屏幕下部状态栏中的⊙按钮，当⊙加亮显示时，代表极轴追踪已经打开；当⊙没有加亮显示时，代表极轴追踪已经关闭。

说明：打开或关闭极轴追踪功能还有以下两种方法。

方法一：按 F10 键。

方法二：选择下拉菜单 工具(T) → 绘图设置(F)... 命令，系统会弹出“草图设置”对话框，单击 极轴追踪 功能选项卡，选中 ☑启用极轴追踪 (F10)(P) 代表极轴追踪已经打开，取消选中 ☐启用极轴追踪 (F10)(P) 代表极轴追踪已经关闭。

极轴追踪的参数设置：选择下拉菜单 工具(T) → 绘图设置(F)... 命令，在系统弹出的“草图设置”对话框中单击 极轴追踪 功能选项卡，系统会弹出“极轴追踪”对话框。

下面以绘制如图 3.27 所示的图形为例，介绍使用极轴追踪绘制图形的一般方法。

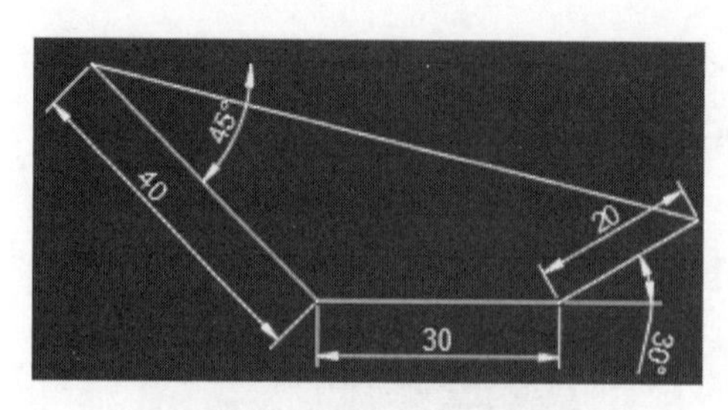

图 3.27 “极轴追踪”案例

步骤 1：新建文件。选择快速访问工具栏中的命令，在“选择样板”对话框中选择 acadiso 的样板文件，然后单击 打开(O) 按钮。

步骤 2：设置极轴追踪参数。选择下拉菜单 工具(T) → 绘图设置(F)... 命令，在“草图设置”对话框中单击 极轴追踪 功能选项卡，在 增量角(I) 下拉列表中选择 30，单击 新建(N) 按钮，在附加角列表中输入附加角 315，如图 3.28 所示，单击 确定 按钮完成设置。

步骤 3：绘制第 1 条直线。选择直线命令，在系统提示下将鼠标移动到图形区域合适的位置单击即可确定第 1 个点，然后捕捉到 315°的角度线，在长度文本框输入直线长度 40，按 Enter 键确认，效果如图 3.29 所示。

☑启用极轴追踪 (F10)(P)
极轴角设置
增量角(I):
30
☑附加角(D)
315
新建(N)
删除

图 3.28　极轴追踪设置

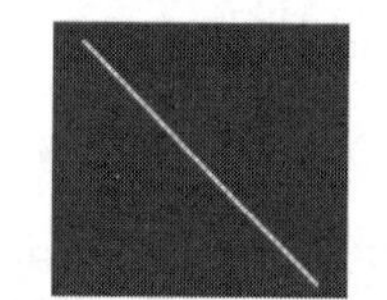

图 3.29　直线 1

步骤 4：绘制第 2 条直线。捕捉到 0°的角度线，在长度文本框输入直线长度 30，按 Enter 键确认，效果如图 3.30 所示。

步骤 5：绘制第 3 条直线。捕捉到 30°的角度线，在长度文本框输入直线长度 20，按 Enter 键确认，效果如图 3.31 所示。

步骤 6：封闭图形。在命令行 LINE 指定下一点或 [闭合(C) 放弃(U)]:的提示下，选择 闭合(C) 选项。

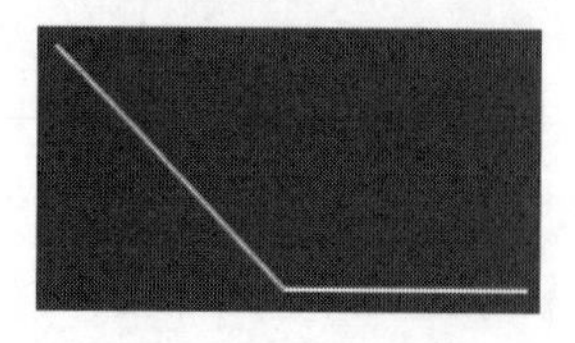

图 3.30　直线 2

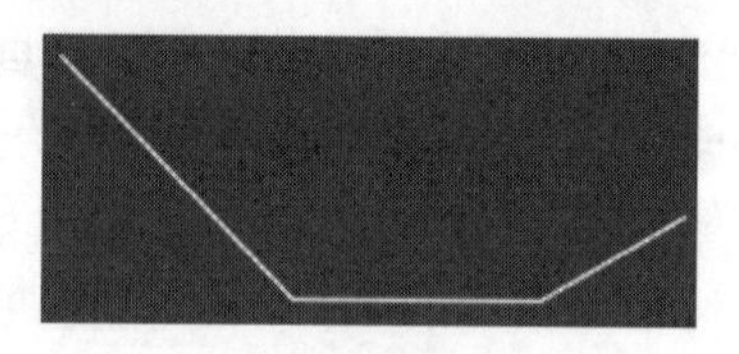

图 3.31　直线 3

7min

3.2.4 对象捕捉追踪

对象捕捉追踪是指按与对象的某种特定关系来追踪点。一旦启用了对象捕捉追踪，并设置了一个或多个对象捕捉模式（如圆心、中点等），当命令行提示指定一个点时，将光标移至要追踪的对象上的特征点（如圆心、中点等）附近并停留片刻（不要单击），便会显示特征点的捕捉标记和提示，沿特征点移动光标，系统会显示追踪路径，用户可在路径上选择一点。

打开或关闭对象捕捉追踪功能的操作方法是：单击屏幕下部状态栏中的按钮，当加亮显示时，代表对象捕捉追踪已经打开；当没有加亮显示时，代表对象捕捉追踪已经关闭。

下面以绘制如图 3.32 所示的图形为例，介绍使用对象捕捉追踪绘制图形的一般方法。

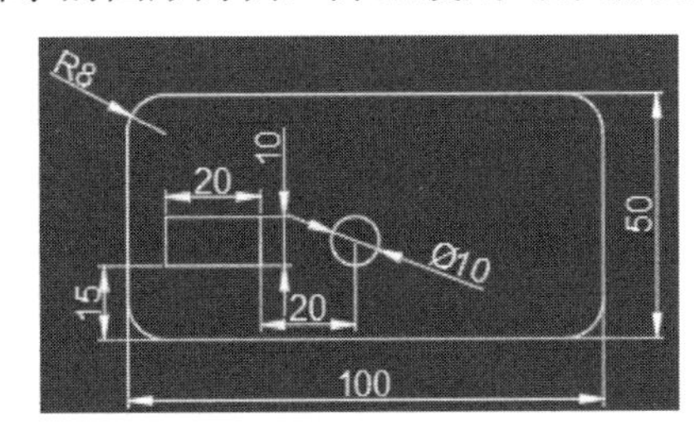

图 3.32 “对象捕捉追踪”案例

步骤 1：新建文件。选择快速访问工具栏中的命令，在“选择样板”对话框中选择 acadiso 的样板文件，然后单击 打开(O) 按钮。

步骤 2：绘制圆角矩形。选择矩形命令，在系统提示下选择“圆角”选项，将圆角半径值设置为 8，然后在系统提示下将鼠标移动到图形区域合适的位置单击即可确定矩形的第 1 个角点，选择“尺寸”选项，将长度值设置为 100，将宽度值设置为 50，在合适位置单击放置矩形，效果如图 3.33 所示。

步骤 3：绘制普通矩形。选择矩形命令，在系统提示下选择“圆角”选项，将圆角半径值设置为 0，然后在系统提示下，将鼠标移动至如图 3.33 所示的端点处并停留片刻，然后竖直向上缓慢移动鼠标，在捕捉到竖直虚线的前提下输入间距值 15，在系统提示下选择“尺寸”选项，将长度值设置为 20，将宽度值设置为 10，在右上方位置单击放置矩形，效果如图 3.34 所示。

图 3.33 圆角矩形

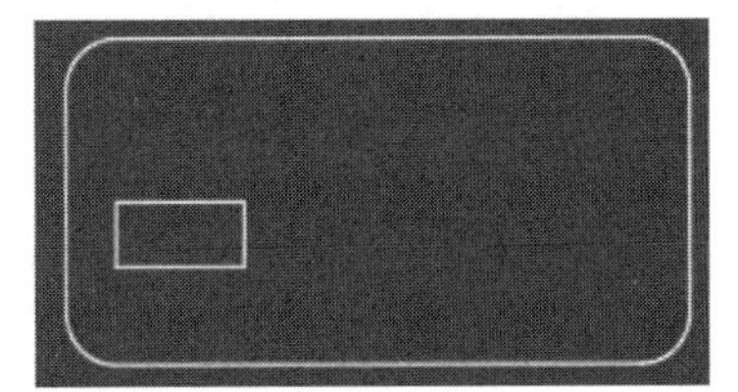

图 3.34 普通矩形

步骤 4：绘制圆。选择圆心直径命令，在系统提示下，将鼠标移动至步骤 3 绘制的矩形右侧的竖直直线的中点处并停留片刻，然后水平向右缓慢移动鼠标，在捕捉到水平虚线的前提下输入间距值 20，在系统提示下输入圆的直径 10 并按 Enter 键确认，效果如图 3.35 所示。

图 3.35　圆

3.2.5　正交模式

在绘图过程中，有时需要只允许鼠标光标在当前的水平或竖直方向上移动，以便快速、准确地绘制图形中的水平线和竖直线。在这种情况下，可以使用正交模式。在正交模式下，只能绘制水平或垂直方向的直线。

打开或关闭正交功能的操作方法是：单击屏幕下部状态栏中的按钮，当加亮显示时，代表对象正交已经打开；当没有加亮显示时，代表正交已经关闭。

说明： 打开或关闭正交功能还有以下两种方法。

方法一：按 F8 键。

方法二：按 Ctrl+L 快捷键。

3.2.6　动态输入

动态工具提示提供了另外一种方法来输入命令。当动态输入处于启用状态时，工具提示将在光标附近动态地显示更新信息。当命令正在运行时，可以在工具提示文本框中指定选项和值。

3.3　上机实操

上机实操案例 1 完成后如图 3.36 所示。上机实操案例 2 完成后如图 3.37 所示。

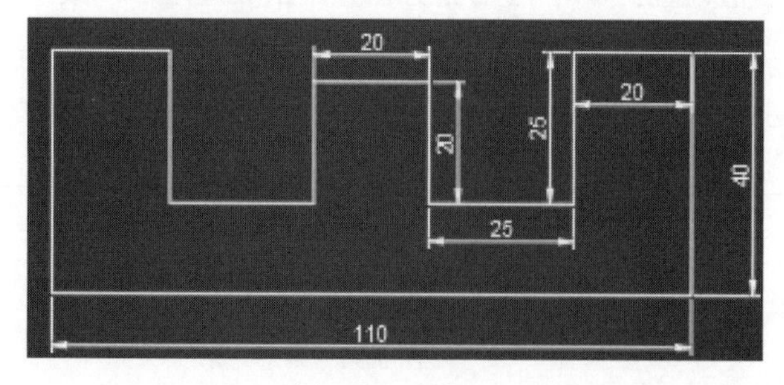

图 3.36　实操 1

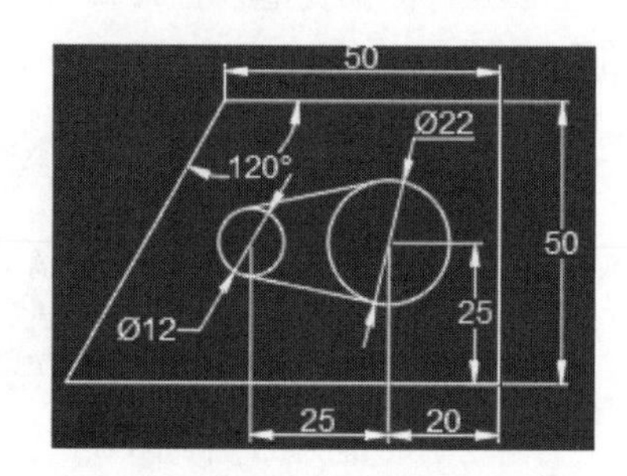

图 3.37　实操 2

第 4 章

图形的编辑

在 AutoCAD 中，可以对绘制的图元（包括文本）进行移动、复制、旋转等编辑操作。这样就可以提高我们的绘图速度及绘图的灵活性。

4.1 选择对象

在编辑操作之前，首先需要选取所要编辑的对象，系统会亮显所选的对象，如图 4.1 所示，而这些对象也就构成了选择集。选择集可以包含单个或多个对象，也可以包含更复杂的对象编组。选择对象的方法非常灵活，可以在选择编辑命令前先选取对象，也可以在选择编辑命令后选取对象，还可以在选择编辑命令前使用 SELECT 命令选取对象。

4.1.1 编辑操作前选择

对于简单对象（包括图元、文本等）的编辑，我们常常可以先选择对象，然后选择如何编辑它们。选择对象时，可以用鼠标单击选取单个对象或者使用窗口（或交叉窗口）选取多个对象。当选中某个对象时，它会被高亮显示，同时称为“夹点”的小方框会出现在被选对象的要点上。被选择对象的类型不同，夹点的位置也不相同。例如，圆或者圆弧对象会在圆心和象限点出现夹点，如图 4.1 所示；直线对象会在端点和中点出现夹点，如图 4.2 所示。

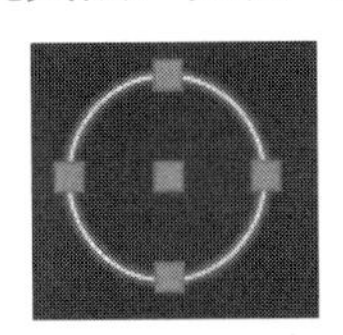

图 4.1　选取圆

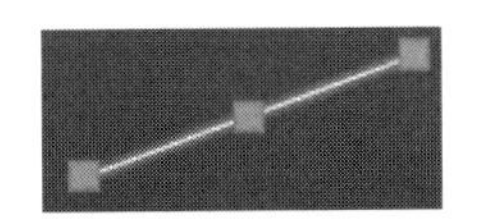

图 4.2　选取直线

1. 单击选取

将鼠标光标置于要选取的对象的边线上并单击，该对象就被选取了，用户还可以继续单击选择其他的对象。

此方法的优势：操作简单方便、直观。

此方法的不足：效率不高、精确度低。因为使用单击选取的方法一次只能选取一个对象，若要选取的对象很多，则操作就非常烦琐；如果在排列密集、凌乱的图形中选取需要的对象，则很容易将对象错选或多选。

2. 窗口选取

在绘图区某处单击，从左至右移动鼠标，即可产生一个临时的矩形选择窗口（以实线方式显示），在矩形选择窗口的另一对角点单击，此时就可以选中矩形窗口中的对象。

3. 窗交选取

用鼠标在绘图区某处单击，从右至左移动鼠标，即可产生一个临时的矩形选择窗口（以虚线方式显示），在此窗口的另一对角点单击，便可选中该窗口中的对象及该窗口相交的对象。

4. 全部选择

选择下拉菜单 编辑(E) → 全部选择(L) 命令（或者使用快捷键 Ctrl+A），可选择屏幕中的所有可见和不可见的对象，当对象在冻结或锁定层上时不能用该命令选取。

4.1.2 编辑操作中选择

在选择某个编辑命令后，系统会提示选择对象。此时可以选择单个对象或者使用其他的对象选择方法来选择多个对象。在选择对象时，可以把它们添加到当前选择集中。当选择了至少一个对象之后，还可以将对象从选择集中去掉（按 Shift 键）。若要结束将对象添加到选择集的操作，可按 Enter 键继续执行命令。一般情况下，编辑命令将作用于整个选择集。

1. 单击选取

用户在执行完编辑命令后，在系统 选择对象: 的提示下，将鼠标光标置于要选取的对象的边线上并单击，此时该对象会以高亮度的方式显示，表示已被选中，用户还可以继续单击选择其他的对象。

2. 窗口方式

当系统要求用户选择对象时，可采用绘制一个矩形窗口的方法来选择对象。用户在执行完编辑命令后，在系统 选择对象: 的提示下，在命令行中输入字母 W 后按 Enter 键，然后在命令行的提示下，定义矩形的第 1 个角点与第 2 个角点，此时位于这个矩形窗口内的对象会被选中，不在该窗口内或者只有部分在该窗口内的对象则不被选中。

3. 最后方式

用户在执行完编辑命令后，在系统 选择对象: 的提示下，在命令行中输入字母 L 后按 Enter 键，系统则会自动选择最后绘制的对象。

4. 全部方式

用户在执行完编辑命令后，在系统 选择对象: 的提示下，在命令行中输入单词 ALL 后按 Enter 键，此时图形中的所有对象都会被选中（锁定或者冻结的图层除外）。

5. 栏选方式

通过构建一条开放的多点栅栏（多段直线）来选择对象，执行操作后，所有与栅栏线相接触的对象都会被选中，“栏选”方式定义的多段直线可以自身相交。用户在执行完编辑命令后，在系统 选择对象: 的提示下，在命令行中输入字母 F 后按 Enter 键，然后确定多段直线的多个位置点，按 Enter 键后与多段直线相交的对象都会被选中。

6. 圈围方式

通过构建一个封闭多边形并将它作为选择窗口来选取对象，完全包围在多边形中的对象将被选中。多边形可以是任意形状，但不能自身相交。用户在执行完编辑命令后，在系统 选择对象: 的提示下，在命令行中输入 WP 后按 Enter 键，然后依次指定多边形的各位置点，系统会根据位置点创建多边形，按 Enter 键后完全包围在多边形中的对象都会被选中。

7. 圈交方式

通过绘制一个封闭多边形并将它作为交叉窗口来选取对象，位于多边形内或与多边形相交的对象都将被选中。用户在执行完编辑命令后，在系统 选择对象: 的提示下，在命令行中输入 CP 后按 Enter 键，然后依次指定多边形的各位置点，系统会根据位置点创建多边形，按 Enter 键后完全包围在多边形中的对象及与多边形相交的对象都会被选中。

8. 加入和扣除方式

在选择对象的过程中，经常会不小心选取了某个不想选取的对象，此时就要用到扣除方式以将不想选取的对象取消选择，而当在选择集中还有某些对象未被选取时，则可以使用加入方式继续进行选择。用户在执行完编辑命令后，在系统 选择对象: 的提示下，选取多个需要编辑的对象；如果用户想要扣除对象，则可以在命令行中输入字母 R 后按 Enter 键，这表示转换到从选择集中删除对象的模式，在系统 删除对象: 的提示下，选取需要扣除的对象即可；如果用户想要添加对象，则可以在命令行中输入字母 A 后按 Enter 键，这表示转换到向选择集中添加对象的模式，在系统 选择对象: 的提示下，选取需要添加的对象即可。

9. 交替方式

在一个密集的图形中选取某对象时，如果该对象与其他一些对象的距离很近或者相互交叉，则将很难准确地选择此对象，此种情况可以使用交替选取方式来选取。用户在执行完编辑命令后，在系统 选择对象: 的提示下，将鼠标光标移至图中的圆形、直线和矩形的交点处，按住 Shift 键不放，连续按空格键，被预选的对象在圆、三角形和直线三者间循环切换，当图中的对象以高亮度的方式显示时，表示其此时正被系统预选，如图 4.3 所示。

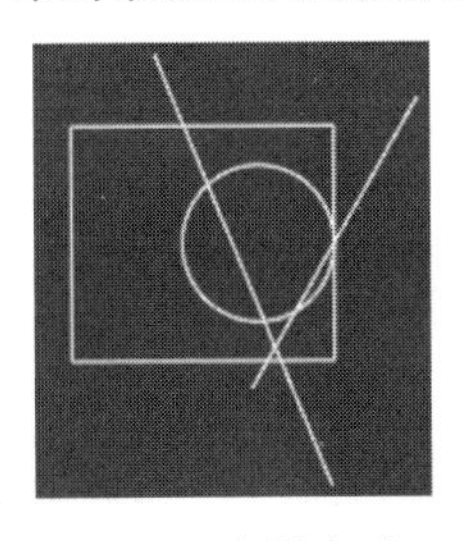

图 4.3　交替方式

4.1.3　快速选择

3min

使用快速选择功能，用户可以选择与一个特殊特性集合相匹配的对象。例如想要选取图形中所有长度小于 5 的直线段。使用 SELECT 命令可创建一个选择集，并将获得的选择集用于后续的编辑命令中。

下面还是以选取如图 4.4 所示图形中所有长度小于 5 的直线为例，介绍快速选择的一般方法。

步骤 1：打开文件。打开文件 D:\AutoCAD2016\work\ch04.01\选取对象 03-ex。

步骤 2：选择命令。选择下拉菜单 工具(T) → 快速选择(K)... 命令，系统会弹出“快速选择”对话框。

步骤 3：设置选择范围。在“快速选择”对话框 应用到(Y): 下拉列表中选择“整个图形”。

步骤 4：设置对象类型。在 对象类型(B): 下拉列表中选择“直线”。

步骤 5：设置选择规则。在 特性(P): 区域选择“长度”，在 运算符(O): 下拉列表中选择 < 小于，在 值(V): 文本框输入 5。

说明：通过步骤 3～步骤 5 的设置就可以在整个图形中快速地选取所有长度小于 5 的直线。

步骤 6：单击 确定 按钮，完成快速选取，效果如图 4.5 所示。

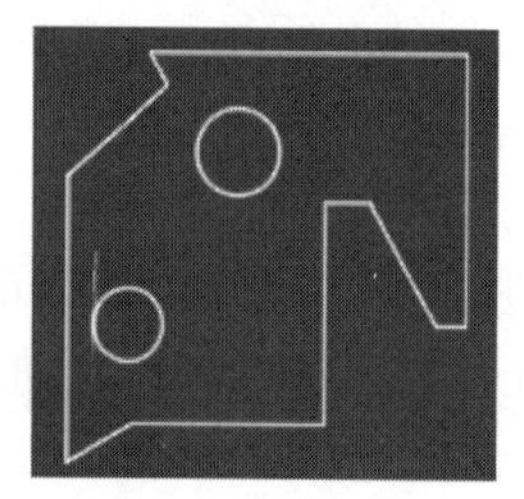

图 4.4　快速选择

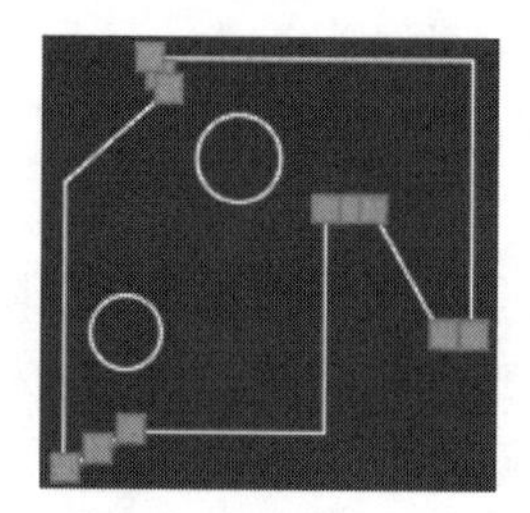

图 4.5　快速选择结果

4.2　调整对象

▷ 3min

4.2.1　删除对象

在编辑图形的过程中，如果图形中的一个或多个对象已经不再需要了，就可以用删除命令将其删除。

下面以如图 4.6 所示的图形为例，介绍删除对象的一般操作过程。

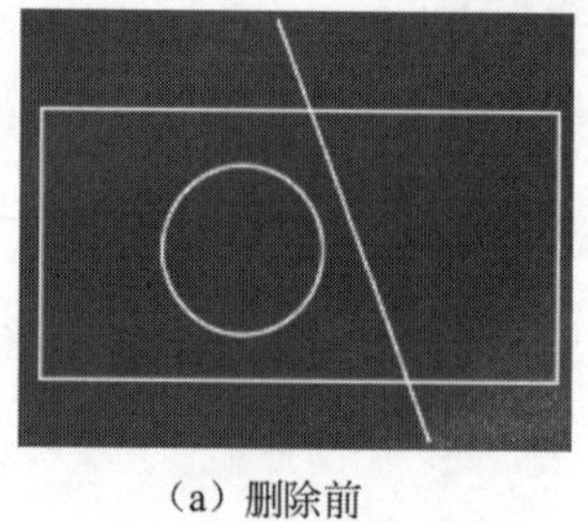

（a）删除前

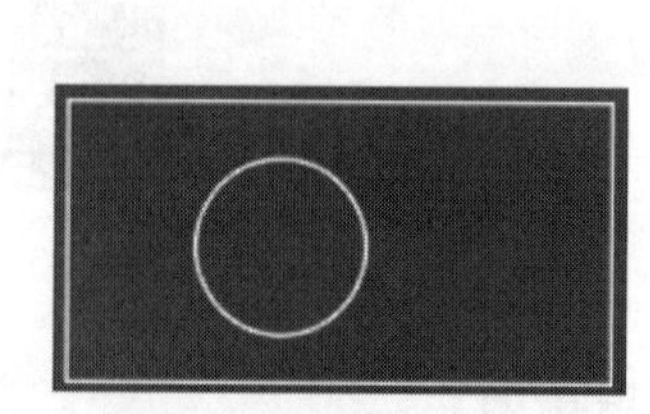

（b）删除后

图 4.6　删除对象

步骤 1：打开文件。打开文件 D:\AutoCAD2016\work\ch04.02\删除对象-ex。

步骤 2：选择命令。选择“默认”功能选项卡“修改”区域中的 命令。

说明： 进入删除命令还有以下两种方法。

方法一：选择下拉菜单 修改(M) → 删除(E) 命令。

方法二：在命令行中输入 ERASE 命令，并按 Enter 键。

步骤 3：选择对象。在系统 ERASE 选择对象：的提示下，选取如图 4.6（a）所示的直线对象，此时图中的直线已被删除。

说明： 在系统 ERASE 选择对象：的提示下用户可以选取多个需要删除的对象，最后按 Enter 键结束选取即可。

4.2.2　移动对象

在绘图过程中，经常要将一个或多个对象同时移动到指定的位置，此时就要用到移动命令。

下面以如图 4.7 所示的图形为例，介绍移动对象的一般操作过程。

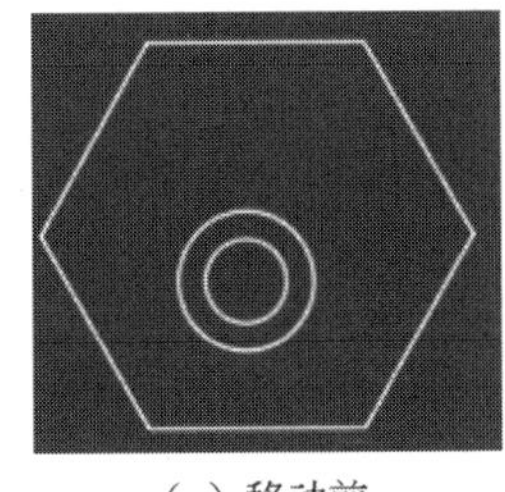

（a）移动前

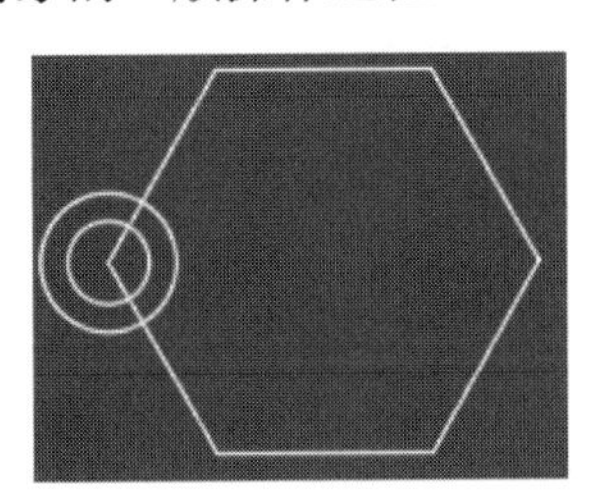

（b）移动后

图 4.7　移动对象

步骤 1：打开文件。打开文件 D:\AutoCAD2016\work\ch04.02\移动对象-ex。

步骤 2：选择命令。选择“默认”功能选项卡“修改”区域中的 移动 命令。

说明： 进入移动命令还有以下两种方法。

方法一：选择下拉菜单 修改(M) → 移动(V) 命令。

方法二：在命令行中输入 MOVE 命令，并按 Enter 键。

步骤 3：选择对象。在系统 MOVE 选择对象：的提示下，选取如图 4.7（a）所示的两个圆对象，按 Enter 键确认。

步骤 4：定义移动基点。在系统 MOVE 指定基点或 [位移(D)] <位移>：的提示下，选取圆的圆心作为基点。

说明： 在系统 MOVE 指定基点或 [位移(D)] <位移>：的提示下用户还可以通过选择 位移(D) 选项，在系统 MOVE 指定位移 <0.0000, 0.0000, 0.0000>：的提示下，直接输入目标位置与原位置在 X、Y、Z 方向的间距坐标即可，例如输入（10，20，0），代表将移动对象沿着 X 方向移动 10，沿着 Y 方向移动 20，Z 方向保持不变。

步骤 5：定义移动的目标点。在系统 MOVE 指定第2个点或 <使用第1个点作为位移>: 的提示下，选取多边形最左侧的端点作为目标点。

3min

4.2.3 旋转对象

旋转对象就是使一个或多个对象以一个指定点为中心，按指定的旋转角度或一个相对于基础参考角的角度来旋转。

下面以如图 4.8 所示的图形为例，介绍旋转对象的一般操作过程。

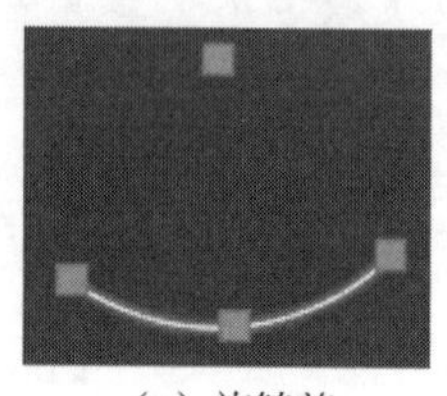

（a）旋转前

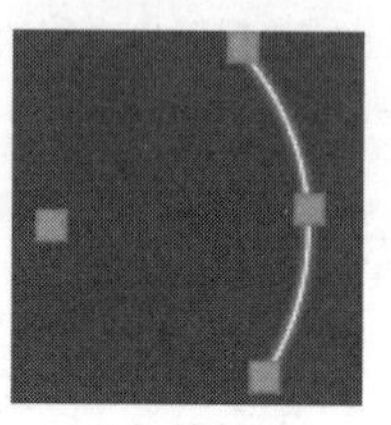

（b）旋转后

图 4.8 旋转对象

步骤 1：打开文件。打开文件 D:\AutoCAD2016\work\ch04.02\旋转对象 01-ex。

步骤 2：选择命令。选择“默认”功能选项卡“修改”区域中的 旋转 命令。

说明：进入旋转命令还有以下两种方法。

方法一：选择下拉菜单 修改(M) → 旋转(R) 命令。

方法二：在命令行中输入 ROTATE 命令，并按 Enter 键。

步骤 3：选择对象。在系统 ROTATE 选择对象: 的提示下，选取如图 4.8（a）所示的圆弧对象，按 Enter 键确认。

步骤 4：定义旋转基点。在系统 ROTATE 指定基点: 的提示下，选取圆弧的圆心作为基点。

步骤 5：定义旋转角度。在系统 ROTATE 指定旋转角度，或 [复制(C) 参照(R)] <0>: 的提示下，输入旋转角度 90 后按 Enter 键确认。

说明：当输入的值为正值时，系统将旋转对象绕着基点按照逆时针方向进行旋转，如果输入的值为负值，系统则将旋转对象绕着基点按照顺时针方向进行旋转。

4.3 复制对象操作

5min

4.3.1 复制对象

在绘制图形时，如果要绘制几个完全相同的对象，则通常更快捷、简便的方法是：绘制了第 1 个对象后，再用复制的方法创建它的一个或多个副本。复制的操作方法灵活多样，主要分为两种方式。第 1 种是利用 Windows 剪贴板进行复制，第 2 种是利用 AutoCAD 命令进行复制。下面主要介绍利用 AutoCAD 命令进行复制。

使用 AutoCAD 复制功能可以一次性地复制出一个或者多个相同的被选定的对象。下面以如图 4.9 所示的图形为例，介绍带基点复制的一般操作过程。

（a）复制前

（b）复制后

图 4.9　复制功能

步骤 1：打开文件。打开文件 D:\AutoCAD2016\work\ch04.03\复制-ex。

步骤 2：选择命令。选择"默认"功能选项卡"修改"区域中的 复制 命令。

步骤 3：选择对象。在系统 COPY 选择对象: 的提示下选取如图 4.9（a）所示的五角星作为复制对象。

步骤 4：选择基点。在系统 COPY 指定基点或 [位移(D) 模式(O)] <位移>: 的提示下，选取如图 4.10 所示的点作为基点。

步骤 5：选择复制到的点。在系统 COPY 指定第2个点或 [阵列(A)] 的提示下，依次选取如图 4.10 所示的点（共计 7 个）作为复制到的点。

图 4.10　基点与要复制到的点

步骤 6：完成复制。按 Enter 键完成操作。

4.3.2　镜像对象

4min

镜像对象主要用来将所选择的源对象，将其相对于某个镜像中心线进行对称复制，从而可以得到源对象的一个副本出来，这就是镜像对象。镜像对象可以保留源对象，也可以不保留源对象。

下面以图 4.11 为例，介绍图元镜像的一般操作过程。

步骤 1：打开文件。打开文件 D:\AutoCAD2016\work\ch04.03\镜像对象-ex。

步骤 2：选择命令。选择"默认"功能选项卡"修改"区域中的 镜像 命令。

说明：进入镜像命令还有以下两种方法。

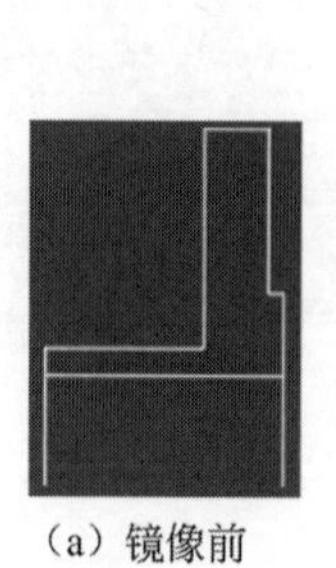
（a）镜像前

（b）镜像后

图 4.11　镜像对象

方法一：选择下拉菜单 修改(M) → 镜像(I) 命令。

方法二：在命令行中输入 MIRROR 命令，并按 Enter 键。

步骤 3：选择对象。在系统 MIRROR 选择对象：的提示下选取如图 4.11（a）所示的图形作为复制对象。

步骤 4：选择镜像线参考点。在系统 MIRROR 指定镜像线的第一点：的提示下，选取如图 4.11（a）所示图形的左下角点作为第一参考点，在系统 MIRROR 指定镜像线的第二点：的提示下，选取如图 4.11（a）所示图形的右下角点为第二参考点。

步骤 5：设置是否删除源对象。在系统 MIRROR 要删除源对象吗？[是(Y) 否(N)] <否>：的提示下，选择 否(N) 选项。

7min

4.3.3　偏移对象

偏移复制是对选定图元（如线、圆弧和圆等）进行同心复制。对于线而言，其圆心为无穷远，因此是平行复制。当偏移曲线对象为圆或者圆弧时所生成的新对象将变大或变小，这取决于将其放置在源对象的哪一边。例如，将一个圆的偏移对象放置在圆的外面，将生成一个更大的同心圆；向圆的内部偏移，将生成一个小的同心圆。

1. 指定距离偏移

下面以如图 4.12 所示的图形为例，介绍指定距离偏移对象的一般操作过程。

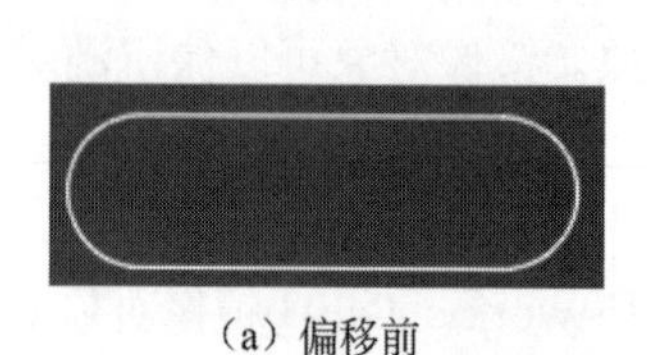
（a）偏移前

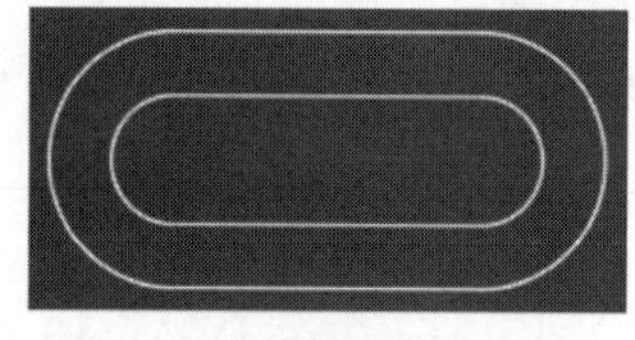
（b）偏移后

图 4.12　距离偏移

步骤1：打开文件。打开文件 D:\AutoCAD2016\work\ch04.03\距离偏移-ex。

步骤2：合并要偏移的多个对象。选择下拉菜单 修改(M) → 合并(J) 命令，在系统提示下选取如4.12（a）所示的两条直线与两端圆弧作为要合并的对象，合并后将会是一个整体的多段线，如图4.13所示。

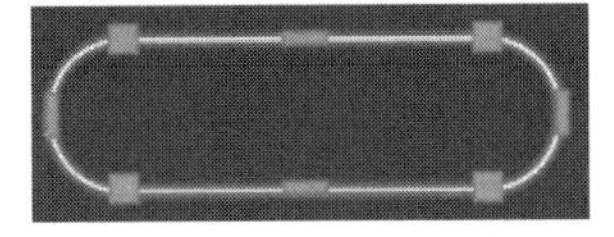

图4.13 合并对象

说明：偏移的对象只能是一个，因此读者如果想偏移多个对象，则必须提前通过合并命令将多个对象合并为一个整体对象，后期就可以针对此整体对象进行偏移了。

步骤3：选择命令。选择“默认”功能选项卡“修改”区域中的 命令。

说明：进入偏移命令还有以下两种方法。

方法一：选择下拉菜单 修改(M) → 偏移(S) 命令。

方法二：在命令行中输入 OFFSET 命令，并按 Enter 键。

步骤3：定义偏移距离。在系统 OFFSET 指定偏移距离或 [通过(T) 删除(E) 图层(L)] 的提示下，输入偏移距离10并按 Enter 键确认。

步骤4：选择偏移对象。在系统 OFFSET 选择要偏移的对象，或 [退出(E) 放弃(U)] <退出>: 的提示下，选取步骤2创建的合并对象即可。

步骤5：定义偏移方向。在系统 OFFSET 指定要偏移的那一侧上的点，的提示下，在图形外侧单击（代表向外偏移得到源对象的副本）。

步骤6：完成偏移。按 Enter 键完成操作。

2. 指定通过点偏移

下面以如图4.14所示的图形为例，介绍指定通过点偏移对象的一般操作过程。

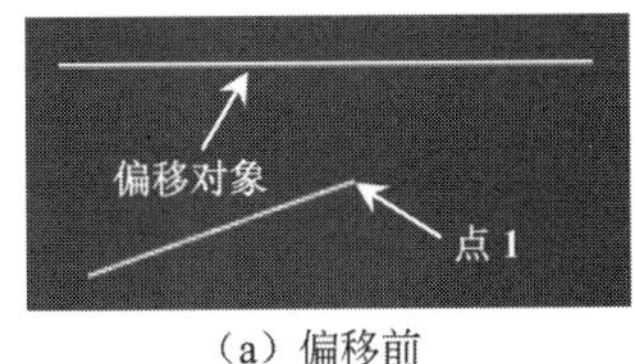

（a）偏移前

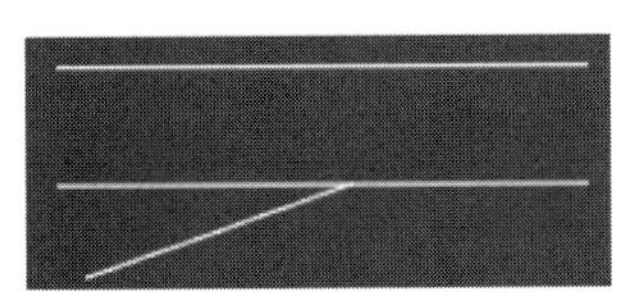

（b）偏移后

图4.14 通过点偏移

步骤1：打开文件。打开文件 D:\AutoCAD2016\work\ch04.03\通过点偏移-ex。

步骤2：选择命令。选择“默认”功能选项卡“修改”区域中的 命令。

步骤3：定义偏移对象。在系统 OFFSET 指定偏移距离或 [通过(T) 删除(E) 图层(L)] 的提示下，选择 通过(T) 选项，在系统 OFFSET 选择要偏移的对象，或 [退出(E) 放弃(U)] <退出>: 的提示下，选取如图4.14（a）所示的偏移对象。

步骤4：定义偏移通过点。在系统 OFFSET 指定通过点或 [退出(E) 多个(M) 放弃(U)] 的提示下，选取如图4.14（a）所示的点1作为通过点。

步骤5：完成偏移。按 Enter 键完成操作。

13min

4.3.4 阵列对象

图元的阵列主要用来将所选择的源对象进行规律性复制，从而得到源对象的多个副本，在 AutoCAD 中，软件主要向用户提供了 3 种阵列方法：矩形阵列、环形阵列与沿曲线阵列。

1. 矩形阵列

下面以如图 4.15 所示的图形为例，介绍矩形阵列的一般操作过程。

步骤 1：打开文件。打开文件 D:\AutoCAD2016\work\ch04.03\矩形阵列-ex。

步骤 2：选择命令。单击“默认”功能选项卡“修改”区域中 阵列 后的 ，在系统弹出的快捷菜单中选择 矩形阵列 命令。

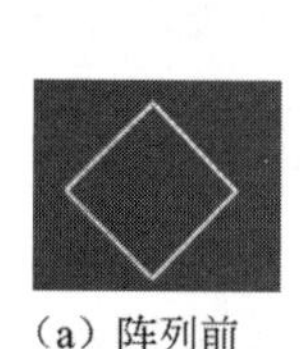
（a）阵列前

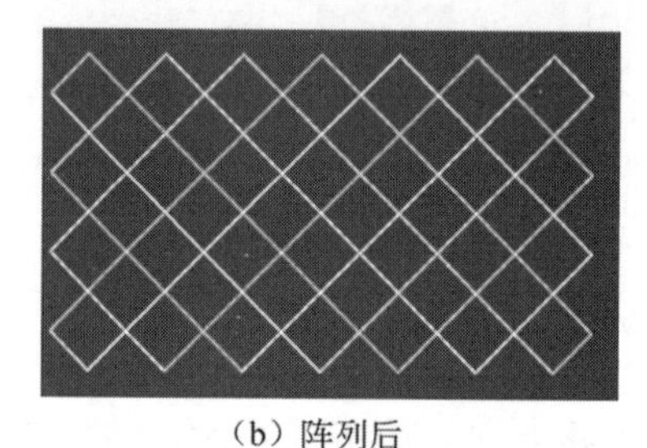
（b）阵列后

图 4.15　矩形阵列

步骤 3：选择源对象。在系统 ARRAYRECT 选择对象: 的提示下，选取如图 4.15（a）所示的图形作为阵列源对象。

步骤 4：设置阵列参数。在“阵列创建”功能选项卡“列”区域的 文本框输入 7（代表需要 7 列），在“列”区域的 文本框中输入 60（代表相邻两列的间距为 60），在“行”区域的 文本框输入 4（代表需要 4 行），在“行”区域的 介于: 文本框中输入 60（代表相邻两列的间距为 60）。

步骤 5：完成阵列。单击“阵列创建”功能选项卡中的 （关闭阵列）按钮，完成矩形阵列操作。

2. 环形阵列

下面以如图 4.16 所示的图形为例，介绍环形阵列的一般操作过程。

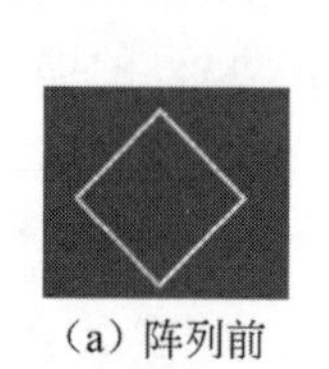
（a）阵列前

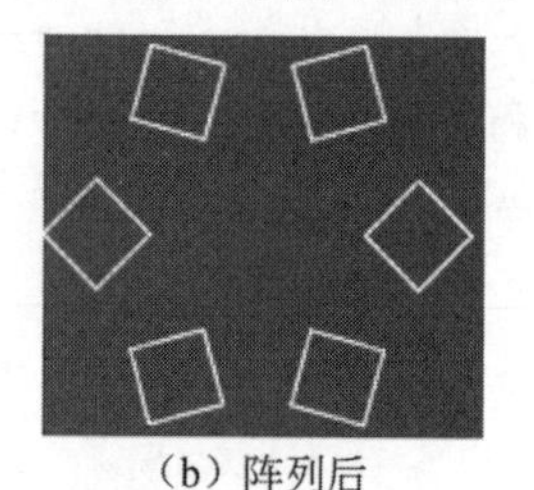
（b）阵列后

图 4.16　环形阵列

步骤 1：打开文件。打开文件 D:\AutoCAD2016\work\ch04.03\环形阵列-ex。

步骤 2：选择命令。单击“默认”功能选项卡“修改”区域中 阵列 后的 ，在系统弹出的快捷菜单中选择 环形阵列 命令。

步骤 3：选择源对象。在系统 ARRAYRECT 选择对象：的提示下，选取如图 4.16（a）所示的图形作为阵列源对象。

步骤 4：定义阵列中心。在系统 ARRAYPOLAR 指定阵列的中心点或 [基点(B) 旋转轴(A)]：的提示下，将鼠标移动到如图 4.16（a）所示图形的最右测点上并且停留片刻，然后缓慢向右水平移动鼠标，在捕捉到水平虚线的前提下输入间距值 60。

步骤 5：设置阵列参数。在“阵列创建”功能选项卡“项目”区域的 文本框输入 6（代表需要 6 个），在“项目”区域的 文本框中输入 360（代表需要在 0°～360°范围内均匀地分布 6 个），其他参数采用默认。

步骤 6：完成阵列。单击“阵列创建”功能选项卡中的 （关闭阵列）按钮，完成环形阵列操作。

3. 沿曲线阵列

下面以如图 4.17 所示的图形为例，介绍环形阵列的一般操作过程。

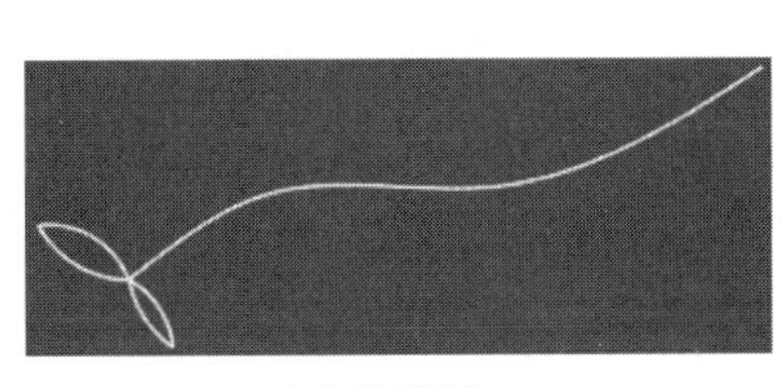

（a）阵列前

（b）阵列后

图 4.17　沿曲线阵列

步骤 1：打开文件。打开文件 D:\AutoCAD2016\work\ch04.03\沿曲线阵列-ex。

步骤 2：选择命令。单击“默认”功能选项卡“修改”区域中 阵列 后的 ，在系统弹出的快捷菜单中选择 路径阵列 命令。

步骤 3：选择源对象。在系统 ARRAYPATH 选择对象：的提示下，选取如图 4.17（a）所示的 4 条圆弧对象为阵列源对象。

步骤 4：选择路径曲线。在系统 ARRAYPATH 选择路径曲线：的提示下，选取如图 4.17 所示的样条曲线的阵列路径曲线。

步骤 5：设置阵列参数。在“阵列创建”功能选项卡“特性”区域选择 定数等分 “定数等分”方法，在“项目”区域的 项目数: 文本框输入 8（代表需要在整个曲线上均匀地分布 8 个），其他参数采用默认。

步骤 6：完成阵列。单击“阵列创建”功能选项卡中的 （关闭阵列）按钮，完成沿曲线阵列操作。

4.4 修改对象大小

8min

4.4.1 修剪对象

修剪图形就是指沿着给定的剪切边界来断开对象，并删除该对象位于剪切边某一侧的部分。如果修剪对象没有与剪切边相交，则可以延伸修剪对象，使其与剪切边相交。

被修剪的对象可以是圆弧、圆、椭圆、椭圆弧、直线、多段线、射线、样条曲线及构造线等。修剪的边界可以是圆弧、块、圆、椭圆、椭圆弧、浮动的视口边界、直线、二维和三维多段线、射线、面域、样条曲线、文本及构造线等。

下面以如图 4.18 所示的图形为例，介绍修剪相交对象的一般操作过程。

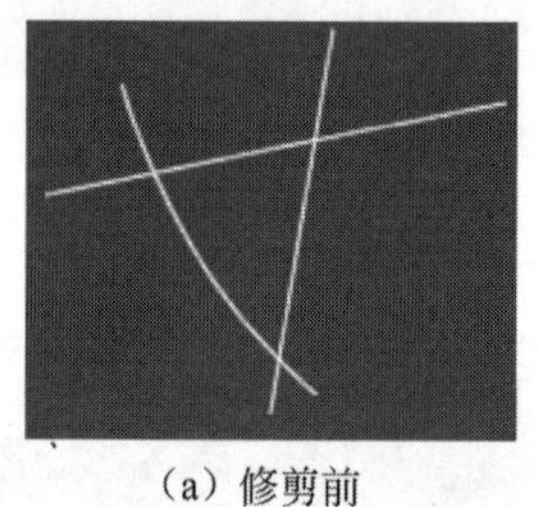

（a）修剪前　　（b）修剪后

图 4.18　修剪相交对象

步骤 1：打开文件。打开文件 D:\AutoCAD2016\work\ch04.04\修剪 01-ex。

步骤 2：选择命令。单击“默认”功能选项卡“修改”区域中 修剪 后的 ▾，在系统弹出的快捷菜单中选择 修剪 命令。

说明：进入修剪命令还有以下两种方法。

方法一：选择下拉菜单 修改(M) → 修剪(T) 命令。

方法二：在命令行中输入 TRIM 命令，并按 Enter 键。

步骤 3：定义修剪边界。在系统 **TRIM 选择对象或 <全部选择>:** 的提示下，直接按 Enter 键（代表用所有对象作为修剪边界）。

说明：如果读者选择完命令后弹出的提示与步骤 3 不同，则可以通过选择 模式(O) 选项，然后选择 标准(S) 选项即可。

步骤 4：定义要修剪的对象。在系统提示下，在需要修剪的对象上依次单击即可。

步骤 5：完成修剪。按 Enter 键完成操作。

4min

4.4.2 延伸对象

延伸对象就是使对象的终点落到指定的某个对象的边界上。延伸的对象可以是圆弧、椭圆弧、直线、开放的二维和三维多段线及射线等。延伸的边界可以是圆弧、块、圆、椭圆、椭圆弧、浮动的视口边界、直线、二维和三维多段线、射线、面域、样条曲线、文本及构造线等。

下面以如图 4.19 所示的图形为例，介绍延伸相交对象的一般操作过程。

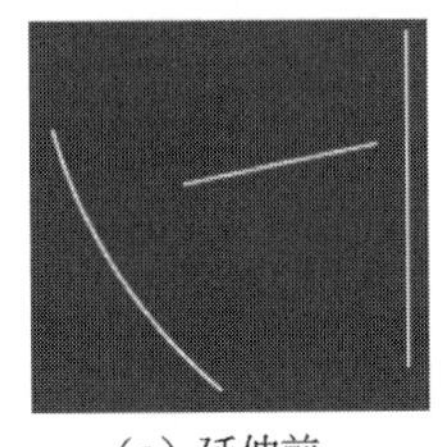

（a）延伸前

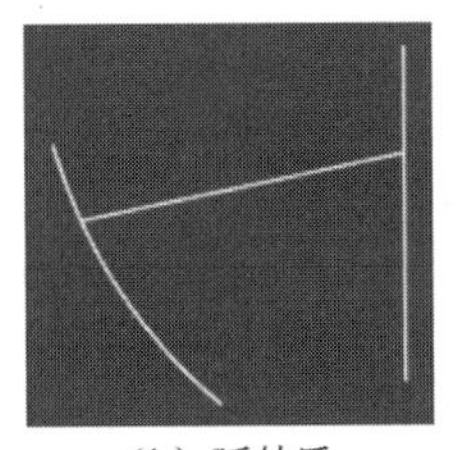

（b）延伸后

图 4.19　延伸相交对象

步骤 1：打开文件。打开文件 D:\AutoCAD2016\work\ch04.04\延伸 01-ex。

步骤 2：选择命令。单击“默认”功能选项卡“修改”区域中 修剪 后的 ▾，在系统弹出的快捷菜单中选择 延伸 命令。

说明：进入延伸命令还有以下两种方法。

方法一：选择下拉菜单 修改(M) → 延伸(D) 命令。

方法二：在命令行中输入 EXTEND 命令，并按 Enter 键。

步骤 3：定义延伸边界。在系统 选择对象或 <全部选择>: 的提示下，直接按 Enter 键（代表用所有对象作为延伸边界）。

步骤 4：定义要延伸的对象。在系统提示下，如果靠近左侧选取直线，系统则会将直线沿着左侧延伸到圆弧上；如果靠近右侧选取直线，系统则会将直线沿着右侧延伸到直线上。

步骤 5：完成延伸。按 Enter 键完成操作。

4.4.3　缩放对象

▷ 6min

缩放就是将对象按指定的比例因子相对于基点真实地放大或缩小，通常有以下两种方式：一是指定缩放的比例因子，二是指定参照。

1. 比例因子缩放

下面以如图 4.20 所示的图形为例，介绍比例因子缩放的一般操作过程。

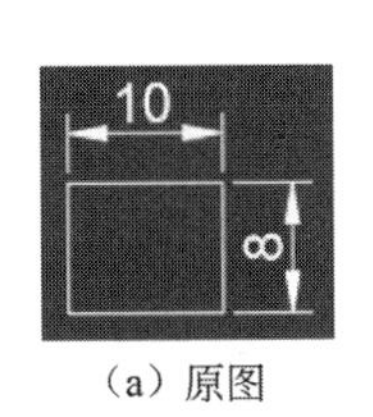

（a）原图

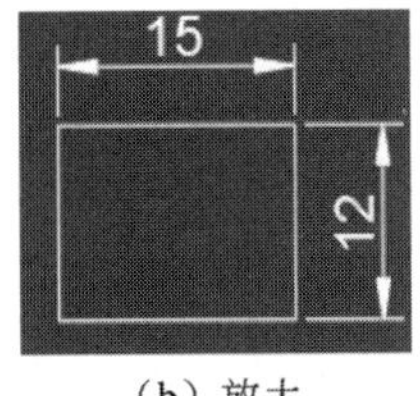

（b）放大

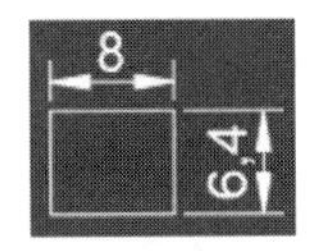

（c）缩小

图 4.20　缩放对象

步骤 1：打开文件。打开文件 D:\AutoCAD2016\work\ch04.04\缩放 01-ex。

步骤 2：选择命令。选择“默认”功能选项卡“修改”区域中的 缩放 命令。

说明：进入缩放命令还有以下两种方法。

方法一：选择下拉菜单 修改(M) → 缩放(L) 命令。

方法二：在命令行中输入 SCALE 命令，并按 Enter 键。

步骤 3：定义缩放对象。在系统 SCALE 选择对象: 的提示下，选取如图 4.20（a）所示的矩形。

步骤 4：定义缩放基点。在系统 SCALE 指定基点: 的提示下，选取矩形的左下角点作为缩放的基点。

步骤 5：定义缩放比例。在系统 SCALE 指定比例因子或 [复制(C) 参照(R)] 提示下输入缩放的比例（如果输入的比例因子为 0.8，则效果如图 4.20（c）所示，如果输入的比例因子为 1.5，则效果如图 4.20（b）所示）。

说明：当“比例因子”在 0～1 时，将缩小对象；当比例因子大于 1 时，则放大对象。

步骤 6：完成缩放。按 Enter 键完成操作。

2. 参照缩放

当用户想要改变一个对象的大小并使它与另一个对象上的一个尺寸相匹配时，此时可选取“参照（R）”选项，然后指定参照长度和新长度的值，系统将根据这两个值对对象进行缩放，缩放比例因子为新长度值 / 参考长度值；下面以如图 4.21 所示的图形为例，介绍参照缩放的一般操作过程。

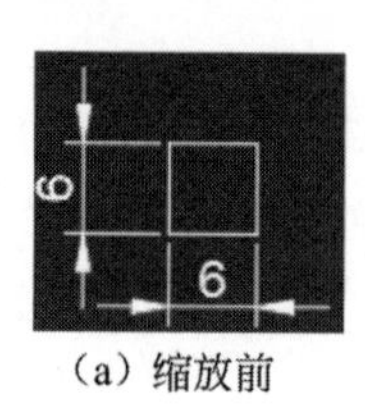

（a）缩放前

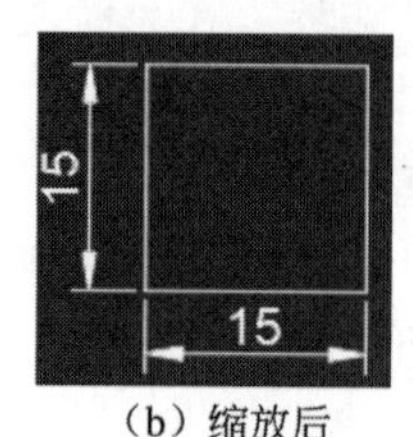

（b）缩放后

图 4.21 参照缩放

步骤 1：打开文件。打开文件 D:\AutoCAD2016\work\ch04.04\缩放 02-ex。

步骤 2：选择命令。选择“默认”功能选项卡“修改”区域中的 缩放 命令。

步骤 3：定义缩放对象。在系统 SCALE 选择对象: 的提示下，选取如图 4.21（a）所示的正方形。

步骤 4：定义缩放基点。在系统 SCALE 指定基点: 的提示下，选取正方形的左下角点作为缩放的基点。

步骤 5：定义缩放比例。在系统 SCALE 指定比例因子或 [复制(C) 参照(R)] 的提示下，选择 参照(R) 选项，在系统 SCALE 指定参照长度 <6.0000>: 的提示下，输入参考长度值 6 并按 Enter 键确定，在系统 SCALE 指定新的长度或 [点(P)] <15.0000> 的提示下，输入新的长度值 15 并按 Enter 键确定。

4.4.4 拉长对象

6min

拉长对象用来改变现有对象的长度，拉长的对象可以是圆弧、直线、椭圆弧、开放多段线及开放样条曲线等。

1. 增量拉长

下面以如图 4.22 所示的图形为例，介绍增量拉长的一般操作过程。

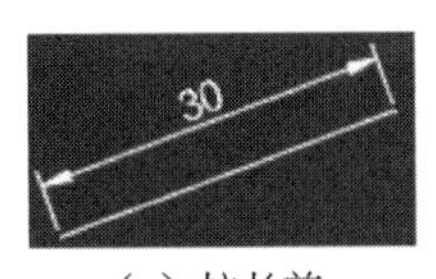

（a）拉长前

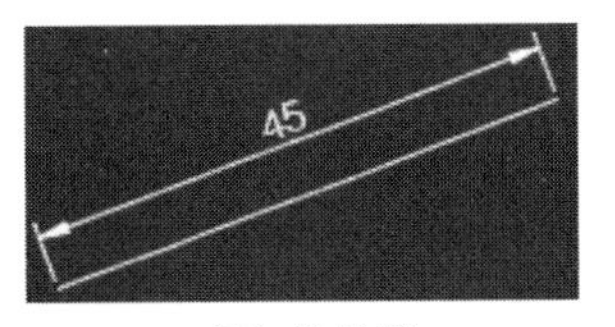

（b）拉长后

图 4.22　增量拉长

步骤 1：打开文件。打开文件 D:\AutoCAD2016\work\ch04.04\拉长 01-ex。

步骤 2：选择命令。单击“默认”功能选项卡“修改”后的▼节点，在系统弹出的列表中选择命令。

说明： 进入拉长命令还有以下两种方法。

方法一：选择下拉菜单 修改(M) → 拉长(G) 命令。

方法二：在命令行中输入 LENGTHEN 命令，并按 Enter 键。

步骤 3：定义类型。在系统 LENGTHEN 选择要测量的对象或 [增量(DE) 百分比(P) 总计(T) 动态(DY)] 的提示下，选择 增量(DE) 选项。

步骤 4：定义增量值。在系统 LENGTHEN 输入长度增量或 [角度(A)] <0.0000>: 的提示下输入长度增量 15 并按 Enter 键确认。

说明： 如果拉长对象是圆弧，则需要在 LENGTHEN 输入长度增量或 [角度(A)] <0.0000>: 的提示下，选择 角度(A) 选项，在系统 LENGTHEN 输入角度增量 <0>: 的提示下输入角度增量，然后选取要拉长的圆弧即可。

注意： 增量值可以为正值（对象变长），也可以为负值（对象变短）。

步骤 5：定义拉长对象。在系统 LENGTHEN 选择要修改的对象或 [放弃(U)] 的提示下，靠近右侧选取如图 4.22（a）所示的直线。

说明： 用户可以连续单击进行拉长操作。

步骤 6：完成拉长操作。按 Enter 键完成。

2. 百分比拉长

用于通过设置拉长后的总长度相对于原长度的百分数进行对象的拉长。

3. 总计拉长

用于通过设置直线或圆弧拉长后的总长度或圆弧总的包含角进行对象的拉长。

4. 动态拉长

动态拉长不需要输入数值，直接用鼠标在相应的位置单击即可沿当前的方向拉长。用户选择命令后，在系统 LENGTHEN 选择要测量的对象或 [增量(DE) 百分比(P) 总计(T) 动态(DY)] 的提示下，选择 动态(DY) 选项，然后选取要调整长度的对象，最后通过确定圆弧或线段的新端点位置来动态地改变对象的长度。

4.5 修饰对象

3min

4.5.1 倒角

倒角命令可以修剪或延伸两个不平行的对象，并通过创建倾斜边连接这两个对象。倒角的对象可以是直线、线段、射线、构造线及多段线等。

下面以如图 4.23 所示的图形为例，介绍倒角创建的一般操作过程。

（a）倒角前

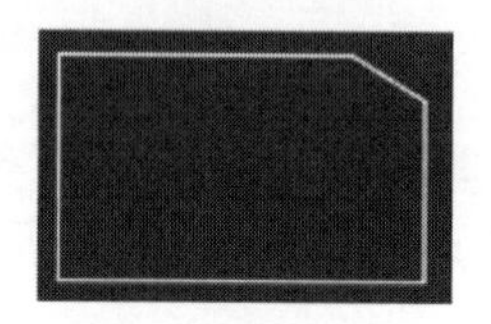

（b）倒角后

图 4.23 倒角

步骤 1：打开文件。打开文件 D:\AutoCAD2016\work\ch04.05\倒角-ex。

步骤 2：选择命令。单击“默认”功能选项卡 圆角 后的 ▾ 节点，在系统弹出的列表中选择 倒角 命令。

说明：进入倒角命令还有以下两种方法。

方法一：选择下拉菜单 修改(M) → 倒角(C) 命令。

方法二：在命令行中输入 CHAMFER 命令，并按 Enter 键。

步骤 3：设置倒角距离参数。在系统的提示下，选择 距离(D) 选项，在系统 CHAMFER 指定 第1个 倒角距离 <0.0000>: 的提示下，输入第 1 个倒角距离 10 并按 Enter 键确认，在系统 CHAMFER 指定 第2个 倒角距离 <10.0000>: 的提示下，输入第 2 倒角距离 6 并按 Enter 键确认。

步骤 4：定义倒角对象。在系统提示下，选取上方水平直线作为第 1 条直线，在系统提示下选取右侧竖直直线作为第 2 条直线。

注意：

（1）如果不设置倒角距离而直接选取倒角的两条直线，则系统便会按当前倒角距离进行倒角（当前倒角距离即上一次设置倒角时指定的距离值）。

（2）如果倒角的两个距离为 0，则使用倒角命令后，系统将延长或修剪相应的两条线，使二者相交于一点。

（3）倒角时，若设置的倒角距离太大或倒角角度无效，系统则会分别给出提示。

（4）如果因两条直线平行、发散等原因不能倒角，系统则会给出提示。

（5）当对交叉边倒角且倒角后修剪倒角边时，系统总是保留单击处一侧的那部分对象。

3min

4.5.2 圆角

圆角命令可以用指定半径的圆弧连接两个对象。圆角对象可以是成对的直线、线段、多段线、圆弧、圆、射线或构造线，对这些对象可以进行倒圆角处理，也可以对互相平行的直线、构造线和射线添加圆角；还可以对整个多段线进行倒圆角处理。

下面以如图 4.24 所示的图形为例，介绍圆角创建的一般操作过程。

（a）圆角前

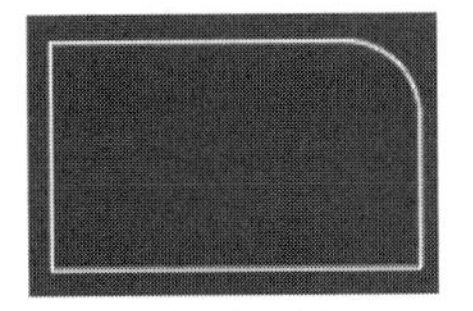
（b）圆角后

图 4.24　圆角

步骤 1：打开文件。打开文件 D:\AutoCAD2016\work\ch04.05\圆角-ex。

步骤 2：选择命令。单击“默认”功能选项卡 圆角 后的 节点，在系统弹出的列表中选择 圆角 命令。

说明： 进入圆角命令还有以下两种方法。

方法一：选择下拉菜单 修改(M) → 圆角(F) 命令。

方法二：在命令行中输入 FILLET 命令，并按 Enter 键。

步骤 3：设置圆角半径参数。在系统的提示下，选择 半径(R) 选项，在系统 FILLET 指定圆角半径 <0.0000>: 的提示下，输入圆角半径值 10 并按 Enter 键确认。

步骤 4：定义圆角对象。在系统提示下，选取上方水平直线作为第 1 条直线，在系统提示下选取右侧竖直直线作为第 2 条直线。

4.6 其他编辑工具

4.6.1 分解对象

3min

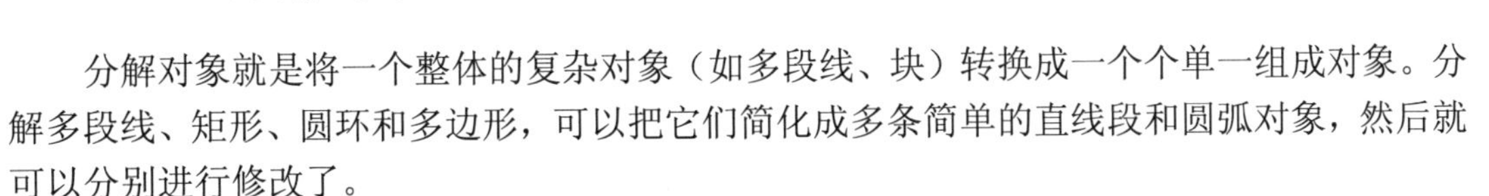

分解对象就是将一个整体的复杂对象（如多段线、块）转换成一个个单一组成对象。分解多段线、矩形、圆环和多边形，可以把它们简化成多条简单的直线段和圆弧对象，然后就可以分别进行修改了。

下面以如图 4.25 所示的图形为例，介绍分解对象的一般操作过程。

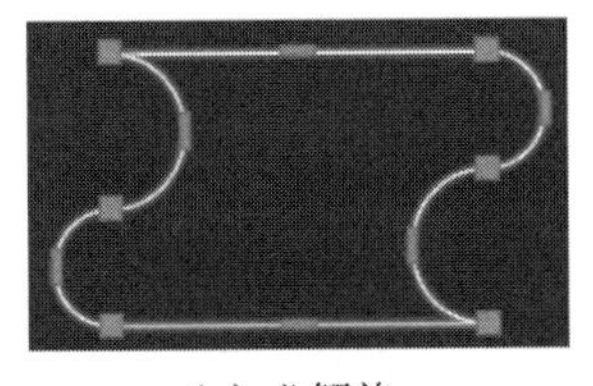
（a）分解前

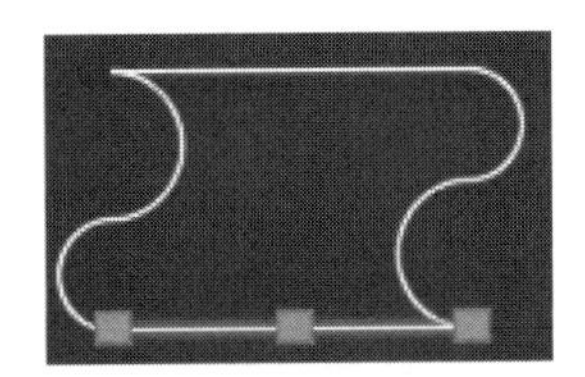
（b）分解后

图 4.25　分解对象

步骤 1：打开文件。打开文件 D:\AutoCAD2016\work\ch04.06\分解-ex。

步骤2：选择命令。单击“默认”功能选项卡“修改”区域中的命令。

说明：进入分解命令还有以下两种方法。

方法一：选择下拉菜单 修改(M) → 分解(X) 命令。

方法二：在命令行中输入 EXPLODE 命令，并按 Enter 键。

步骤3：选择分解对象。在系统 EXPLODE 选择对象：的提示下，选取如图 4.25（a）所示的多段线，并按 Enter 键。

步骤4：验证结果：单击图形中的任意对象，此时单一对象将被选取，说明多段线已经被分解。

将对象分解后，将出现以下几种情况：

（1）如果原始的多段线具有宽度，则在分解后将丢失宽度信息。

（2）如果分解包含属性的块，则将丢失属性信息，但属性定义会被保留下来。

（3）在分解对象后，原来配置成 By Block（随块）的颜色和线型的显示，将有可能发生改变。

（4）如果分解面域，则面域将被转换成单独的线和圆等对象。

6min

4.6.2 打断对象

使用“打断”命令可以将一个对象断开，或将其截掉一部分。打断的对象可以为直线线段、多段线、圆弧、圆、射线或构造线等。执行打断前需要指定打断点，系统在默认情况下将选取对象时单击处的点作为第 1 个打断点。

1. 打断对象

下面以如图 4.26 所示的图形为例，介绍打断对象的一般操作过程。

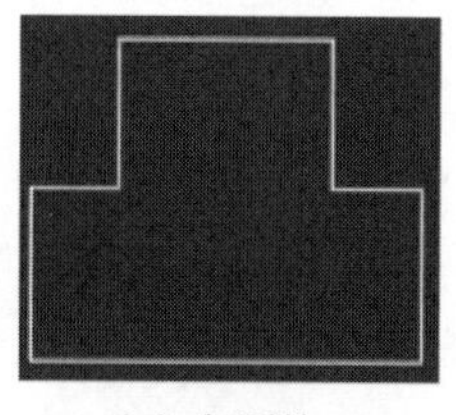

（a）打断前

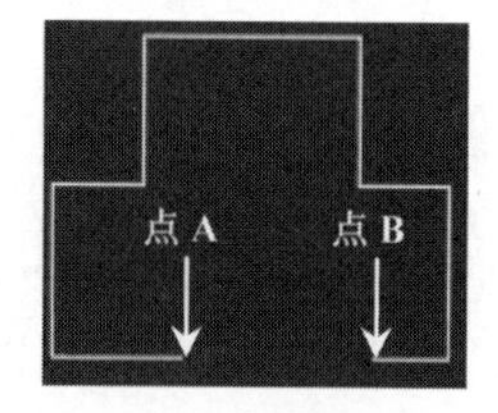

（b）打断后

图 4.26 打断对象

步骤1：打开文件。打开文件 D:\AutoCAD2016\work\ch04.06\打断-ex。

步骤2：选择命令。单击“默认”功能选项卡“修改”后的节点，在系统弹出的列表中选择命令。

说明：进入打断命令还有以下两种方法。

方法一：选择下拉菜单 修改(M) → 打断(K) 命令。

方法二：在命令行中输入 BREAK 命令，并按 Enter 键。

步骤3：选择打断对象。在系统 BREAK 选择对象：的提示下，选取如图 4.26（a）所示对象。

说明：在选取对象时在如图 4.26（b）所示的 A 点处选取。

步骤 4：选择打断的第 2 个点。在系统 BREAK 指定第 2 个打断点 或 [第一点(F)]:的提示下，选取如图 4.26（b）所示的 B 点处单击选取。

说明：

（1）在系统 BREAK 指定第 2 个打断点 或 [第一点(F)]:的提示下，选择 第一点(F) 选项，用户就可以根据实际需求定义第 1 个打断点。

（2）在系统 BREAK 选择对象:的提示下，通过在对象上某处单击选择该对象，然后在 BREAK 指定第 2 个打断点 或 [第一点(F)]:的提示下，输入@并按 Enter 键，则系统便在单击处将对象断开，由于只选取了一个点，所以断开处没有缺口。

（3）如果第二点是在对象外选取的，系统则会将该对象位于两个点之间的部分删除。

（4）对圆的打断，系统按逆时针方向将第一断点到第二断点之间的那段圆弧删除。

2. 打断于点

使用“打断于点”命令可以将对象在一点处断开成两个对象，该命令是从“打断”命令派生出来的。使用“打断于点”命令时，应先选取要被打断的对象，然后指定打断点，系统便可在该断点处将对象打断成相连的两部分。

下面以如图 4.27 所示的图形为例，介绍打断于点的一般操作过程。

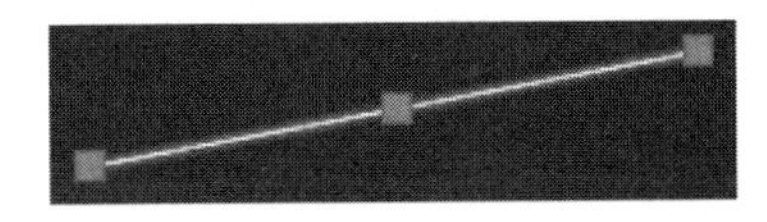

（a）打断于点前

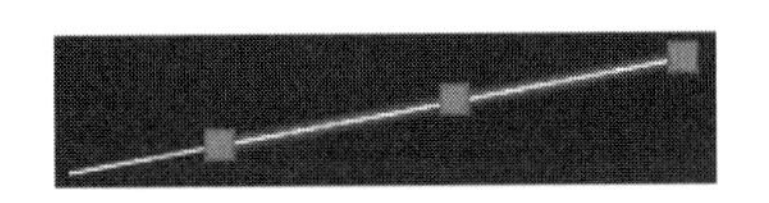

（b）打断于点后

图 4.27　打断于点

步骤 1：打开文件。打开文件 D:\AutoCAD2016\work\ch04.06\打断于点-ex。

步骤 2：选择命令。单击“默认”功能选项卡“修改”后的▼节点，在系统弹出的列表中选择▭命令。

步骤 3：选择打断于点的对象。在系统 BREAKATPOINT 选择对象：的提示下，选取如图 4.27（a）所示对象。

步骤 4：选择打断点。在系统 BREAKATPOINT 指定打断点:的提示下，在需要打断的合适位置单击选取即可。

4.7　修改对象特性

在默认情况下，在某层中绘制的对象，其颜色、线型和线宽等特性都与该层属性设置一致，即对象的特性类型为 By Layer（随层）。在实际工作中，经常需要修改对象的特性，这就要求大家熟练、灵活地掌握对象特性修改的工具及命令。

1. 使用特性区域修改特性

使用特性区域可以修改所有对象的特性，如颜色、线型、线宽、打印样式及透明度等，当没有选择对象时，特性区域将显示当前图层的特性，包括图层的颜色、线型、线宽和打印样式；当选择一个对象时，特性区域将显示这个对象相应的属性；当选择多个对象时，特性区域将显示所选择的对象都具有的相同特性，如相同的颜色或线型。如果这些对象所具有的特性不相同，则相应的控制项为空白；如要修改某特性，则只需在相应的控制项中选择新的选项。

2. 使用特性窗口修改特性

使用特性窗口修改任何对象的任一特性。选择的对象不同，特性窗口中显示的内容和项目也不同。

要显示特性窗口，可以选择下拉菜单 修改(M) → 特性(P) 命令（或者在命令行中输入 PROPERTIES 命令后按 Enter 键）。

当没有选择对象时，特性窗口将显示当前状态的特性，包括当前的图层、颜色、线型、线宽和打印样式等设置。

当选择一个对象时，特性窗口将显示选定对象的特性。

当选择多个对象时，特性窗口将只显示这些对象的共有特性，此时可以在特性窗口顶部的下拉列表选择一个特定类型的对象，在这个列表中还会显示出当前所选择的每种类型的对象的数量。

3. 使用匹配修改对象特性

匹配对象特性就是将图形中某对象的特性和另外的对象相匹配，即将一个对象的某些或所有特性复制到一个或多个对象上，使它们在特性上保持一致。例如，绘制完一个对象，我们要求它与另外一个对象保持相同的颜色和线型，这时就可以使用特性匹配工具来完成了。

4.8 上机实操

上机实操案例 1 完成后如图 4.28 所示。

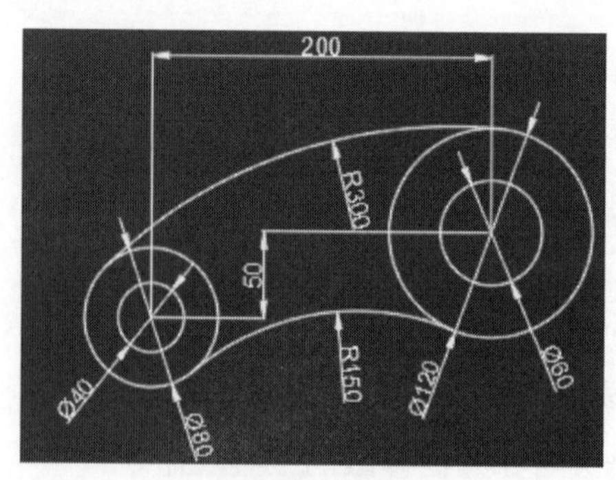

图 4.28 实操 1

上机实操案例 2 完成后如图 4.29 所示。

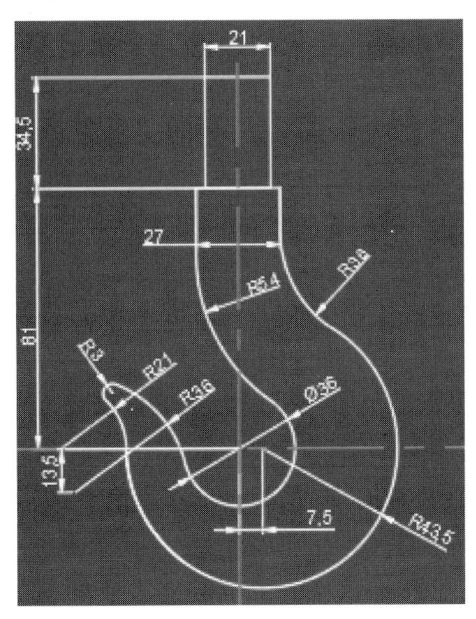

图 4.29　实操 2

第 5 章

标注尺寸

5.1 概述

在 AutoCAD 系统中，尺寸标注用于标明图元的大小或图元间的相互位置，以及为图形添加公差符号、注释等，标注后才能反映出图形的完整性。尺寸标注包括线性标注、角度标注、半径标注、直径标注和坐标标注等类型。

5.1.1 尺寸组成

如图 5.1 所示，一个完整的尺寸标注应由尺寸数字、尺寸线、尺寸线端点符号（箭头）及尺寸界线组成，下面分别进行说明。

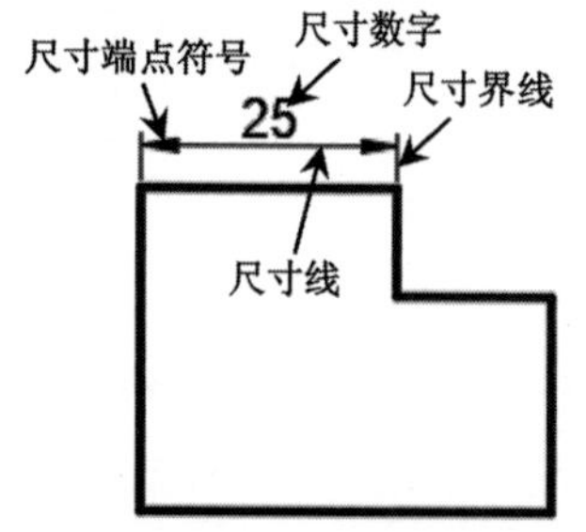

图 5.1 尺寸组成

（1）尺寸数字：用于表明图形大小的数值，标注文字除了包含一个基本的数值外，还可以包含前缀、后缀、公差和其他的任何文字。在创建尺寸标注时，可以控制标注文字字体及其位置和方向。

（2）尺寸线：标注尺寸线，简称尺寸线，一般是一条两端带有箭头的线段，用于表明标注的范围。尺寸线通常放置在测量区域中，如果空间不足，则将尺寸线或文字移到测量区域的外部，这取决于标注样式中的放置规则。对于角度标注，尺寸线是一段圆弧。尺寸线应该使用细实线。

（3）尺寸端点符号：标注箭头位于尺寸线的两端，用于指出测量的开始和结束位置。系统默认使用闭合的填充箭头符号，此外还提供了多种箭头符号，如建筑标记、小斜线箭头、点和斜杠等，以满足用户的不同需求。

（4）尺寸界线：尺寸界线是标明标注范围的直线，可用于控制尺寸线的位置。尺寸界线也应该使用细实线。

5.1.2 尺寸标注的注意事项

（1）在创建一个尺寸标注时，系统将尺寸标注绘制在当前图层上，并使用当前标注样式。

（2）在默认状态下，AutoCAD 创建的是关联尺寸标注，即尺寸的组成元素（尺寸线、尺寸界线、箭头和尺寸数字）是作为一个单一的对象处理的，并同测量的对象连接在一起。如果修改了对象的大小，则尺寸标注也会自动更新以反映所做的修改。使用 EXPLODE 命令可以把关联尺寸标注转换成分解的尺寸标注，一旦分解后就不能再重新把对象同标注相关联了。

（3）物体的真实大小应以图样上所标注的尺寸数值为依据，与图形的大小及绘图的准确度无关。

（4）当图样中的尺寸以 mm 为单位时，不需要标注计量单位的代号或名称。如采用其他单位，则必须注明相应计量单位的代号或名称，如 m、cm 等。

5.2 标注类型

5.2.1 线性标注

4min

线性标注用于标注图形对象的线性距离或长度，包括水平标注、垂直标注和旋转标注 3 种类型。水平标注用于标注对象上的两点在水平方向的距离，尺寸线沿水平方向放置；垂直标注用于标注对象上的两点在垂直方向的距离，尺寸线沿垂直方向放置；旋转标注用于标注对象上的两点在指定方向的距离，尺寸线沿旋转角度方向放置。

下面以标注如图 5.2 所示的尺寸为例，介绍线性标注的一般操作过程。

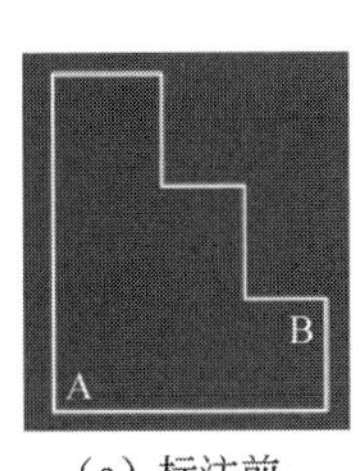

（a）标注前

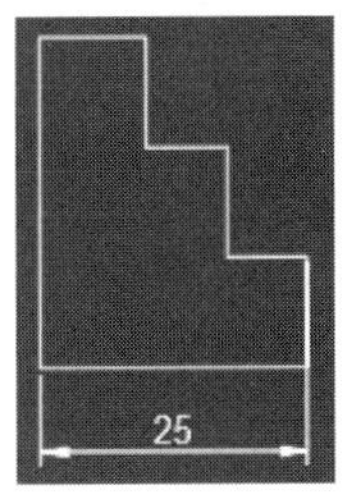

（b）标注后

图 5.2　线性标注

步骤 1：打开文件。打开文件 D:\AutoCAD2016\work\ch05.02\线性标注-ex。

步骤 2：选择命令。单击“默认”功能选项卡“注释”区域中 线性 后的 ▾，在系统弹出的快捷菜单中选择 线性 命令。

说明： 进入线性标注命令还有以下两种方法。

方法一：选择下拉菜单 标注(N) → 线性(L) 命令。

方法二：在命令行中输入 DIMLINEAR 命令，并按 Enter 键。

步骤 3：定义第 1 个尺寸界线。在系统 DIMLINEAR 指定第1 个尺寸界线原点或 <选择对象>: 的提示下，选取如图 5.2（a）所示的 A 点作为第 1 个界线参考。

步骤 4：定义第 2 个尺寸界线。在系统 DIMLINEAR 指定第2 个尺寸界线原点：的提示下，选取如图 5.2（a）所示的 B 点作为第 2 个界线参考。

步骤 5：放置尺寸。在系统 [多行文字(M) 文字(T) 角度(A) 水平(H) 垂直(V) 旋转(R)]：的提示下，竖直向下移动光标，在合适位置单击放置即可。

命令行中部分选项的说明如下。

（1）多行文字(M)选项：执行该选项后，系统会进入多行文字编辑模式，可以使用“文字格式”工具栏和文字输入窗口输入多行标注文字，如图 5.3 所示。

（2）文字(T)选项：执行该选项后，系统会提示 DIMLINEAR 输入标注文字 <25>：，在该提示下输入新的标注文字，如图 5.4 所示（将 25 修改为 30）。

（3）角度(A)选项：执行该选项后，系统会提示 DIMLINEAR 指定标注文字的角度：，输入一个角度值后，所标注的文字将旋转指定角度，如图 5.5 所示。

（4）水平(H)选项：用于标注对象沿水平方向的尺寸。执行该选项后，系统接着会提示 DIMLINEAR 指定尺寸线位置或 [多行文字(M) 文字(T) 角度(A)]：，在此提示下可直接确定尺寸线的位置，也可以先执行其他选项，确定标注文字及标注文字的旋转角度后再确定尺寸线位置。

（5）垂直(V)选项：用于标注对象沿垂直方向的尺寸。

（6）旋转(R)选项：用于标注对象沿指定方向的尺寸，如图 5.6 所示。

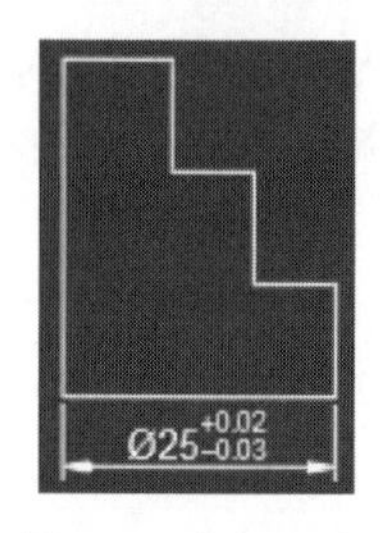

图 5.3 多行文字

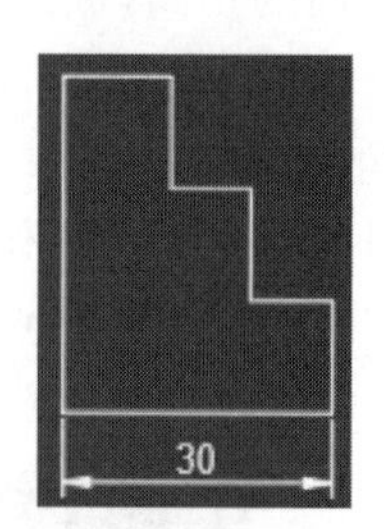

图 5.4 文字

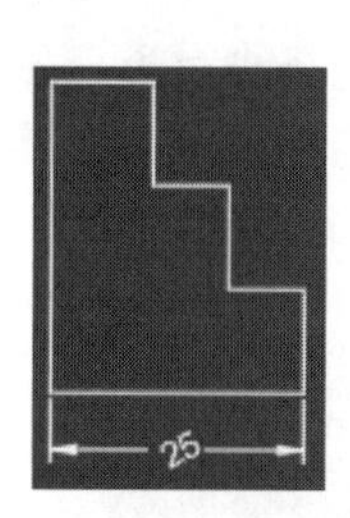

图 5.5 角度

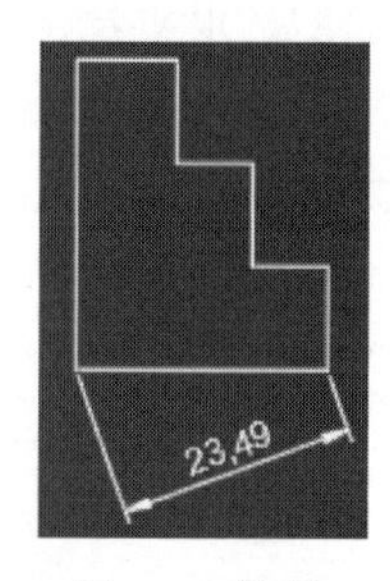

图 5.6 旋转

2min

5.2.2 对齐标注

对齐标注用于标注于尺寸界线原点的连线平行的尺寸。

下面以标注如图 5.7 所示的尺寸为例，介绍对齐标注的一般操作过程。

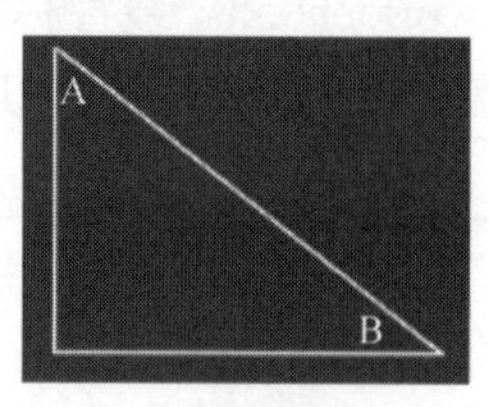

（a）标注前

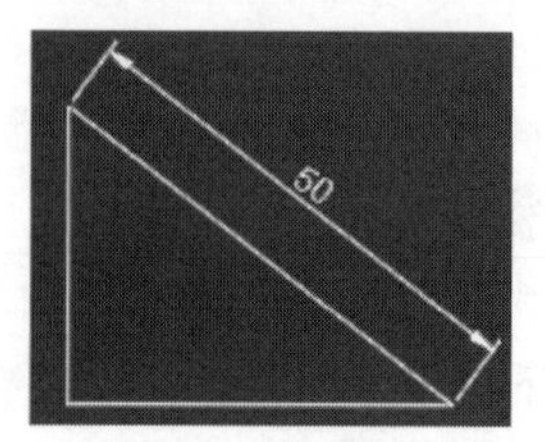

（b）标注后

图 5.7 对齐标注

步骤 1：打开文件。打开文件 D:\AutoCAD2016\work\ch05.02\对齐标注-ex。

步骤 2：选择命令。单击“默认”功能选项卡“注释”区域中 线性 后的 ▾，在系统弹出的快捷菜单中选择 对齐 命令。

说明：进入对齐标注命令还有以下两种方法。

方法一：选择下拉菜单 标注(N) → 对齐(G) 命令。

方法二：在命令行中输入 DIMALIGNED 命令，并按 Enter 键。

步骤 3：定义第 1 个尺寸界线。在系统 DIMLINEAR 指定第1个尺寸界线原点或 <选择对象>: 的提示下，选取如图 5.7（a）所示的 A 点作为第一界线参考。

步骤 4：定义第 2 个尺寸界线。在系统 DIMLINEAR 指定第2个尺寸界线原点: 的提示下，选取如图 5.7（a）所示的 B 点作为第二界线参考。

步骤 5：放置尺寸。在系统 DIMALIGNED [多行文字(M) 文字(T) 角度(A)]:的提示下，在合适位置单击放置即可。

5.2.3　角度标注

角度标注工具用于标注两条非平行直线间的角度、圆弧包容的角度及部分圆周的角度，也可以标注 3 个点（一个顶点和两个端点）的角度。

下面以标注如图 5.8 所示的尺寸为例，介绍角度标注的一般操作过程。

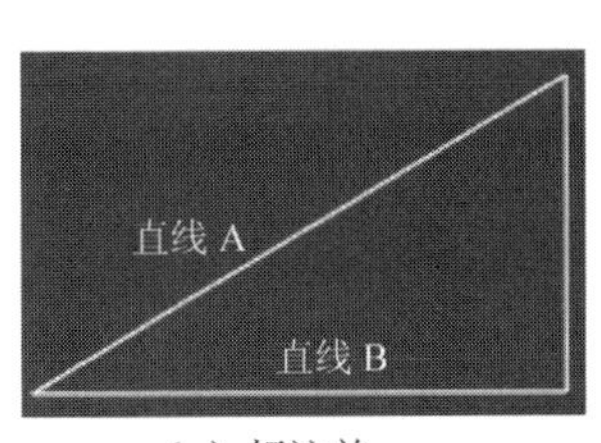

（a）标注前

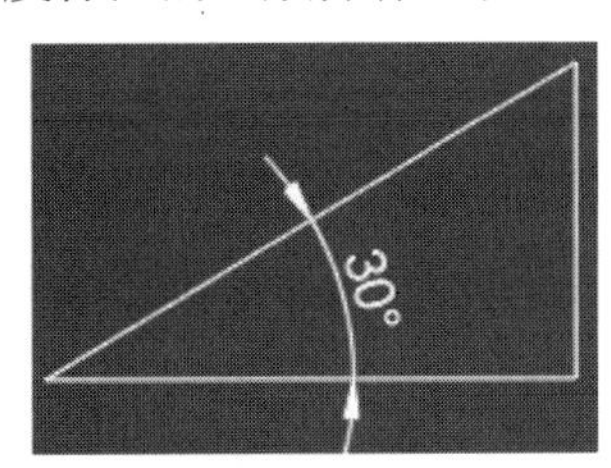

（b）标注后

图 5.8　角度标注

步骤 1：打开文件。打开文件 D:\AutoCAD2016\work\ch05.02\角度标注-ex。

步骤 2：选择命令。单击“默认”功能选项卡“注释”区域中 线性 后的 ▾，在系统弹出的快捷菜单中选择 角度 命令。

说明：进入角度标注命令还有以下两种方法。

方法一：选择下拉菜单 标注(N) → 角度(A) 命令。

方法二：在命令行中输入 DIMANGULAR 命令，并按 Enter 键。

步骤 3：定义第 1 个对象。在系统 DIMANGULAR 选择圆弧、圆、直线或 <指定顶点>: 的提示下，选取如图 5.8（a）所示的直线 A 作为第 1 个对象。

步骤 4：定义第 2 个对象。在系统 DIMANGULAR 选择第2条直线: 的提示下，选取如图 5.8（a）所示的直线 B 作为第 2 个对象。

步骤 5：放置尺寸。在系统 指定标注弧线位置或 [多行文字(M) 文字(T) 角度(A) 象限点(Q)]:的提示下，在三角形内部的合适位置单击放置即可。

说明： 当标注的对象是圆弧时，系统将自动标注圆弧的夹角，如图 5.9 所示。

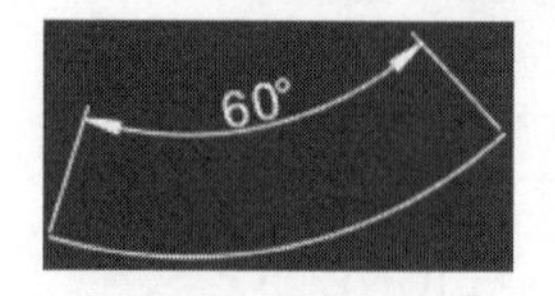

图 5.9 圆弧角度

2min

5.2.4 弧长标注

弧长标注用于测量圆弧或多段线弧线段的长度。弧长标注的典型用法包括测量围绕凸轮的距离或表示电缆的长度。默认情况下，弧长标注将显示一个圆弧符号。

下面以标注如图 5.10 所示的尺寸为例，介绍弧长标注的一般操作过程。

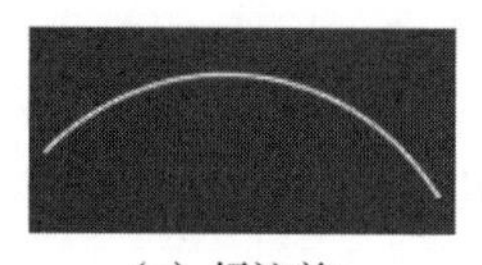

（a）标注前

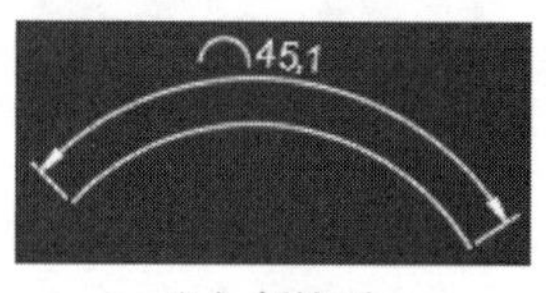

（b）标注后

图 5.10 弧长标注

步骤 1：打开文件。打开文件 D:\AutoCAD2016\work\ch05.02\弧长标注-ex。

步骤 2：选择命令。单击“默认”功能选项卡“注释”区域中 线性 后的 ▾，在系统弹出的快捷菜单中选择 弧长 命令。

说明： 进入弧长标注命令还有以下两种方法。

方法一：选择下拉菜单 标注(N) → 弧长(H) 命令。

方法二：在命令行中输入 DIMARC 命令，并按 Enter 键。

步骤 3：定义标注对象。在系统 DIMARC 选择弧线段或多段线圆弧段：的提示下，选取如图 5.10（a）所示的圆弧作为标注对象。

步骤 4：放置尺寸。在系统 [多行文字(M) 文字(T) 角度(A) 部分(P) 引线(L)]:的提示下，在圆弧上方的合适位置单击放置即可。

3min

5.2.5 半径标注

半径标注就是标注圆弧和圆的半径尺寸。

下面以标注如图 5.11 所示的尺寸为例，介绍半径标注的一般操作过程。

步骤 1：打开文件。打开文件 D:\AutoCAD2016\work\ch05.02\半径标注-ex。

步骤 2：选择命令。单击“默认”功能选项卡“注释”区域中 线性 后的 ▾，在系统弹出的快捷菜单中选择 半径 命令。

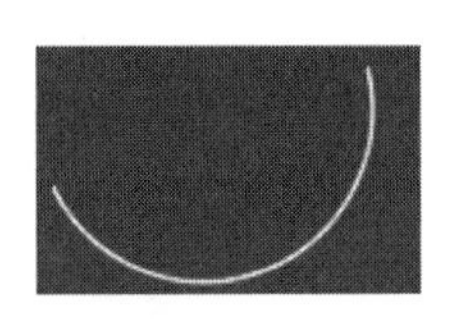

（a）标注前

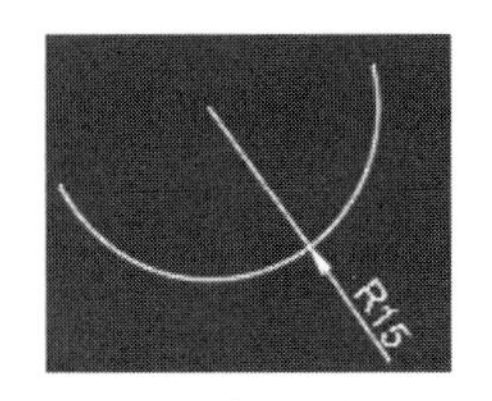

（b）标注后

图 5.11　半径标注

说明：进入半径标注命令还有以下两种方法。

方法一：选择下拉菜单 标注(N) → 半径(R) 命令。

方法二：在命令行中输入 DIMRADIUS 命令，并按 Enter 键。

步骤 3：定义标注对象。在系统 **DIMRADIUS 选择圆弧或圆：** 的提示下，选取如图 5.11（a）所示的圆弧作为标注对象。

说明：标注对象可以是圆弧也可以是圆。

步骤 4：放置尺寸。在系统 DIMRADIUS 指定尺寸线位置或 [多行文字(M) 文字(T) 角度(A)]：的提示下，在圆弧下方的合适位置单击放置即可。

5.2.6　折弯半径标注

3min

当圆弧的半径比较大且圆心的位置比较远时，图纸的空间不允许我们把尺寸线画得那么长，这就可以采用折弯半径的标注方法标注半径。

下面以标注如图 5.12 所示的尺寸为例，介绍折弯半径标注的一般操作过程。

步骤 1：打开文件。打开文件 D:\AutoCAD2016\work\ch05.02\折弯半径标注-ex。

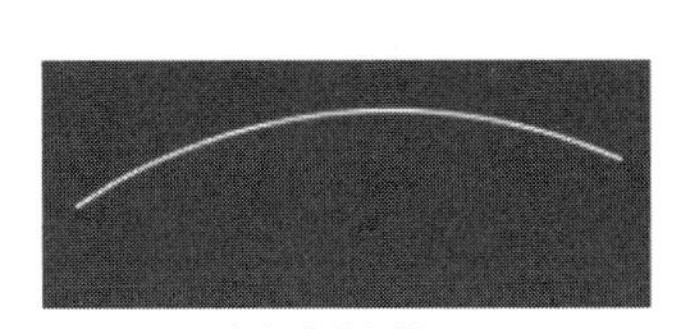

（a）标注前

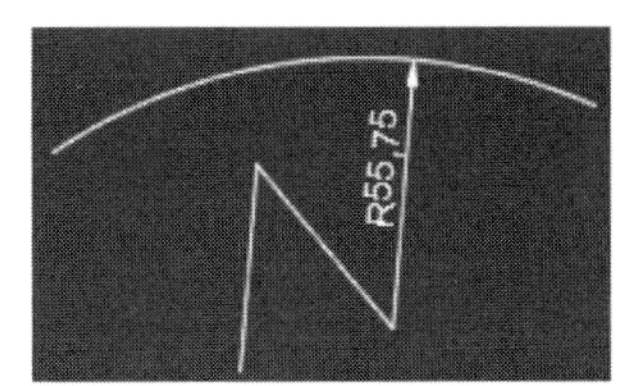

（b）标注后

图 5.12　折弯半径标注

步骤 2：选择命令。单击“默认”功能选项卡“注释”区域中 线性 后的 ▾，在系统弹出的快捷菜单中选择 折弯 命令。

说明：进入折弯标注命令还有以下两种方法。

方法一：选择下拉菜单 标注(N) → 折弯(J) 命令。

方法二：在命令行中输入 DIMJOGGED 命令，并按 Enter 键。

步骤 3：定义标注对象。在系统 **DIMJOGGED 选择圆弧或圆：** 的提示下，选取如图 5.12（a）所示的圆弧作为标注对象。

步骤 4：定义图示中心位置。在系统 **DIMJOGGED 指定图示中心位置：** 的提示下，选取如

图 5.13 所示的点 1 位置单击确定中心位置。

步骤 5：定义尺寸线位置。在系统 DIMJOGGED 指定尺寸线位置或 [多行文字(M) 文字(T) 角度(A)]的提示下，选取如图 5.13 所示的点 2 位置单击确定尺寸线位置。

步骤 6：定义折弯位置。在系统 DIMJOGGED 指定折弯位置：的提示下，选取如图 5.13 所示的点 3 位置单击确定折弯位置。

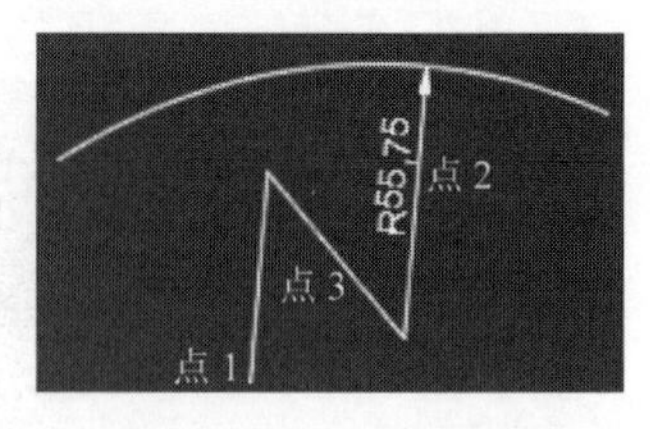

图 5.13 定义位置

2min

5.2.7 直径标注

直径标注就是标注圆弧和圆的直径尺寸，操作方式与半径标注类似。

下面以标注如图 5.14 所示的尺寸为例，介绍直径标注的一般操作过程。

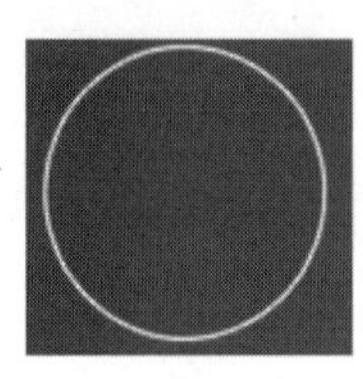

（a）标注前

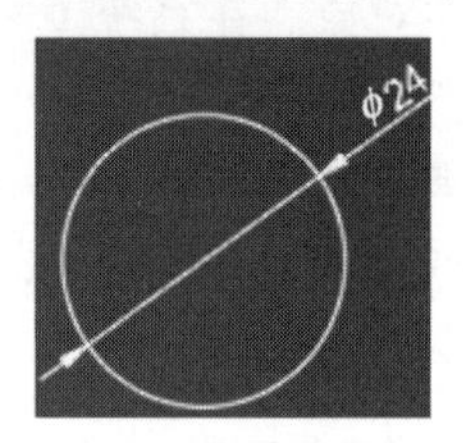

（b）标注后

图 5.14 直径标注

步骤 1：打开文件。打开文件 D:\AutoCAD2016\work\ch05.02\直径标注-ex。

步骤 2：选择命令。单击“默认”功能选项卡“注释”区域中 线性 后的 ▾，在系统弹出的快捷菜单中选择 直径 命令。

说明：进入直径标注命令还有以下两种方法。

方法一：选择下拉菜单 标注(N) → 直径(D) 命令。

方法二：在命令行中输入 DIMDIAMETER 命令，并按 Enter 键。

步骤 3：定义标注对象。在系统 DIMDIAMETER 选择圆弧或圆：的提示下，选取如图 5.14（a）所示的圆作为标注对象。

说明：标注对象可以是圆也可以是圆弧。

步骤 4： 放置尺寸。 在系统 DIMDIAMETER 指定尺寸线位置或 [多行文字(M) 文字(T) 角度(A)]：的提示下，在圆外侧合适位置单击放置即可。

4min

5.2.8 坐标标注

使用坐标标注可以标明位置点相对于当前坐标系原点的坐标值，它由 *X* 坐标（或 *Y* 坐标）和引线组成。

下面以标注如图 5.15 所示的尺寸为例，介绍坐标标注的一般操作过程。

步骤 1：打开文件。打开文件 D:\AutoCAD2016\work\ch05.02\坐标标注-ex。

步骤 2：创建用户坐标系。选择下拉菜单 工具(T) → 新建 UCS(W) → 原点(N) 命令，在系统

（a）标注前

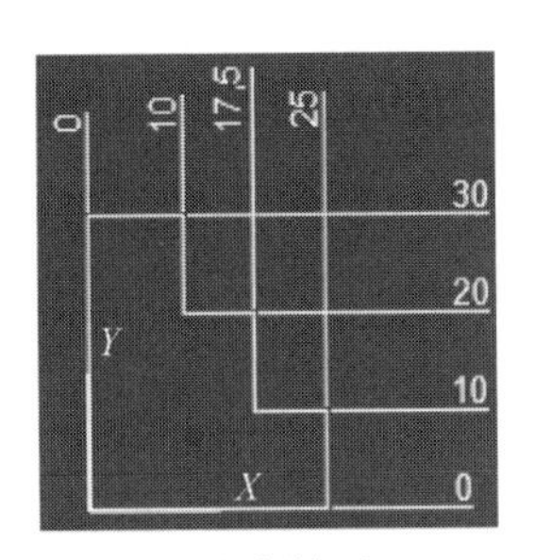

（b）标注后

图 5.15　坐标标注

UCS 指定新原点 <0,0,0>: 的提示下，在图形区捕捉图形的左下角点放置用户坐标系，完成后如图 5.15 所示。

步骤 3：选择命令。单击“默认”功能选项卡“注释”区域中 线性 后的 ▾，在系统弹出的快捷菜单中选择 坐标 命令。

说明： 进入坐标标注命令还有以下两种方法。

方法一：选择下拉菜单 标注(N) → 坐标(O) 命令。

方法二：在命令行中输入 DIMORDINATE 命令，并按 Enter 键。

步骤 4：定义水平标注点。在系统 DIMORDINATE 指定点坐标: 的提示下，选取如图 5.16 所示的点 1 作为标注对象，然后水平移动光标，在合适位置放置即可，效果如图 5.17 所示。

步骤 5：定义其他水平标注点。参照步骤 3 与步骤 4 的操作，选取点 2、点 3 与点 4 标注其他水平坐标尺寸，效果如图 5.18 所示。

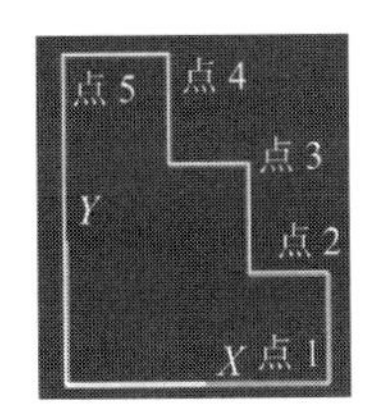

图 5.16　用户坐标系

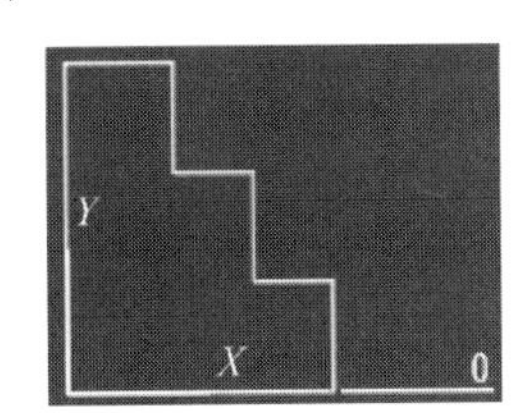

图 5.17　水平标注

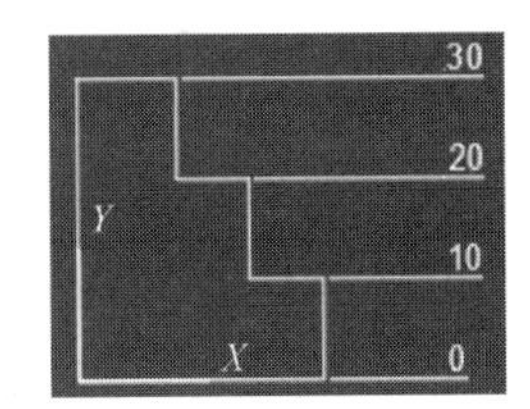

图 5.18　其他水平标注

步骤 6：标注竖直坐标尺寸。单击“默认”功能选项卡“注释”区域中 线性 后的 ▾，在系统弹出的快捷菜单中选择 坐标 命令，在系统提示下选取如图 5.16 所示的点 5 作为标注对象，然后竖直向上移动光标，在合适位置放置即可，效果如图 5.19 所示

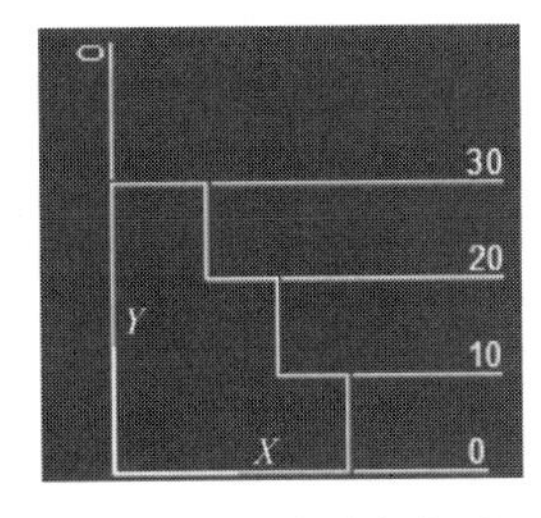

图 5.19　竖直坐标标注

步骤 7：标注其他竖直坐标尺寸。参考步骤 6 依次选择点 4、点 3 与点 2 标注其他竖直坐标尺寸。

3min

5.2.9 圆心标记

用户在绘制一个圆后是看不到圆心位置的，此时可以通过圆心标记命令将圆心位置显示出来。

下面以标注图 5.20 为例，来介绍圆心标记的一般操作过程。

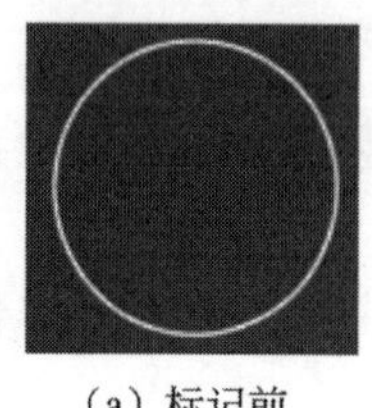

（a）标记前

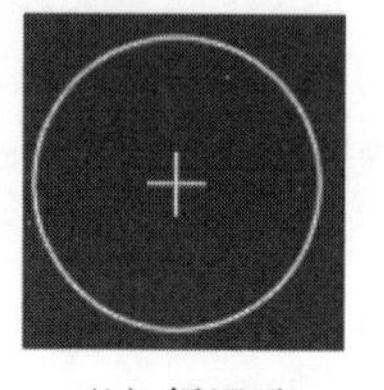

（b）标记后

图 5.20 圆心标记

步骤 1：打开文件。打开文件 D:\AutoCAD2016\work\ch05.02\圆心标记-ex。

步骤 2：选择命令。选择下拉菜单 标注(N) → 圆心标记(M) 命令。

步骤 3：定义标记对象。在系统 DIMCENTER 选择圆弧或圆: 的提示下，选取如图 5.20（a）所示的圆。

8min

5.2.10 基线标注

基线标注是以已有尺寸的第 1 个尺寸界线为基线来标注其他尺寸，其他尺寸会以基线为标注起点进行标注。

下面以标注如图 5.21 所示的尺寸为例，介绍基线标注的一般操作过程。

（a）标注前

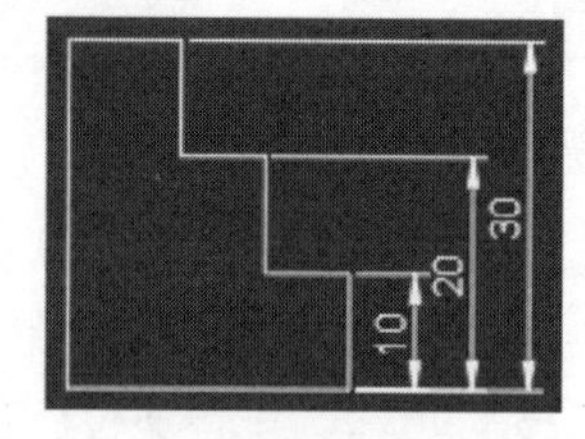

（b）标注后

图 5.21 基线标注

步骤 1：打开文件。打开文件 D:\AutoCAD2016\work\ch05.02\基线标注-ex。

步骤 2：标注线性尺寸。选择线性标注命令，选取如图 5.22 所示的点 1 为第 1 个尺寸界线原点，选取如图 5.22 所示的点 2 为第 2 个尺寸界线原点，然后在右侧合适位置单击放置尺寸，效果如图 5.23 所示。

说明：注意第 1 个尺寸界线与第 2 个尺寸界线的选取顺序，基线尺寸是具有共同的第 1

个尺寸界线，如果在创建线性尺寸时，选取点 2 作为第 1 个尺寸界线原点，选取点 1 作为第 2 个尺寸界线原点圆心，则标注的基线尺寸如图 5.24 所示。

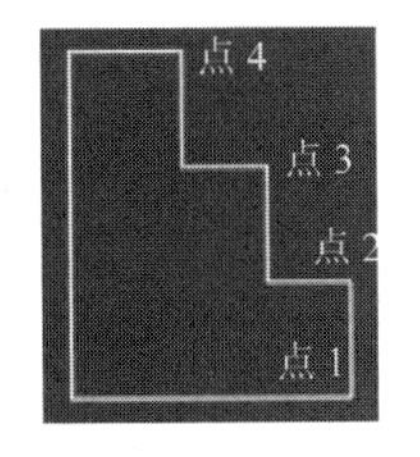

图 5.22　标注参考

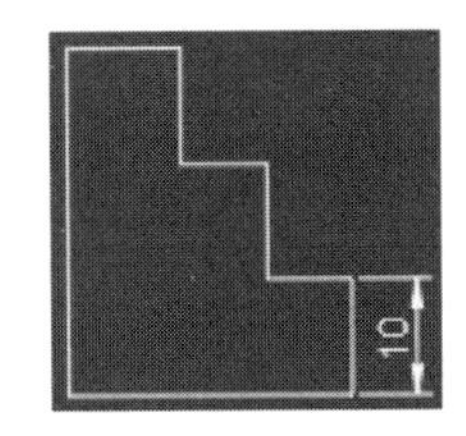

图 5.23　线性标注

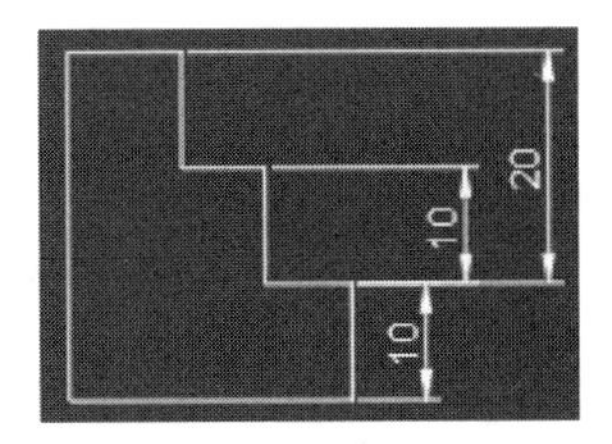

图 5.24　基线标注

步骤 3：设置基线间距。选择下拉菜单 格式(O) → 标注样式(D)... 命令，系统会弹出“标注样式管理器”对话框，单击 修改(M)... 按钮，系统会弹出“修改标注样式：ISO-25”对话框，单击 线 功能选项卡，在 基线间距(A): 文本框中输入 5，其他参数采用默认，依次单击 确定 与 关闭 按钮。

步骤 4：选择命令。选择下拉菜单 标注(N) → 基线(B) 命令。

步骤 5：在系统 DIMBASELINE 指定第 2 个尺寸界线原点或 [选择(S) 放弃(U)] <选择>: 的提示下，选取如图 5.22 所示的点 3，此时系统会自动选取标注“10”的第 1 个尺寸界线作为基线创建基线标注“20”。

说明：系统默认选取最近标注的尺寸作为基线尺寸，如果读者想选取其他尺寸，则可以在系统 DIMBASELINE 指定第 2 个尺寸界线原点或 [选择(S) 放弃(U)] <选择>: 的提示下，选择 选择(S) 选项，然后在系统 DIMBASELINE 选择基准标注: 的提示下选取需要的基线尺寸即可。

步骤 6：在系统 DIMBASELINE 指定第 2 个尺寸界线原点或 [选择(S) 放弃(U)] <选择>: 的提示下，选取如图 5.22 所示的点 4，此时系统会自动选取标注“10”的第 1 个尺寸界线为基线创建基线标注“30”。

步骤 7：按两次 Enter 键结束基线标注。

5.2.11　连续标注

4min

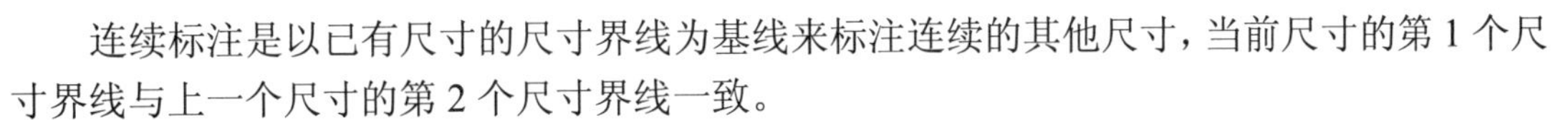

连续标注是以已有尺寸的尺寸界线为基线来标注连续的其他尺寸，当前尺寸的第 1 个尺寸界线与上一个尺寸的第 2 个尺寸界线一致。

下面以标注如图 5.25 所示的尺寸为例，介绍连续标注的一般操作过程。

（a）标注前

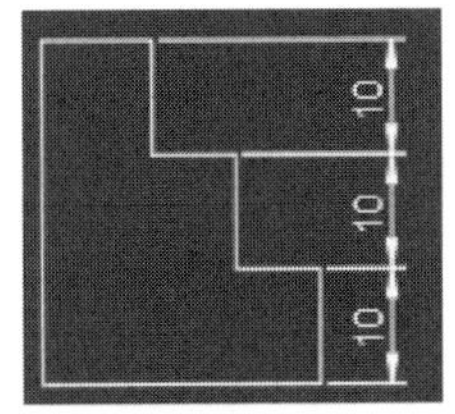

（b）标注后

图 5.25　连续标注

步骤 1：打开文件。打开文件 D:\AutoCAD2016\work\ch05.02\连续标注-ex。

步骤 2：标注线性尺寸。选择线性标注命令，选取如图 5.26 所示的点 1 作为第 1 个尺寸界线原点，选取如图 5.26 所示的点 2 作为第 2 个尺寸界线原点，然后在右侧合适位置单击放置尺寸，效果如图 5.27 所示。

说明：注意第 1 个尺寸界线与第 2 个尺寸界线的选取顺序，基线尺寸是具有共同的第 1 个尺寸界线，如果在创建线性尺寸时，选取点 2 作为第 1 个尺寸界线原点，点 1 作为第 2 个尺寸界线原点圆心，则标注的基线尺寸如图 5.28 所示。

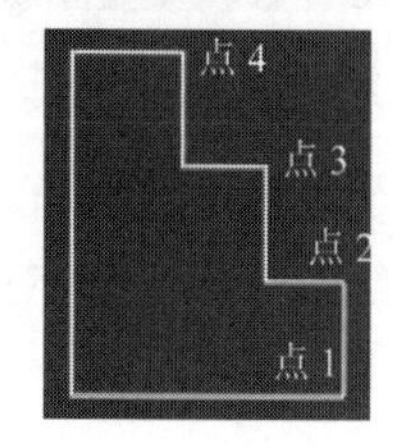

图 5.26　标注参考

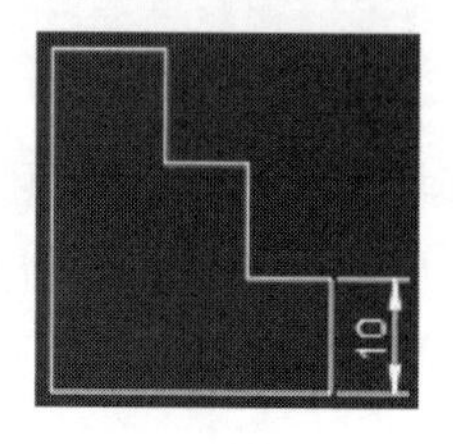

图 5.27　线性标注

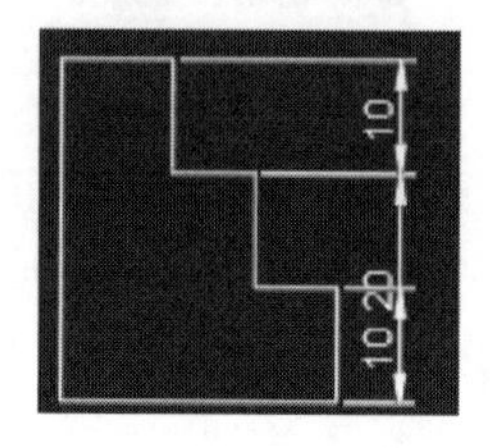

图 5.28　连续标注

步骤 3：选择命令。选择下拉菜单 标注(N) → 连续(C) 命令。

步骤 4：在系统 DIMBASELINE 指定第 2 个尺寸界线原点或 [选择(S) 放弃(U)] <选择>: 的提示下，选取如图 5.26 所示的点 3，此时系统会自动选取标注“10”的第 1 个尺寸界线为基线创建连续标注“10”。

说明：系统默认选取最近标注的尺寸为基线尺寸，如果读者想选取其他尺寸，则可以在系统 DIMBASELINE 指定第 2 个尺寸界线原点或 [选择(S) 放弃(U)] <选择>: 的提示下，选择 选择(S) 选项，然后在系统 DIMCONTINUE 选择连续标注: 的提示下选取需要的连续基准尺寸即可。

步骤 5：在系统 DIMBASELINE 指定第 2 个尺寸界线原点或 [选择(S) 放弃(U)] <选择>: 的提示下，选取如图 5.26 所示的点 4，此时系统会自动选取标注“10”的第 1 个尺寸界线为基线创建连续标注“10”。

步骤 6：按两次 Enter 键结束连续标注。

5.3　标注样式

5.3.1　新建标注样式

在默认情况下，为图形对象添加尺寸标注时，系统将采用 STANDARD 标注样式，该样式保存了默认的尺寸标注变量的设置。STANDARD 样式是根据美国国家标准协会（ANSI）标注标准设计的，但是又不完全遵循该协会的设计。如果在开始绘制新图形时选择了米制单位，则 AutoCAD 将使用 ISO-25（国际标准化组织）的标注样式。

用户可以根据已经存在的标注样式定义新的标注样式，这样有利于创建一组相关的标注样式。对于已经存在的标注样式，还可以为其创建一个子样式，子样式中的设置仅用于特定类型的尺寸标注。例如，在一个已经存在的样式中，可以指定一个不同类型的箭头，用于角度标注，或一个不同的标注文字颜色，用于坐标标注。

下面介绍创建新的标注样式的操作过程。

步骤 1：选择命令。选择下拉菜单 格式(O) → 标注样式(D)... 命令，系统会弹出“标注样式管理器”对话框。

步骤 2：在“标注样式管理器”对话框中单击 新建(N)... 按钮，系统会弹出“创建新标注样式”对话框，在该对话框中，输入新标注样式的名称并选择基础样式和适用范围等（暂时都采用默认）。

步骤 3：在“创建新标注样式”对话框中，单击 继续 按钮，系统会弹出如图 5.29 所示的“新建标注样式：副本 ISO-25”对话框，在其中可设置新标注样式的各项要素。

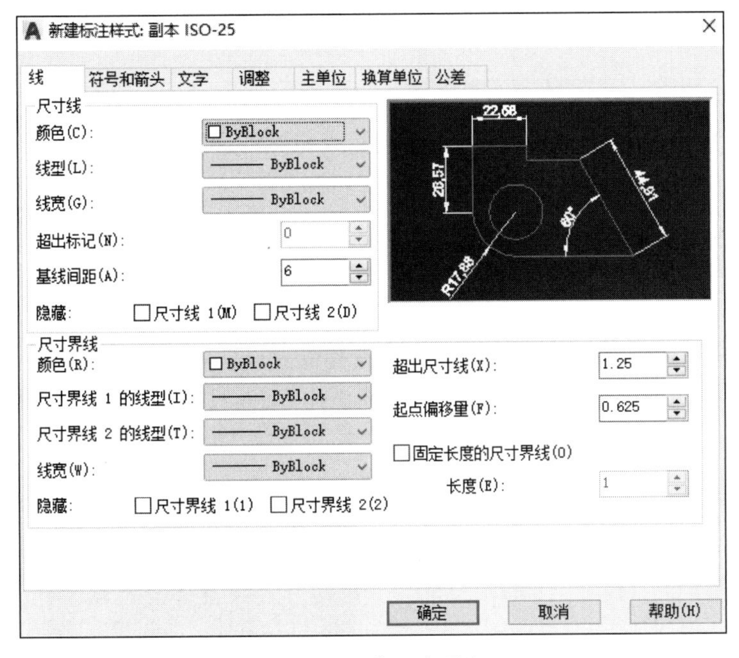

图 5.29 “线”选项卡

5.3.2 设置尺寸线与尺寸界线

使用 线 选项卡，可以设置尺寸标注的尺寸线和尺寸界线的颜色、线型和线宽等。对于任何设置进行的修改，都可在预览区域立即看到更新后的结果。

1. 设置尺寸线

在 尺寸线 区域可以进行以下设置。

颜色(C): 下拉列表：用于设置尺寸线的颜色，默认情况下，尺寸线的颜色随块。

线型(L): 下拉列表：用于设置尺寸线的线型，默认情况下，尺寸线的线型随块。

线宽(G): 下拉列表：用于设置尺寸线的线宽，默认情况下，尺寸线的线宽随块。

超出标记(N):文本框：当尺寸线箭头采用倾斜、建筑标记、小点、积分或无标记等样式时，在该文本框中可以设置尺寸线超出尺寸界线的长度。

基线间距(A):文本框：创建基线标注时，可在此设置各尺寸线之间的距离。

隐藏:选项组：通过选中 □尺寸线 1(M) 或 □尺寸线 2(D) 复选框，可以隐藏第 1 段或第 2 段尺寸线及其相应的箭头。

2. 设置尺寸界线

在 尺寸界线 区域可以进行以下设置。

颜色(C):下拉列表：用于设置尺寸界线的颜色，默认情况下，尺寸线的颜色随块。

线型(L):下拉列表：用于设置尺寸线的线型，默认情况下，尺寸线的线型随块。

线宽(G):下拉列表：用于设置尺寸线的线宽，默认情况下，尺寸线的线宽随块。

隐藏:选项组：通过选中 □尺寸界线 1(1) 或 □尺寸界线 2(2) 复选框，可以隐藏第 1 段或第 2 段尺寸界线。

超出尺寸线(X):文本框：用于设置尺寸界线超出尺寸线的距离（一般设置为字高的一半）。

起点偏移量(F):文本框：用于设置尺寸界线的起点与标注起点的距离。

□固定长度的尺寸界线(O) 复选框：用于设置尺寸界线从尺寸线开始到标注原点的总长度。

5.3.3 设置箭头与符号

1. 设置箭头

在如图 5.30 所示的 箭头 选项组中，可以设置标注箭头的外观样式及尺寸。为了满足不同类型的图形标注需要，系统提供了 20 多种箭头样式，可以从对应的下拉列表框中选择某

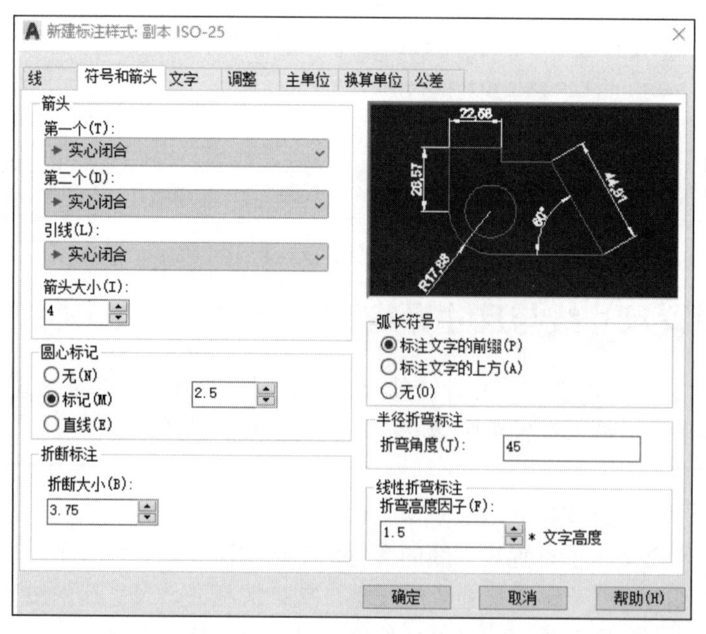

图 5.30 “符号和箭头”选项卡

种样式，并在 箭头大小(I): 文本框中设置其大小（一般将箭头大小设置为与文字大小一致）。

此外，用户也可以使用自定义箭头。可在选择箭头的下拉列表框中选择“用户箭头...”选项，系统会弹出“选择自定义箭头块”对话框，在 从图形块中选择: 下拉文本框内输入当前图形中已有的块名，然后单击 确定 按钮，此时系统即以该块作为尺寸线的箭头样式，块的基点与尺寸线的端点重合。

2. 设置圆心标记

在 圆心标记 选项组中，可以设置圆心标记的类型和大小。

3. 设置折断标注

折断标注 区域的 折断大小(B):文本框用于设置折断标注的间距大小，如图 5.31 所示。

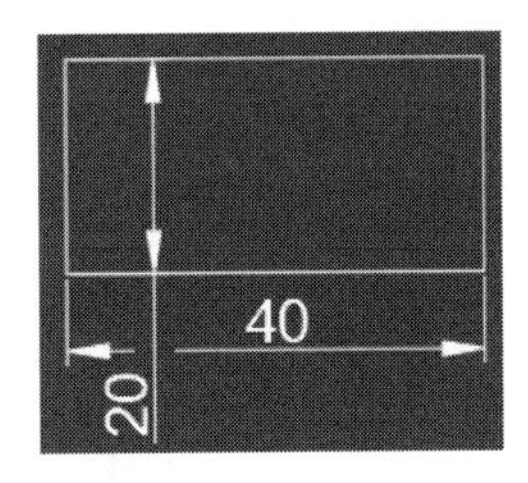

图 5.31　折断标注

4. 设置弧长符号

在 弧长符号 选项组中，可以设置弧长符号。当选中 ◉标注文字的前缀(P)时，系统将弧长符号放在标注文字的前面，如图 5.32（a）所示；当选中 ◉标注文字的上方(A) 时，系统将弧长符号放在标注文字的上方，如图 5.32（b）所示；当选中 ◉无(O) 时，系统将不显示弧长符号，如图 5.32（c）所示；

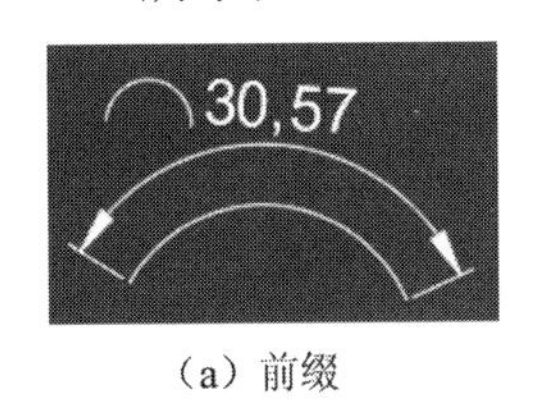

（a）前缀

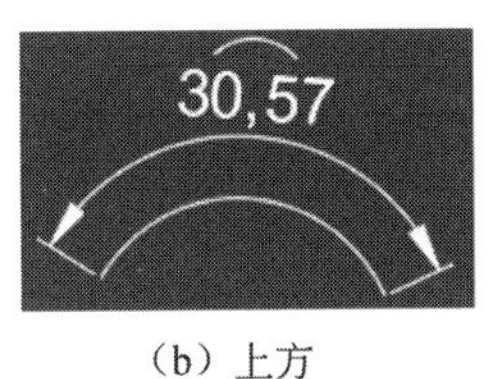

（b）上方

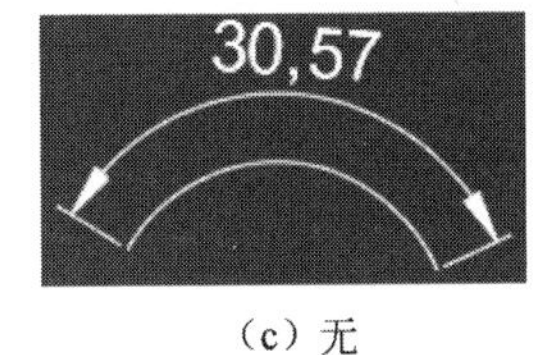

（c）无

图 5.32　弧长符号

5. 设置半径折弯标注

半径折弯标注 区域中的 折弯角度(J): 文本框：确定用于连接半径标注的尺寸界线和尺寸线的横向直线的角度。

6.设置线性折弯标注

线性折弯标注 区域中的 折弯高度因子(F): 文本框：用于设置文字折弯高度的比例因子。

说明：线性折弯高度是通过形成折弯角度的两个定点之间的距离确定的，其值为折弯高度因子与文字高度之积。

5.3.4 设置文字

1. 设置文字外观

在如图 5.33 所示的 文字外观 选项组中，用户可以进行如下设置。

文字样式(Y):下拉列表：用于选择标注的文字样式。也可以单击其后的 ... 按钮，在弹出的“文字样式”对话框中新建或修改文字样式。

文字颜色(C):下拉列表：用于设置标注文字的颜色。

填充颜色(L):下拉列表：用于设置标注中文字背景的颜色。

文字高度(T):文本框：用于设置标注文字的高度。

分数高度比例(H):文本框：用于设置标注文字中的分数相对于其他标注文字的比例，系统以该比例值与标注文字高度的乘积作为分数的高度，当 单位格式(U):为“分数”时有效。

☑绘制文字边框(F) 复选框：用于设置是否给标注文字加边框。

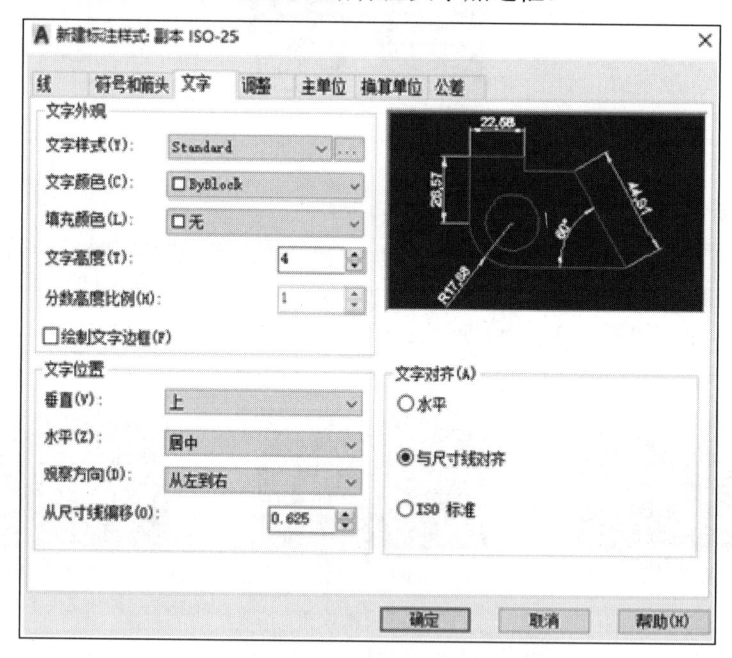

图 5.33 “文字”选项卡

2. 设置文字位置

在如图 5.33 所示的 文字位置 选项组中，用户可以进行如下设置。

垂直(V): 下拉列表：用于设置标注文字相对于尺寸线在垂直方向的位置。

水平(Z):下拉列表：用于设置标注文字相对于尺寸线和尺寸界线在水平方向的位置。

观察方向(D): 下拉列表：用于设置标注文字的观察方向。

从尺寸线偏移(O):文本框：用于设置标注文字与尺寸线之间的距离。如果标注文字在垂直方向位于尺寸线的中间，则表示尺寸线断开处的端点与尺寸文字的间距。若标注文字带有边框，则可以控制文字边框与其中文字的距离。

3. 设置文字对齐

在如图 5.33 所示的 文字对齐(A) 选项组中，用户可以设置标注文字的对齐方向。

◉与尺寸线对齐 复选项：用于使标注文字水平放置。

◉水平 复选项：用于标注文字方向与尺寸线方向一致。

◉ISO 标准 复选项：用于使标注文字按 ISO 标准放置，即当标注文字在尺寸界线之内时，它的方向与尺寸线方向一致，而在尺寸界线之外时将水平放置。

5.3.5　设置尺寸调整

在“新建标注样式”对话框中，使用 调整 选项卡，可以调整标注文字、尺寸线、尺寸箭头的位置，如图 5.34 所示。在 AutoCAD 系统中，当尺寸界线间有足够的空间时，文字和箭头将始终位于尺寸界线之间；否则将按 调整 选项卡中的设置来放置。

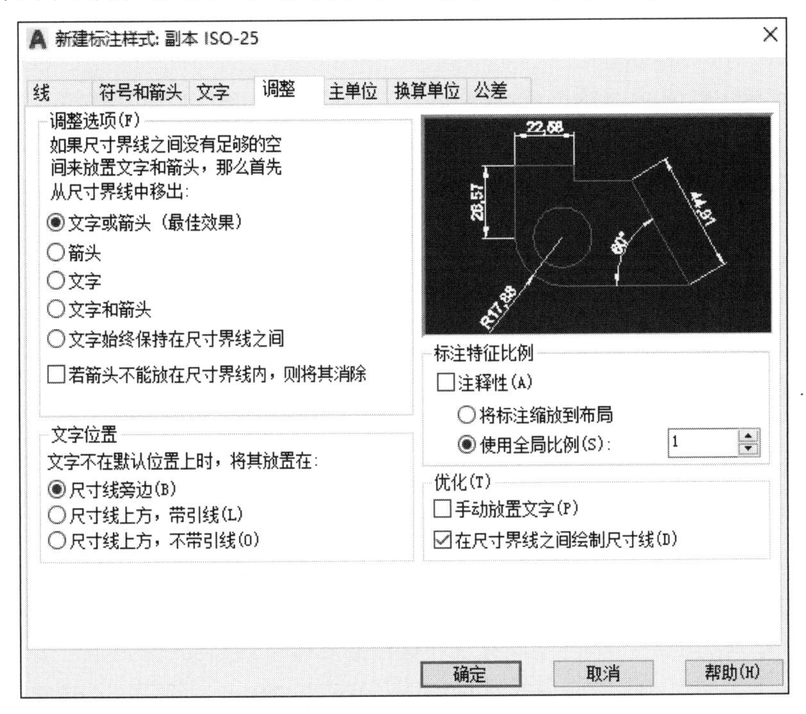

图 5.34 “调整”选项卡

1. 设置选项

当尺寸界线之间没有足够的空间来同时放置标注文字和箭头时，通过 调整选项(F) 选项组中的各种选项，可以设定如何从尺寸界线之间移出文字或箭头对象。

◉文字或箭头 (最佳效果) 单选项：用于由系统按最佳效果自动移出文本或箭头。

◉箭头 单选项：用于首先将箭头移出。

◉文字 单选项：用于首先将文字移出。

◉文字和箭头 单选项：用于将文字和箭头都移出。

◉文字始终保持在尺寸界线之间 单选项：用于文本始终保持在尺寸界线之内，箭头可在尺寸界线内，也可在尺寸界线之外。

☑若箭头不能放在尺寸界线内，则将其消除 复选项：选中该复选项，系统将抑制箭头显示。

2. 设置文字位置

在 文字位置 选项组中，可以设置在将文字从尺寸界线之间移出时，文字放置的位置。

◉尺寸线旁边(B) 单选项：用于将标注文字放在尺寸线旁边。

◉尺寸线上方，带引线(L) 单选项：用于将标注文字放在尺寸线的上方并且加上引线。

◉尺寸线上方，不带引线(O) 单选项：用于将标注文字放在尺寸线的上方但不加引线。

3. 设置标注特征比例

在 标注特征比例 选项组中，可以设置标注特征的比例参数。

☑注释性(A) 复选项：当选中 ☑注释性(A) 复选框时，此标注为注释性标注，◉使用全局比例(S): 和 ○将标注缩放到布局 选项将不可用。

◉使用全局比例(S): 单选项：对所有标注样式设置缩放比例，该比例并不改变尺寸的测量值。

○将标注缩放到布局 单选项：根据当前模型空间视口与图纸空间之间的缩放关系设置比例。

4. 设置优化

在 优化(T) 选项组中，可以对标注文字和尺寸线进行细微调整。

☑在尺寸界线之间绘制尺寸线(D) 复选项：如果选中该复选框，则当尺寸箭头放置在尺寸界线之外时，也在尺寸界线之内绘制出尺寸线。

☐手动放置文字(P) 复选项：如果选中该复选框，则忽略标注文字的水平设置，在创建标注时，用户可以指定标注文字放置的位置。

5.3.6 设置主单位

在“新建标注样式”对话框中，使用 主单位 选项卡，用户可以设置主单位的格式与精度等属性，如图 5.35 所示。

1. 设置线性标注

在 线性标注 选项组中，用户可以设置线性标注的单位格式与精度。

单位格式(U): 下拉列表：用于设置线性标注的尺寸单位格式。包括“科学”“小数”“工程”“建筑”“分数”“Windows 桌面”选项。

精度(P) 下拉列表：用于设置线性标注的尺寸的小数位数。

分数格式(M): 下拉列表：当单位格式是分数时，可以设置分数的格式，包括“水平”“对角”“非堆叠”3 种方式。

舍入(R): 文本框：用于设置线性尺寸测量值的舍入规则（小数点后的位数由 精度(P): 选项确定）。

前缀(X): 与 后缀(S): 文本框：用于设置标注文字的前缀和后缀，用户在相应的文本框中输入字符即可。注意，如果输入了一个前缀，在创建半径或直径尺寸标注时，系统则将用指定的前缀代替系统自动生成的半径符号或直径符号。

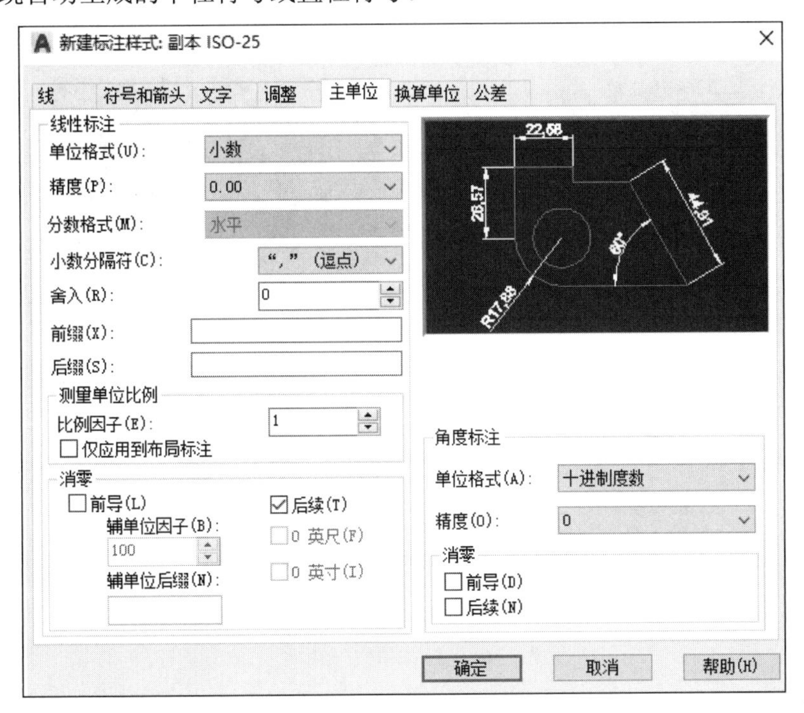

图 5.35 “主单位”选项卡

测量单位比例 区域：在 比例因子(E): 文本框中可以设置测量尺寸的缩放比例，标注的尺寸值将是测量值与该比例的积。例如输入的比例因子为 5，系统将把 1 个单位的尺寸显示成 5 个单位。如果选中 ☐仅应用到布局标注 复选框，系统则仅对在布局里创建的标注应用比例因子。

消零 选项组：用于是否消除尺寸中的前导和后续的零，选中后将消除前导和后续的零（例如“0.8”变为“.8”，以及“18.6000”变为“18.6”），不选中将正常显示尺寸中所有的前导和后续的零。

2. 设置角度标注

在 角度标注 选项组中，可以使用 单位格式(A): 下拉列表框设置角度的单位格式；使用 精度(P) 下拉列表框设置角度值的精度；在 消零 选项组中设置是否消除角度尺寸的前导和后续零。

5.3.7 设置换算单位

在“新建标注样式”对话框中，使用 换算单位 选项卡可以显示换算单位及设置换算单位的格式，如图 5.36 所示，通常可以显示英制标注的等效米制标注，或米制标注的等效英制标注。

在 换算单位 选项卡中选中 ☑显示换算单位(D) 复选框后，系统将在主单位旁边的方括号[]中显示换算单位。用户可以在 换算单位 选项组中设置换算单位的 单位格式(U):、 精度(P) 、换算单位倍数(M)、舍入精度(R):、前缀(X):及后缀(S):项目，其设置方法和含义与主单位基本相同。

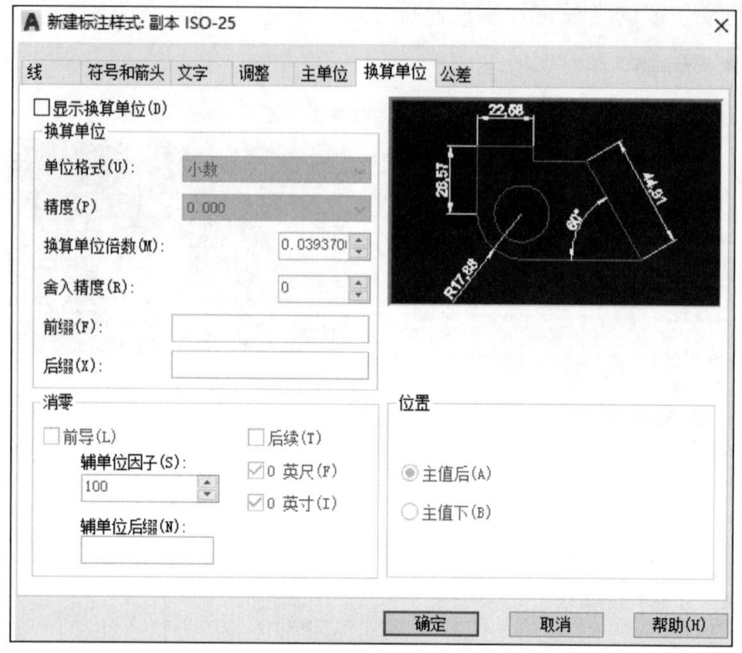

图 5.36 “换算单位”选项卡

换算单位倍数的计算方法说明：假如主单位是毫米（mm），换算单位是英寸（in），我们知道 1in≈25.4mm，所以换算单位的倍数为 1/25.4≈0.0393700787。

选项组用于控制换算单位的位置，包括 ◉主值后(A) 和 ◉主值下(B) 两种方式，分别表示将换算单位放置在主单位的后面或主单位的下面。

5.3.8 设置尺寸公差

在“新建标注样式”对话框中，使用 公差 选项卡，可以设置是否在尺寸标注中显示公差及设置公差的格式，如图 5.37 示。

在 公差格式 选项组中，可以对主单位的公差进行如下设置。

方式(M) 下拉列表：用于确定以何种方式标注公差，包括“无”“对称”“极限偏差”“极限尺寸”“基本尺寸”选项（建议使用 Txt 字体）。

精度(P):下拉列表：用于设置公差的精度，即小数点位数。

上偏差(V):与 下偏差(W):文本框：用于设置尺寸的上偏差值和下偏差值。

高度比例(H):文本框：用于确定公差文字的高度比例因子，系统将该比例因子与主标注文字高度相乘作为公差文字的高度。

垂直位置(S):下拉列表：用于控制公差文字相对于尺寸文字的位置，包括“下”“中”“上”3 种方式。

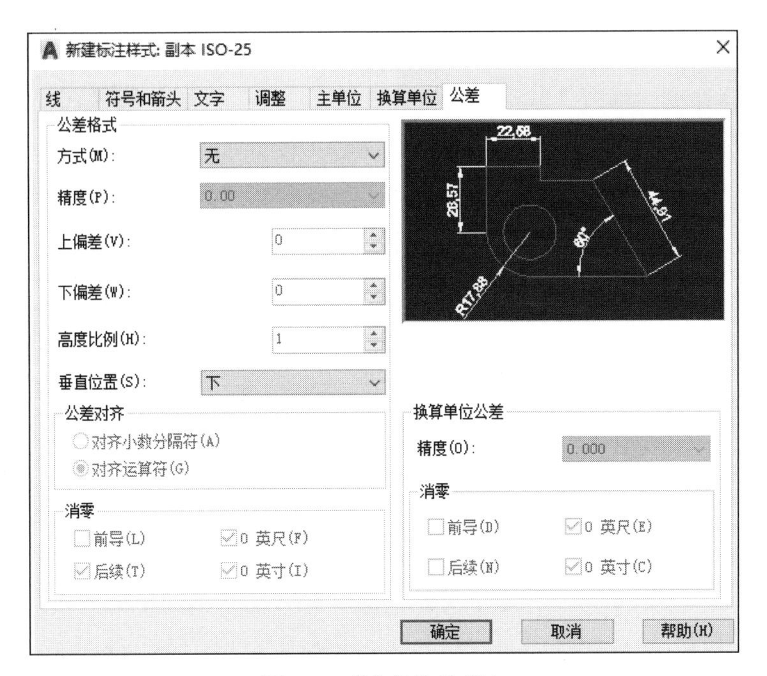

图 5.37 “公差”选项卡

公差对齐 选项组：用于设置公差的对齐方式 ◉对齐小数分隔符(A)（通过值的小数分隔符堆叠偏差值）和 ◉对齐运算符(G) （通过值的运算符堆叠偏差值），此选项组只在公差方式为“极限偏差”与“极限尺寸”时可用。

消零 选项组：用于设置是否消除公差值中的前导和后续的零。

换算单位公差 选项组：用于设置换算单位公差的精度和是否消零。

5.4 公差标注

4min

尺寸公差一般以最大极限偏差和最小极限偏差的形式显示尺寸、以公称尺寸并带有一个上偏差和一个下偏差的形式显示尺寸和以公称尺寸之后加上一个正负值显示尺寸等。在默认情况下，系统只显示尺寸的公称值，可以通过多行文字功能来添加尺寸的公差。

下面以标注如图 5.38 所示的公差为例，介绍标注公差尺寸的一般操作过程。

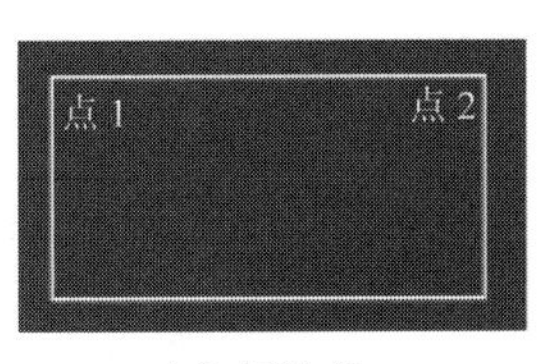

（a）标注前

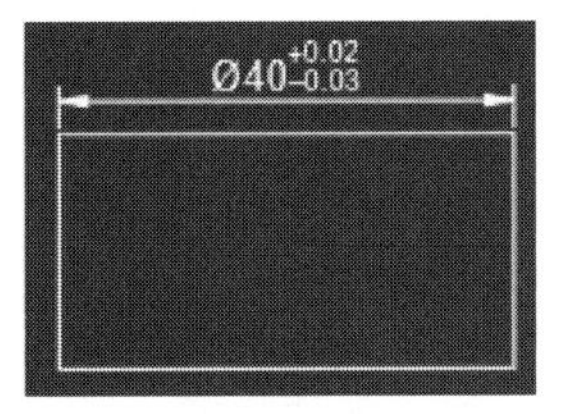

（b）标注后

图 5.38　公差标注

步骤 1：打开文件。打开文件 D:\AutoCAD2016\work\ch05.04\公差标注-ex。

步骤 2：选择命令。单击“默认”功能选项卡“注释”区域中 线性 后的 ，在系统弹出的快捷菜单中选择 线性 命令。

步骤 3：选择参考对象。在系统提示下依次选择如图 5.38（a）所示的点 1 与点 2 作为尺寸界线原点参考。

步骤 4：在系统 DIMLINEAR [多行文字(M) 文字(T) 角度(A) 水平(H) 垂直(V) 旋转(R)]的提示下，选择 多行文字(M) 选项，系统会弹出“文字编辑器”选项卡，图形区会弹出文本输入窗口。

步骤 5：在图形区文本输入窗口输入“Φ40+0.02^ −0.03”。

注意：

（1）如果上偏差为 0，则输入主尺寸 40 后，需空一格，然后输入上偏差 0。

（2）直径符号可以在“文字编辑器”选项卡“插入”区域的“符号”节点下选择插入。

步骤 6：堆叠公差文字。在文本输入窗口中选中“+0.02^ −0.03”并右击，在弹出的快捷菜单中选择 堆叠 命令。

步骤 7：单击“文字编辑器”选项卡中的 （关闭文字编辑器）按钮。

步骤 8：放置尺寸。在图形上方选择一点以确定尺寸的位置。

5.5 多重引线标注

5.5.1 一般操作过程

多重引线标注在创建图形中主要用来标出制图的标准和说明等内容。

下面以标注如图 5.39 所示的标注为例，介绍多重引线标注的一般操作过程。

（a）标注前　　（b）标注后

图 5.39　多重引线标注

步骤 1：打开文件。打开文件 D:\AutoCAD2016\work\ch05.05\多重引线标注-ex。

步骤 2：选择命令。单击“默认”功能选项卡“注释”区域中 引线 后的 ，在系统弹出的快捷菜单中选择 引线 命令。

步骤 3：指定引线箭头位置。在系统 指定引线箭头的位置或 [引线基线优先(L) 内容优先(C) 选项(O)] 的提示下，在如图 5.39（b）所示的点 1 位置单击确定箭头位置。

步骤 4：指定引线基线位置。在系统 MLEADER 指定引线基线的位置：的提示下，在如图 5.39（b）所示的点 2 位置单击确定基线位置。

步骤 5：定义标注文字。在图形区的文本输入框中输入“此面需要特殊处理”，然后单击“文字编辑器”选项卡中的 按钮。

5.5.2　多重引线样式

通常在创建多重引线标注之前需要先设置多重引线标注样式，这样便可控制引线的外观，同时可指定基线、引线、箭头和内容的格式。用户可以使用默认的多重引线样式 STANDARD，也可以创建新的多重引线样式。

步骤 1：选择命令。选择下拉菜单 格式(O) → 多重引线样式(I) 命令，系统会弹出“标注样式管理器”对话框。

步骤 2：在“多重引线样式管理器”对话框中单击 新建(N)... 按钮，系统会弹出“创建新标注样式”对话框，在该对话框中，输入新标注样式的名称并选择基础样式等（暂时都采用默认）。

步骤 3：在“创建新多重引线样式”对话框中，单击 继续 按钮，系统会弹出如图 5.40 所示的“修改多重引线样式：副本 Standard”对话框，在其中可设置新多重引线样式的各项要素。

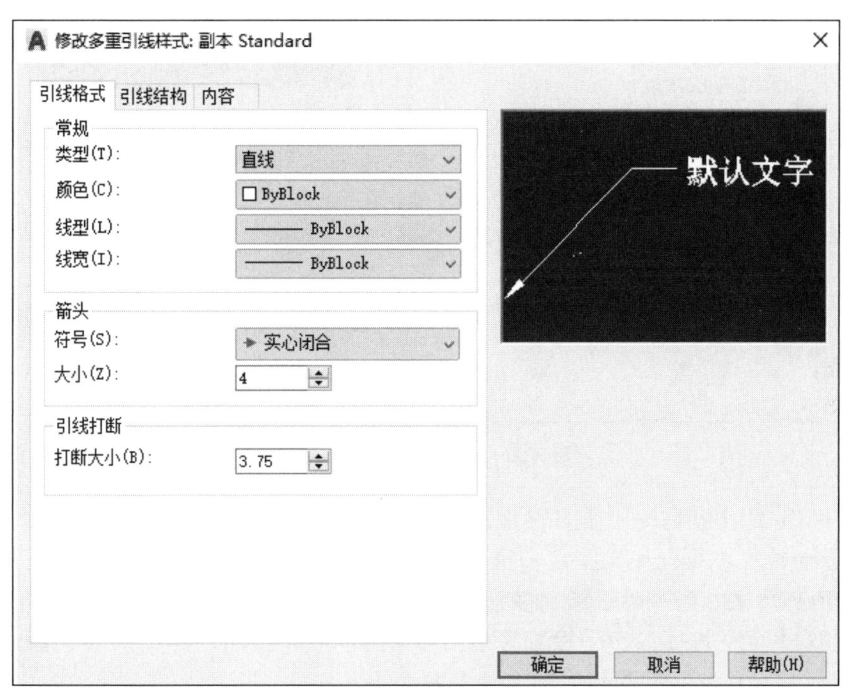

图 5.40　“引线格式”选项卡

1. 设置引线格式

使用 引线格式 选项卡可以设置引线和箭头的格式。此选项卡中各选项的功能说明如下。

类型(T):下拉列表：用于设置引线的类型，可以选择为直引线、样条曲线或无引线等。

颜色(C):下拉列表：用于设置引线的颜色。

线型(L):下拉列表：用于设置引线的线型。

线宽(I):下拉列表：用于设置引线的线宽。

符号(S)：下拉列表：用于设置多重引线的箭头符号。

大小(Z)：下拉列表：用于设置多重引线的箭头的大小。

打断大小(B)：下拉列表：用于设置选择多重引线后用于标注打断命令的折断大小。

2. 设置引线结构

使用如图 5.41 所示的 引线结构 选项卡可以设置多重引线的约束和基线，此选项卡中各选项的功能说明如下。

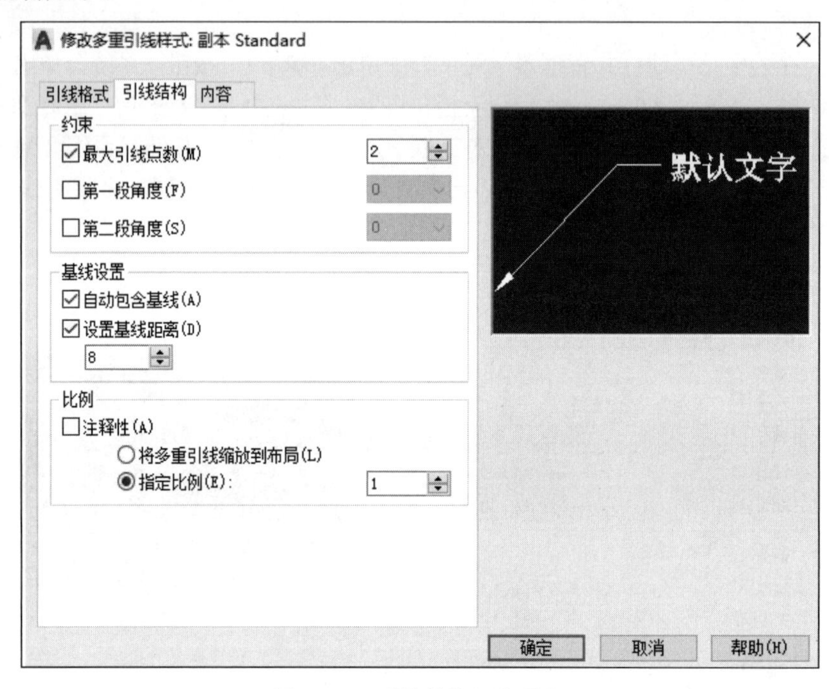

图 5.41 “引线结构”选项卡

☑最大引线点数(M) 文本框：用于设置指定多重引线的最大点数（单击的点数）。

☑第一段角度(F) 文本框：用于指定多重引线基线中第 1 个点的角度。

☑第二段角度(S) 文本框：用于指定多重引线基线中第 2 个点的角度。

☑设置基线距离(D) 文本框：用于设置多重引线基线的固定距离。如果选中 ☑自动包含基线(A) 复选框，则可以将水平基线附着到多重引线内容。

☐注释性(A) 复选框：用于将多重引线指定为注释性。如果选中该复选框，则 ◉将多重引线缩放到布局(L) 和 ◉指定比例(E) 选项不可用，其中，◉指定比例(E) 单选项用于指定多重引线的缩放比例值，◉将多重引线缩放到布局(L) 单选项是根据模型空间视口和图纸空间视口中的缩放比例确定多重引线的比例因子的。

3. 设置内容

使用如图 5.42 所示的 内容 选项卡可以设置多重引线类型和文字选项等内容，此选项卡中各选项的功能说明如下。

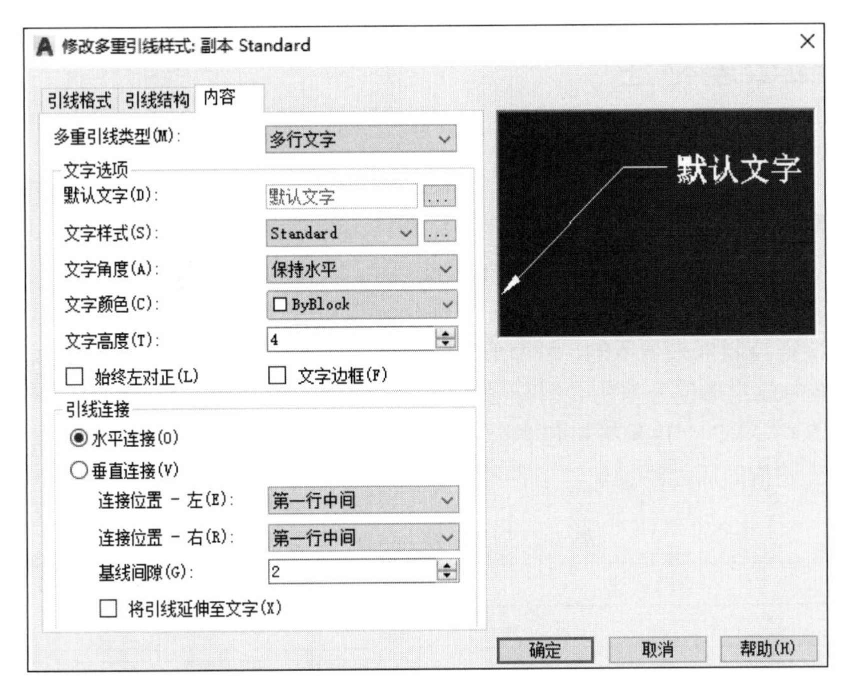

图 5.42 “内容”选项卡

多重引线类型(M) 文本框：用于设置多重引线时包含文字还是包含块，选择不同对话框中的选择也不同。

文字样式(S):下拉列表：用于选择需要的文字样式。

文字角度(A):下拉列表：用于设置文字的旋转角度。

文字颜色(C): 下拉列表：用于设置文字的颜色。

文字高度(T):下拉列表：用于设置文字的高度。

☑ 始终左对正(L)下拉列表：用于设置文字始终左侧对齐。

☑ 文字边框(F)下拉列表：用于为文字添加边框。

◉水平连接(O) 单选项：用于水平附着将引线插入文字内容的左侧或右侧。水平附着包括文字和引线之间的基线。

◉垂直连接(V) 单选项：用于将引线插入文字内容的顶部或底部。垂直连接不包括文字和引线之间的基线。

连接位置 - 左(E):下拉列表：用于控制文字位于引线右侧时基线连接到文字的方式。

连接位置 - 右(R):下拉列表：用于控制文字位于引线左侧时基线连接到文字的方式。

基线间隙(G):文本框：用于指定基线和文字之间的距离。

连接位置 - 上(T):下拉列表：用于将引线连接到文字内容的中上部。单击下拉菜单以在引线连接和文字内容之间插入上画线。

连接位置 - 下(B):下拉列表：用于将引线连接到文字内容的底部。单击下拉菜单以在引线连接和文字内容之间插入下画线。

8min

5.6 形位公差标注

5.6.1 概述

在机械制造过程中，不可能制造出尺寸完全精确的零件，往往加工后的零件中的一些元素（点、线、面等）与理想零件存在一定程度的差异，只要这些差异是在一个合理的范围内，我们就认为其合格。形位公差是标识实际零件与理想零件间差异范围的一个工具。形位公差信息是通过特征控制框来显示的，每个形位公差的特征控制框至少由两个矩形框格组成，第1个矩形框格内放置形位公差的类型符号，例如位置度、平行度、垂直度等符号，各符号的含义参见表5.1；第2个矩形框格包含公差值，可根据需要在公差值的前面添加一个直径符号，以及在公差值的后面添加包容条件符号。

表5.1 形位公差中各符号的含义

符　号	含　　义	符　号	含　　义
⌖	位置度	⊥	垂直度
◎	同轴度	∠	角度
⌯	对称度	⌭	圆柱度
//	平行度	○	圆度
▱	平面度	⌓	平面轮廓度
—	直线度	↗	端面圆跳动
⌒	直线轮廓度	⌰	端面全跳动
Ø	直径符号	Ⓜ	最大包容条件（MMC）
Ⓛ	最小包容条件（LMC）	Ⓢ	不考虑特征尺寸（RFS）
Ⓟ	投影公差		

5.6.2 一般操作过程

1. 不带引线的形位公差

下面以标注如图5.43所示的标注为例，介绍标注不带引线的形位公差的一般操作过程。

图5.43 不带引线的形位公差

步骤1：打开文件。打开文件D:\AutoCAD2016\work\ch05.06\形位公差01-ex。

步骤2：选择命令。选择下拉菜单 标注(N) → 公差(T)... 命令，系统会弹出“形位公差”对话框。

步骤 3：在 符号 区域单击 //，系统会弹出如图 5.44 所示的“特征符号”对话框，选择 ⊥ 形位公差符号。

特征符号

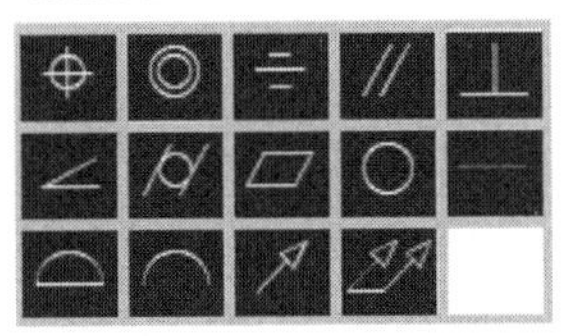

图 5.44 “特征符号”对话框

步骤 4：定义公差值。在 公差 1 区域的文本框中输入公差值 0.03。

步骤 5：定义公差基准。在 基准 1 区域的文本框中输入基准符号 A。

步骤 6：单击“形位公差”对话框中的 确定 按钮，在系统 TOLERANCE 输入公差位置：的提示下，在绘图区的合适位置单击即可确定形位公差的放置位置。

2. 带引线的形位公差

下面以标注如图 5.45 所示的标注为例，介绍标注带引线的形位公差的一般操作过程。

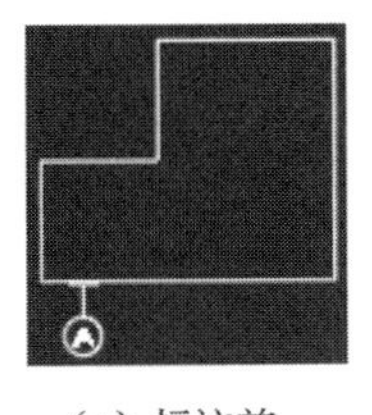

（a）标注前

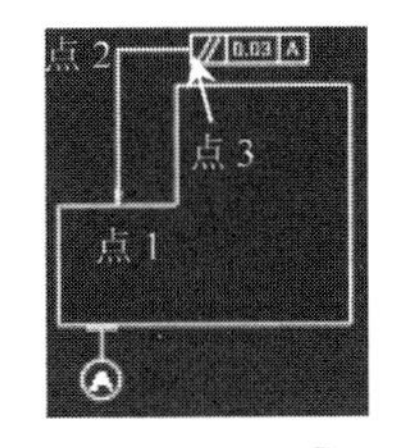

（b）标注后

图 5.45　带引线的形位公差

步骤 1：打开文件。打开文件 D:\AutoCAD2016\work\ch05.06\形位公差 02-ex。

步骤 2：选择命令。在命令行输入 LEADER 命令后按 Enter 键。

步骤 3：指定引线起点。在命令行 LEADER 指定引线起点：的提示下，选取如图 5.45（b）所示的点 1 处单击确定引线的起点。

步骤 4：指定引线的下一点。在系统 LEADER 指定下一点：的提示下，选取如图 5.45（b）所示的点 2 处单击确定引线的下一点。

步骤 5：指定引线的第 3 个点。在系统 LEADER 指定下一点或 [注释(A) 格式(F) 放弃(U)] <注释>:的提示下，选取如图 5.45（b）所示的点 3 处单击确定引线的第 3 个点。

步骤 6：设置标注公差类型。在系统提示下按两次空格键或者 Enter 键，在系统 LEADER 输入注释选项 [公差(T) 副本(C) 块(B) 无(N) 多行文字(M)] <多行文字>:的提示下，选择 公差(T) 选项。

步骤 7：设置标注参数。在“形位公差”对话框 符号 区域单击 //，在“特征符号”对话框中选择 // 形位公差符号，在 公差 1 区域的文本框中输入公差值 0.03，在 基准 1 区域的文本框中输入基准符号 A，单击“形位公差”对话框中的 确定 按钮。

5.7 编辑尺寸标注

5.7.1 使用夹点

当选择尺寸对象时，尺寸对象上也会显示出若干蓝色小方框，即夹点。可以通过夹点对标注对象进行编辑。例如在图 5.46 中，可以通过夹点移动标注文字的位置。方法是先单击尺寸文字上的夹点，使它成为操作点，然后把尺寸文字拖移到新的位置并单击。同样，选取尺寸线两端的夹点或尺寸界线起点处的夹点，可以对尺寸线或尺寸界线进行移动。

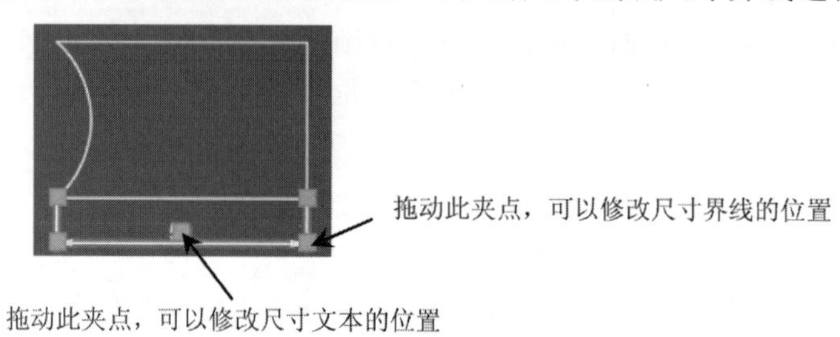

图 5.46 使用夹点编辑

5.7.2 使用特性窗口

选中图 5.47 中 50 的尺寸，然后选择下拉菜单 修改(M) → 特性(P) 命令，系统会弹出该尺寸对象的特性窗口，通过该特性窗口可以编辑该尺寸对象的一些特性，如线型、颜色、线宽、箭头样式等。例如，如果要将图 5.47（a）中尺寸的箭头 2 变成如图 5.47（b）所示的实心圆点，则可单击特性对话框中的 箭头 2 项，并单击下三角按钮，然后选择下拉列表中的 点 项，如图 5.48 所示。

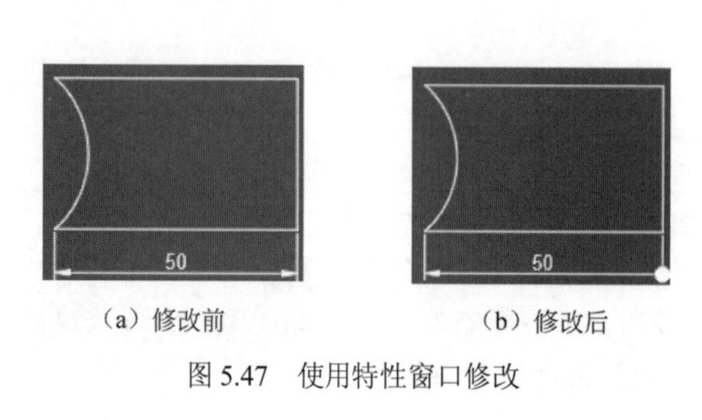

（a）修改前　（b）修改后

图 5.47 使用特性窗口修改

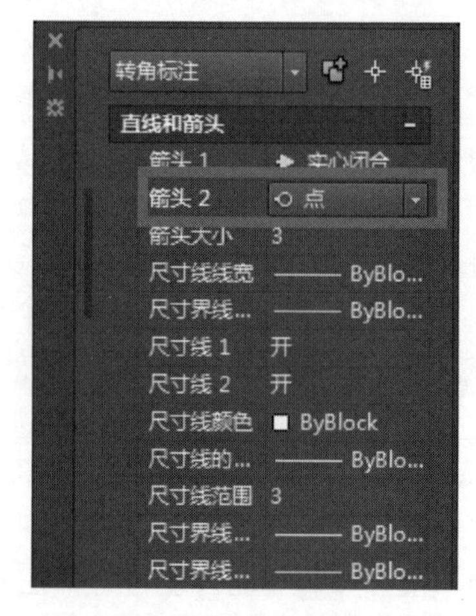

图 5.48 特性窗口

5.8　上机实操

上机实操案例 1 完成后如图 5.49 所示。

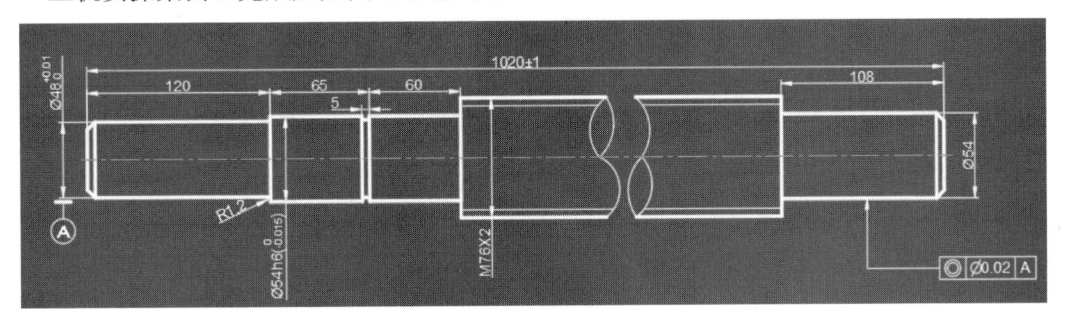

图 5.49　实操 1

上机实操案例 2 完成后如图 5.50 所示。
上机实操案例 3 完成后如图 5.51 所示。

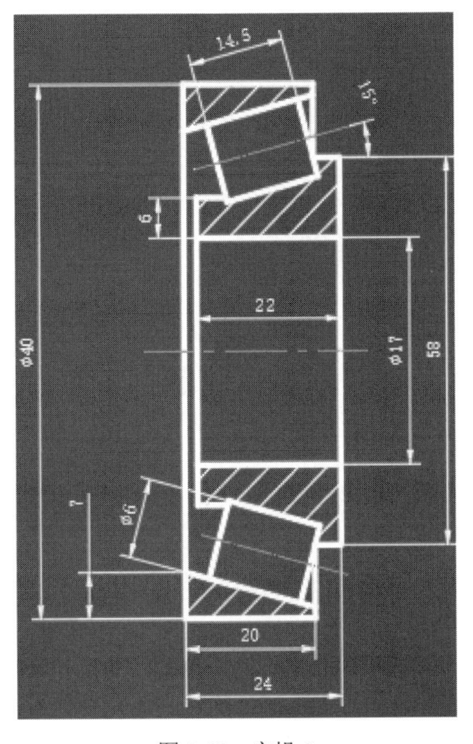

图 5.50　实操 2

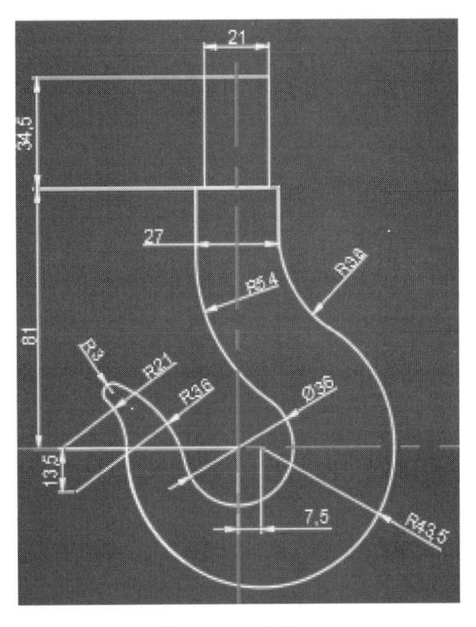

图 5.51　实操 3

第6章

文字与表格

6.1 文字

与一般的几何对象（如直线、圆和圆弧等）相比，文字对象是一种比较特殊的图元。文字功能是AutoCAD中的一项重要功能，利用文字功能，用户可以在工程图中非常方便地创建一些文字注释，例如机械工程图中的技术要求、装配说明及建筑工程制图中的材料说明、施工要求等。

6.1.1 单行文字

1. 单行文字的一般操作过程

下面以标注如图6.1所示的文字为例，介绍创建单行文字的一般操作过程。

济宁格宸教育咨询有限公司

图6.1 单行文字

步骤1：选择命令。单击“默认”功能选项卡“注释”区域中A下的▾，在系统弹出的快捷菜单中选择A 单行文字命令。

说明：进入单行文字命令还有以下两种方法。

方法一：选择下拉菜单 绘图(D) → 文字(X) → A 单行文字(S) 命令。

方法二：在命令行中输入TEXT命令，并按Enter键。

步骤2：定义单行文字起点。在系统 TEXT 指定文字的起点 或 [对正(J) 样式(S)]: 的提示下，在图形区的任意位置单击即可确定文字起点。

步骤3：定义文字高度。在系统 TEXT 指定高度 <2.5000>: 的提示下，输入文字的高度值（例如2.5）后按Enter键确认。

说明：或者在 TEXT 指定高度 <2.5000>: 的提示下，在绘图区指定一点，此点与定位点之间的连线长度就是文字的高度。

步骤4：定义文字旋转角度。在系统 TEXT 指定文字的旋转角度 <0>: 的提示下，直接按Enter键，表示旋转角度为0，也就是不旋转。

说明：

（1）在 TEXT 指定文字的旋转角度 <0>: 的提示下，输入旋转角度值（例如 30°），表示文字将旋转 30°。

（2）在 TEXT 指定文字的旋转角度 <0>: 的提示下，选择一个参考点，参考点与定位点之间的连线与 X 轴的夹角就是文字的旋转角度。

步骤 5：输入单行文字。在系统提示下直接在图形区的输入文本框输入“济宁格宸教育咨询有限公司”。

步骤 6：结束操作。单击两次 Enter 键完成单行文字的输入。

2. 设置单行文字的对正方法

用户选择单行文字命令后，在系统 TEXT 指定文字的起点 或 [对正(J) 样式(S)]: 的提示下，选择对正(J)选项，该提示中的各选项说明如下。

左(L)选项：用于由用户给出的点指定的基线上左对正文字。

居中(C)选项：用于从基线的水平中心对齐文字。

右(R)选项：用于由用户给出的点指定的基线上右对正文字。

对齐(A)选项：用于通过指定基线端点来指定文字的高度和方向。

中间(M)选项：用于文字在基线的水平中点和指定高度的垂直中点上对齐。中间对齐的文字不保持在基线上。

布满(F)选项：用于指定文字按照由两点定义的方向和一个高度值布满一个区域。

左上(TL)选项：用于指定为文字顶点的左上角对齐文字。

中上(TC)选项：用于指定为文字顶点的中上角对齐文字。

右上(TR)选项：用于指定为文字顶点的右上角对齐文字。

左中(ML)选项：用于指定为文字顶点的左中角对齐文字。

正中(MC)选项：用于指定为文字顶点的正中角对齐文字。

右中(MR)选项：用于指定为文字顶点的右中角对齐文字。

左下(BL)选项：用于指定为文字顶点的左下角对齐文字。

中下(BC)选项：用于指定为文字顶点的中下角对齐文字。

右下(BR)选项：用于指定为文字顶点的右下角对齐文字。

3. 创建单行文字的注意事项

在输入文字过程中，可随时在绘图区的任意位置单击，改变文字的位置点。

在输入文字时，如果发现输入有误，则只需按一次 Backspace 键，就可以把该文字删除，同时小标记也回退一步。

在输入文字的过程中，不论采用哪种文字对正方式，在屏幕上动态显示的文字都临时沿基线左对齐排列。结束命令后，文字将按指定的排列方式重新生成。

如果需要标注一些特殊字符，例如在一段文字的上方或下方加上画线或下画线，以及标注“°”（度）、“±”“Φ”符号等，由于这些字符不能从键盘上直接输入，因此系统提供了相应的控制符以实现这些特殊标注要求。控制符由两个百分号（%%）和紧接其后的一个英文字符（不分大小写）构成，注意百分号%必须是英文环境中的百分号。常见的控制符列举如下：%%D：标注“度”（°）的符号；%%P：标注“正负公差”（±）符号；%%C：标注“直径”（Φ）的符号；%%%：标注“百分号”（%）符号。

6.1.2 文字样式

在我们创建文字时，往往系统默认的字体、字高或其他文字特性并不能满足我们设计的要求，例如当前需要的是宋体字，而现在显示的却是楷体字，这就需要更改文字样式，重新设置文字的字高、字宽和倾斜度等文字特性。

1. 新建文字样式

步骤 1：选择命令。选择下拉菜单 格式(O) → 文字样式(S)... 命令，系统会弹出“文字样式”对话框。

步骤 2：在“文字样式”对话框中单击 新建(N)... 按钮，系统会弹出“新建文字样式”对话框。

步骤 3：在“新建文字样式”对话框 样式名: 文本框中输入“长仿宋体”。

步骤 4：单击 确定 按钮，完成文字样式的新建。

2. 设置文字样式参数

在“文字样式”对话框可以进行以下设置。

样式(S): 区域：用于列出当前文件所有的文字样式；样式名称前有 ▲ 代表是注释性的文字样式。

当前文字样式:：用于显示当前正在使用的文字样式。

所有样式 样式列表过滤器：用于指定所有样式还是仅使用中的样式显示在样式列表中。

预览：用于显示随着字体的更改和效果的修改而动态更改的样例文字。

字体名(F): 下拉列表：用于列出 Fonts 文件夹中所有注册的 TrueType 字体和所有编译的形（SHX）字体的字体族名。

说明：字体前带有@代表书写的文字为竖向的。

字体样式(Y): 下拉列表：用于指定字体的格式，例如常规、斜体、粗体及粗斜体等。

☐ 使用大字体(U) 复选框：用于指定亚洲语言的大字体文件。只有 SHX 文件可以创建“大字体”。

高度(T) 文本框：用于设置文字的高度；如果输入大于 0 的高度，则将自动为此样式设置文字高度，在创建单行文字时，系统将不再提示输入文字高度；如果输入的高度为 0，在创建单行文字时，系统则将提示输入文字高度值。

☐颠倒(E) 复选框：用于颠倒显示文字。

☐反向(K) 复选框：用于反向显示文字。

☐垂直(V) 复选框：用于显示垂直对齐的字符。只有在选定字体支持双向时“垂直”才可用。TrueType 字体的垂直定位不可用。

宽度因子(W): 文本框：用于设置字符间距。输入小于 1.0 的值将压缩文字。输入大于 1.0 的值则扩大文字。

说明：宽度因子的设置只针对设置后书写的文字有效。

倾斜角度(O): 文本框：用于设置文字的倾斜角度。用于可以输入一个 −85 和 85 之间的值将使文字倾斜。

置为当前(C) 按钮：用于将在“样式”下选定的样式设定为当前。

新建(N)... 按钮：用于创建一个新的文字样式。

删除(D) 按钮：用于删除未使用的文字样式。

6.1.3　多行文字

多行文字是指在指定的文字边界内创建一行文字、多行文字或若干段落文字，系统将多行文字视为一个整体的对象，这是它和单行文字最显著的一个区别，可对其进行整体的旋转、移动等编辑操作。

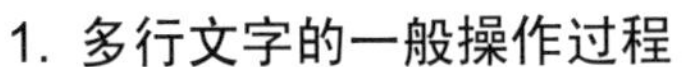

1. 多行文字的一般操作过程

下面以标注如图 6.2 所示的文字为例，介绍创建多行文字的一般操作过程。

清华大学出版社成立于1980年6月，是教育部主管、清华大学主办的综合性大学出版社。济宁格宸教育咨询有限公司将与清华大学出版社一起为读者提供更多优质的AutoCAD精品书籍。

图 6.2　多行文字

步骤 1：选择命令。单击“默认”功能选项卡“注释”区域中 A 下的 ▾，在系统弹出的快捷菜单中选择 A 多行文字 命令。

步骤 2：在系统 MTEXT 指定第一角点: 的提示下，在绘图区任意位置单击，以确定矩形框的第一角点，在系统 指定对角点或 [高度(H) 对正(J) 行距(L) 旋转(R) 样式(S) 宽度(W) 栏(C)] 的提示下，在绘图区任意位置单击，以确定矩形框的第二角点，此时系统会弹出“文字编辑器”选项卡及文字输入窗口。

说明：指定的两个角点只表示文本框的大小，并不表示字的高度，这是与单行文字的区别。

步骤 3：输入文字。在“文字编辑器”选项卡“格式”区域的字体下拉列表中选择“黑体”，在“样式”区域的文字高度文本框中输入 5，然后切换到中文输入法，在文字输入窗口输入“清华大学出版社成立于 1980 年 6 月，是教育部主管、清华大学主办的综合性大学出版社。济宁格宸教育咨询有限公司将与清华大学出版社一起为读者提供更多优质的 AutoCAD 精品书籍。”。

步骤 4：完成输入。单击“文字编辑器”选项卡中的 ✕ 按钮完成创建。

说明：如果输入英文文本，则单词之间必须有空格，否则不能自动换行。

2. 修改多行文字样式

双击多行文字后在系统弹出的“文字编辑器”选项卡“样式”区域中选择提前设置的文字样式即可。

3. 堆叠文字的制作

下面以标注如图 6.3 所示的分数为例，介绍堆叠文字的一般操作过程。

图 6.3 堆叠文字

步骤 1：选择命令。单击“默认”功能选项卡“注释”区域中A下的▾，在系统弹出的快捷菜单中选择A多行文字命令。

步骤 2：在系统的提示下，在绘图区任意位置单击，以确定矩形框的第一角点，在系统的提示下，在绘图区任意位置单击，以确定矩形框的第二角点，此时系统会弹出“文字编辑器”选项卡及文字输入窗口。

步骤 3：输入文字。在文字输入窗口输入“71/3”。

步骤 4：设置堆叠。在文字输入窗口选中 1/3，在“文字编辑器”选项卡“格式”区域选择$\frac{b}{a}$命令。

说明：右击堆叠的文字，选择 堆叠特性 命令，系统会弹出如图 6.4 所示的“堆叠特性”对话框，在此对话框中可以进行堆叠文字以及堆叠外观的设置。

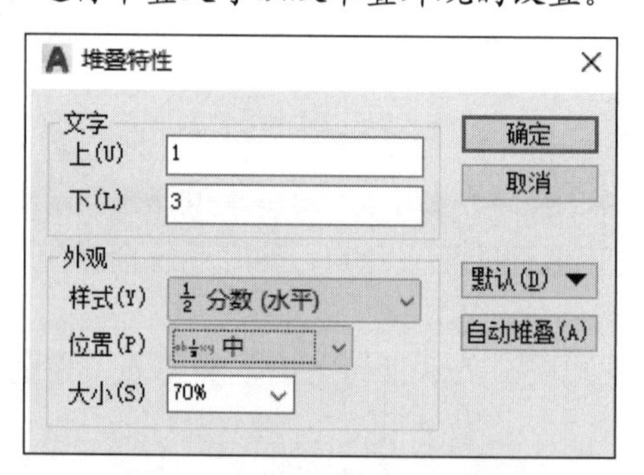

图 6.4 “堆叠特性”对话框

6.1.4 插入外部文字

在 AutoCAD 系统中，除了可以直接创建文字对象外，还可以向图形中插入使用其他的字处理程序创建的 ASCII 或 RTF 文本文件。系统提供了 3 种不同的方法，以便插入外部的文字：多行文字编辑器的输入文字功能、拖放功能、复制与粘贴功能。

1. 利用多行文字编辑器中的输入文字功能

在文字输入窗口右击，从弹出的快捷菜单中选择 输入文字(I)... 命令，系统会弹出“选择文件”对话框，在其中选择 TXT 或 RTF 格式的文件，然后单击 打开(O) 按钮即可输入文字；输入的文字将插入在文字窗口中当前光标位置处，除了将 RTF 文件中的制表符转换为空格，将行距转换为单行以外，输入的文字将保留原有的字符格式和样式特性。

2. 拖动文字

拖动文字就是利用 Windows 系统将文件中的文字作为多行文字对象进行插入，并使用当前的文字样式和文字高度；如果拖放的文本文件具有其他的扩展名，则软件将把它作为 OLE 对象进行处理。

3. 复制与粘贴文字

利用 Windows 系统的剪贴板功能，对外部文字进行复制，然后粘贴到当前图形中。

6.1.5　编辑文字

单击选中要编辑的文字，然后右击，选择菜单中的 特性(S) 命令，即可打开文字特性窗口，利用特性窗口除了可以修改文字内容以外，还可以修改文字的其他特性，例如文字的颜色、图层、厚度、插入点、高度、旋转角度、宽度比例、特殊的效果（如颠倒和反向显示）、倾斜角度及对齐方式等。

如果要修改多行文字对象的文字内容，则最好单击 内容 项中的按钮 （当选择内容区域时，此按钮才会变成可见的），然后在创建文字时的界面中编辑文字。

6.2　表格

6.2.1　插入表格

8min

AutoCAD 向用户提供了自动创建表格的功能，这是一个非常实用的功能，其应用非常广泛，例如可利用该功能创建机械图中的标题栏、零件明细表、齿轮参数说明表等。

下面以标注如图 6.5 所示的材料明细表为例，介绍插入表格的一般操作过程。

材料明细表			
序号	零件名称	材料	重量
1	机架	铸铁	100
2	端盖	铸铁	10
3	轴套	黄铜	3
4	主轴	42Cr	12
5	定位销	45钢	1
6	紧固螺钉	结构钢	2

图 6.5　插入表格

步骤 1：打开文件。打开文件 D:\AutoCAD2016\work\ch06.02\插入表格-ex。

步骤2：选择命令。选择“默认”功能选项卡“注释”区域中的 表格 命令，系统会弹出“插入表格”对话框。

步骤3：设置表格。在“插入表格”对话框 表格样式 区域选择Standard表格样式；在 插入方式 区域选择 ◉指定插入点(I) 单选项；在 列和行设置 区域的 列数(C): 文本框输入4，在 列宽(D): 文本框输入20，在 数据行数(R): 文本框输入6，在 行高(G): 文本框输入1。

说明：数据行文本框输入6代表有6行数据行，一般情况下表格的第1行为标题行，第2行为表头行，从第3行开始是数据行，所以当数据行为6时，表格的总行数为8行（数据行+标题行+表头行）。

步骤4：设置单元格式。在“插入表格”对话框 设置单元样式 区域的 第一行单元样式: 下拉列表中选择“标题”，在 第二行单元样式: 下拉列表中选择“表头”，在 所有其他行单元样式: 下拉列表中选择“数据”，单击 确定 按钮完成格式设置。

步骤5：放置表格。在命令行 TABLE 指定插入点: 的提示下，选择绘图区中合适的一点作为表格放置点。

步骤6：系统会弹出“文字编辑器”选项卡，同时表格的标题单元加亮，文字光标在标题单元的中间。此时用户可输入材料明细表，然后单击“文字编辑器”选项卡中的 按钮以完成操作，如图6.6所示。

步骤7：设置表格行高与列宽。选中表格右击，选择 特性(S) 命令，系统会弹出“特性”对话框，然后选中B列，在“特性”对话框的“单元宽度”文本框中输入30，选中C列，在“单元宽度”文本框中输入25；选中第2行，在“单元高度”文本框中输入10，单击“特性”对话框中的 按钮完成设置，效果如图6.7所示。

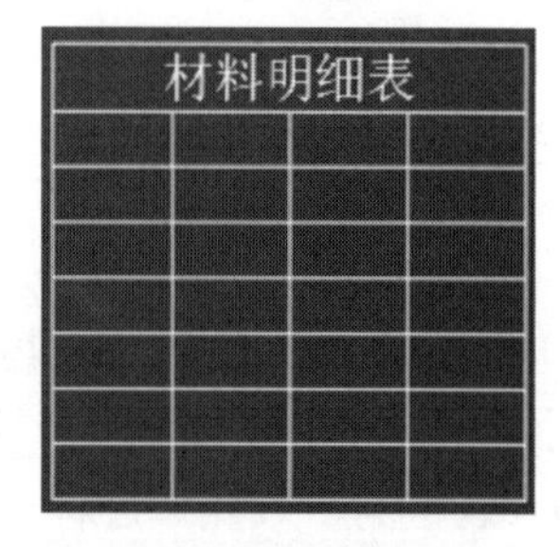

图6.6　标题文字

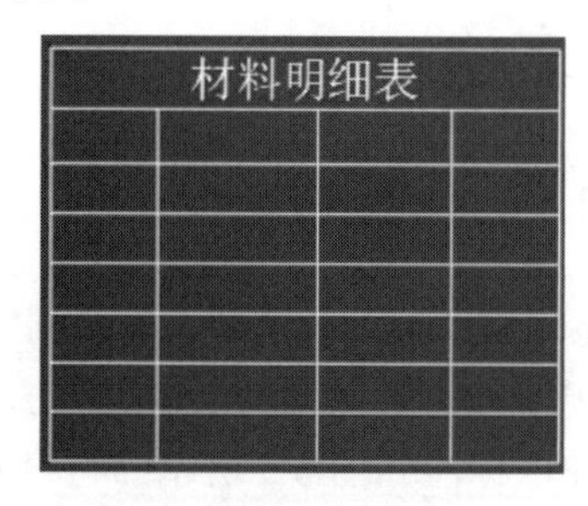

图6.7　设置行高与列宽

步骤8：输入表格内容。双击A2文本框输入“序号”；采用相同的办法输入其他文本框的内容，如图6.8所示。

步骤9：设置表格对齐方式。选中整个表格，然后在“表格单元”选项卡“单元样式”区域中的“对齐”下拉列表中选择“正中”，设置后的效果如图6.9所示。

6.2.2　表格样式

表格样式决定了一张表格的外观，它控制着表格中的字体、颜色及文本的高度、行距等

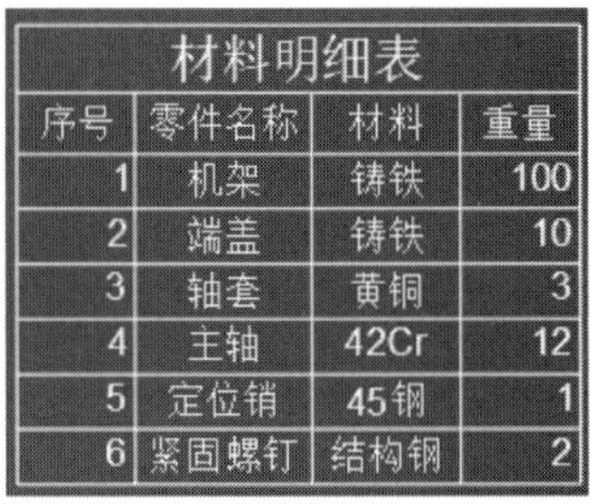

材料明细表			
序号	零件名称	材料	重量
1	机架	铸铁	100
2	端盖	铸铁	10
3	轴套	黄铜	3
4	主轴	42Cr	12
5	定位销	45钢	1
6	紧固螺钉	结构钢	2

图 6.8　输入表格内容

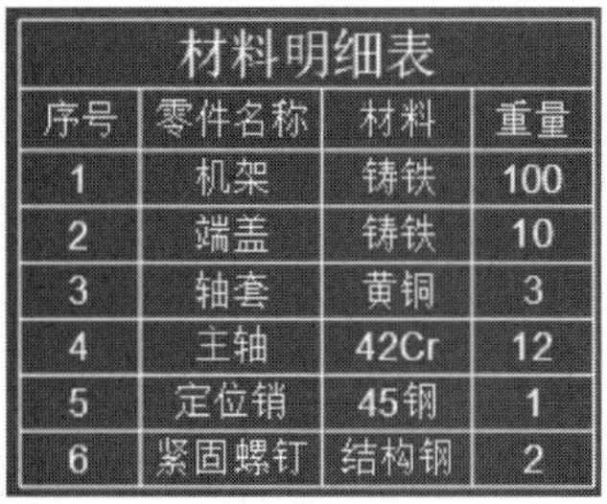

材料明细表			
序号	零件名称	材料	重量
1	机架	铸铁	100
2	端盖	铸铁	10
3	轴套	黄铜	3
4	主轴	42Cr	12
5	定位销	45钢	1
6	紧固螺钉	结构钢	2

图 6.9　设置表格对齐方式

特性。在创建表格时，可以使用系统默认的表格样式，也可以自定义表格样式。

1. 新建表格样式

步骤 1：选择命令。选择下拉菜单 格式(O) → 表格样式(B)... 命令，系统会弹出“表格样式”对话框。

步骤 2：在“表格样式”对话框中单击 新建(N)... 按钮，系统会弹出“创建新的表格样式”对话框。

步骤 3：在“创建新的表格样式”对话框 样式名: 文本框中输入线的表格样式的名称（采用默认名称）。

步骤 4：单击 继续 按钮，完成表格样式的新建，系统会弹出“新建表格样式：Standard 副本”对话框。

2. 设置表格样式参数

在“新建表格样式：Standard 副本”对话框中可以设置单元格格式、表格方向、边框特性和文字样式等内容。

起始表格 区域：用于使用户可以在图形中指定一张表格，用作样例设置此表格样式的格式。单击 选择起始表格(E): 区域后的按钮，然后选择表格作为表格样式的起始表格，这样就可指定要从该表格复制到表格样式的结构和内容；单击 选择起始表格(E): 区域后的按钮，可以将表格从当前指定的表格样式中删除。

常规 区域：通过选择 表格方向(D): 下拉列表中的 向上 和 向下 选项设置表格的方向。选择 向上 选项时，标题行和列表行位于表格底部，表格读取方向为自下而上，如图 6.10 所示；选择 向下 选项时，标题行和列表行位于表格顶部，表格读取方向为自上而下，如图 6.11 所示。

压力角	20°
模数	3
齿数	40
参数	值
齿轮参数表	

图 6.10　表格方向向上

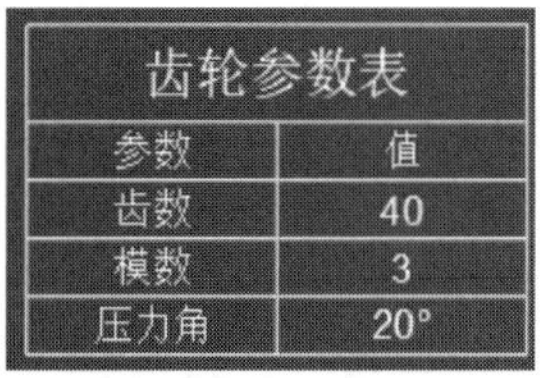

齿轮参数表	
参数	值
齿数	40
模数	3
压力角	20°

图 6.11　表格方向向下

单元样式 区域：用于定义新的单元样式或修改现有单元样式，可创建任意数量的单元样式。单元样式下拉列表框包括标题、表头、数据、创建新单元样式...、管理单元样式...选项，其中标题、表头、数据选项可以通过常规选项卡、文字选项卡和边框选项卡进行设置，还可以通过单元样式预览区域进行预览。单元样式区域中的按钮用于创建新的单元样式，按钮用于管理单元样式。

常规选项卡的可选功能如下。

- 特性区域中填充颜色(F):下拉列表框：用于设置单元格中的背景填充颜色。
- 特性区域中对齐(A):下拉列表框：用于设置单元格中的文字对齐方式。
- 单击特性区域中格式(O):后的...按钮，从弹出的“表格单元格式”文本框中设置表格中的“数据”“标题”或“表头”行的数据类型和格式。
- 特性区域中类型(T):下拉列表框：用于将单元样式指定为标签或数据。
- 在页边距区域的水平(Z):文本框中输入数据，以设置单元中的文字或块与左右单元边界之间的距离。
- 在页边距区域的垂直(V)文本框中输入数据，以设置单元中的文字或块与上下单元边界之间的距离。

文字选项卡的可选功能如下。

- 文字样式(S)下拉列表框：用于选择表格内“数据”单元格中的文字样式。用户可以单击文字样式(S)后的...按钮，从弹出的“文字样式”对话框中设置文字的字体、效果等。
- 文字高度(I):文本框：用于设置单元格中的文字高度。
- 文字颜色(C):下拉列表框：用于设置单元格中的文字颜色。
- 文字角度(G):文本框：用于设置单元格中的文字角度值，默认的文字角度值为0。可以输入 –359～+359 的任意角度值。

边框选项卡的可选功能如下。

- 特性区域中线宽(L):下拉列表框：用于设置应用于指定边界的线宽。
- 特性区域中线型(N):下拉列表框：用于设置应用于指定边界的线型。
- 特性区域中颜色(C):下拉列表框：用于设置应用于指定边界的颜色。
- 选中特性区域中的□双线(U)复选框可以将表格边界设置为双线。在间距(P):文本框中输入值便可设置双线边界的间距，默认间距为 1.125。
- 特性区域中的8条边界按钮用于控制单元边界的外观。

3min

6.2.3 编辑表格

编辑表格主要包括删除或者增加行或者列、删除单元格、合并单元格及编辑单元格的内容等。

1. 删除或者增加行或者列

步骤1：选中行或者列。单击某一列或某一行的一个单元格，然后在列中单击A、B或其余的字母即可选中其当前字母下的列。同样选择某一单元格后，在行中单击数字1、2或3，也可以选择某一行。

步骤 2：添加行或者列。在选中的列上右击，在系统弹出的快捷菜单中选择 在左侧插入列 或者 在右侧插入列 即可增加一列，如图 6.12 所示；在选中的行上右击，在系统弹出的快捷菜单中选择 在上方插入行 或者 在下方插入行 即可增加一行，如图 6.13 所示。

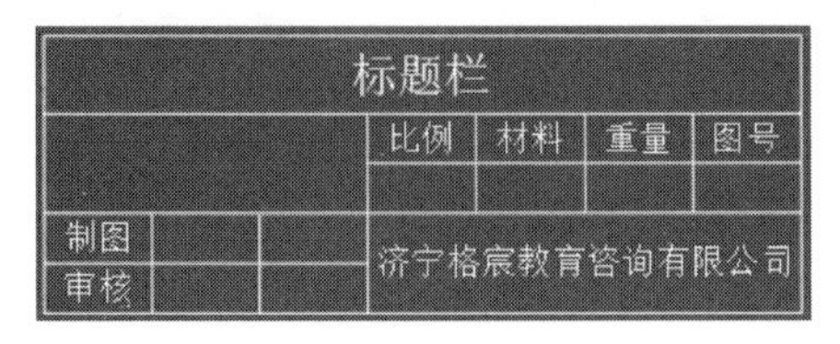

（a）添加前

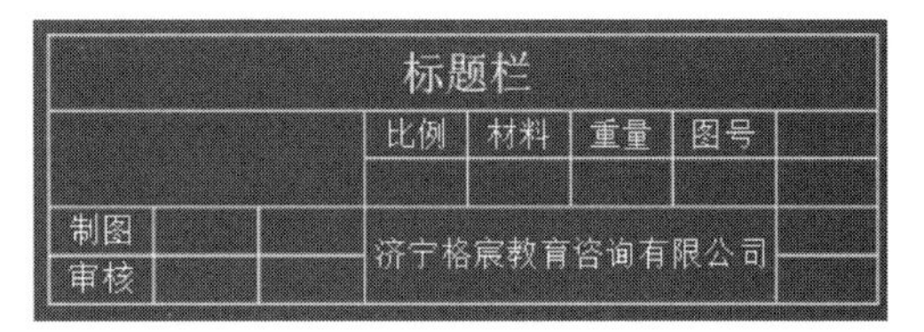

（b）添加后

图 6.12　添加列

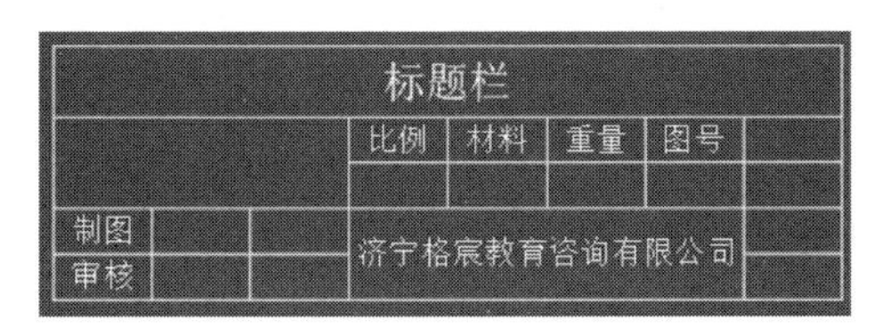

（a）添加前

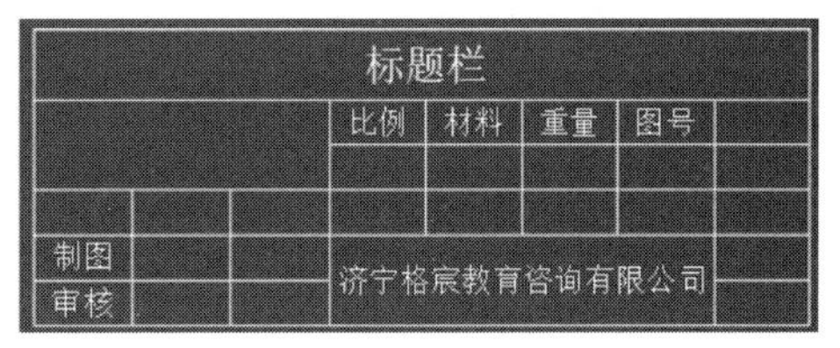

（b）添加后

图 6.13　添加行

步骤 3：删除行或者列。在选中的列上右击，在系统弹出的快捷菜单中选择 删除列 即可删除一列，如图 6.14 所示；在选中的行上右击，在系统弹出的快捷菜单中选择 删除行 即可删除一行，如图 6.15 所示。

（a）删除前

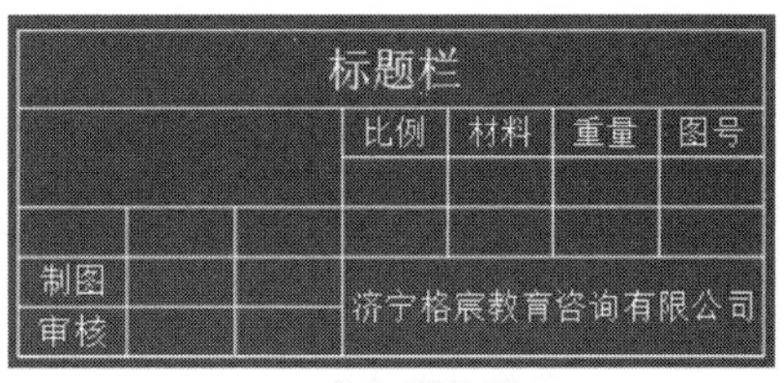

（b）删除后

图 6.14　删除列

（a）删除前

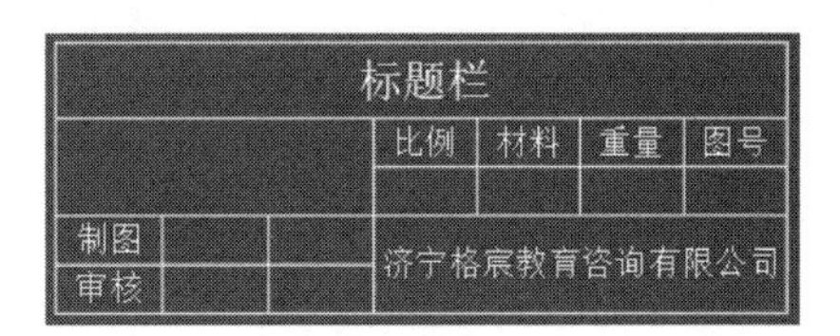

（b）删除后

图 6.15　删除行

2. 合并与拆分单元格

步骤 1：选中要合并的单元格。按住左键可以框选需要合并的单元格（或者在左上角单元格单击，然后按住 Shift 键不放，在欲选区域的右下角单元中单击）。

步骤 2：合并单元格。选择“表格单元”功能选项卡“合并”区域的合并单元按钮，在系统弹出的快捷菜单中选择“合并全部”合并全部命令，如图 6.16 所示。

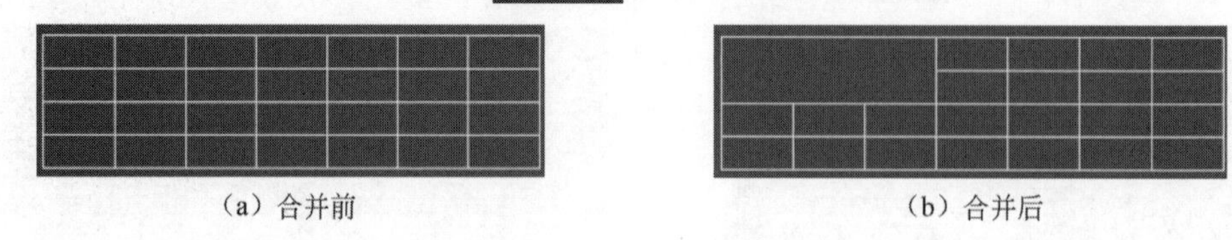

（a）合并前　　（b）合并后

图 6.16　合并单元格

说明：

（1）选中合并的单元格并右击，在弹出的快捷菜单中选择取消合并就可以取消合并了。

（2）按行合并用于只将行合并；按列合并用于只将列合并。

6.3　上机实操

上机实操案例 1 完成后如图 6.17 所示。

图 6.17　实操 1

上机实操案例 2 完成后如图 6.18 所示。

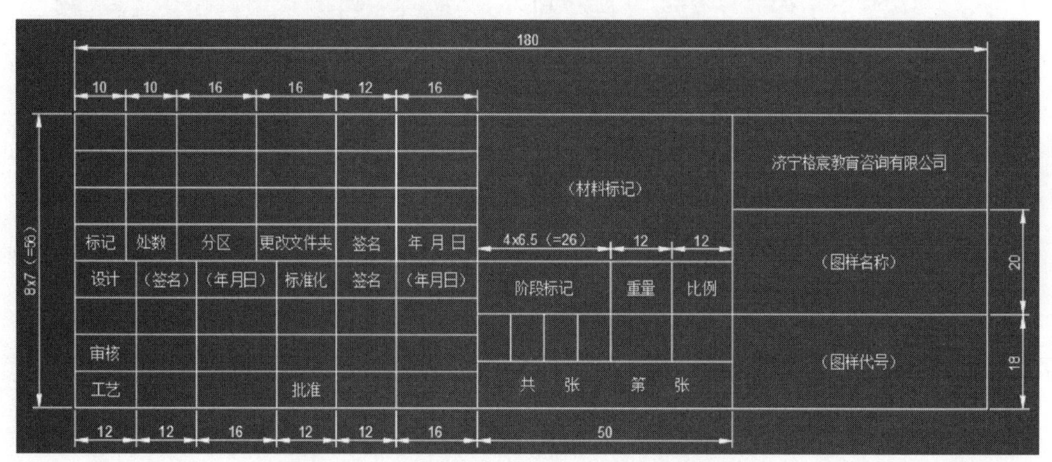

图 6.18　实操 2

第 7 章　图　层

7.1　创建与设置图层

7.1.1　概述

图层是 AutoCAD 系统提供的一个管理工具，它的应用使一个 AutoCAD 图形好像是由多张透明的图纸重叠在一起而组成的，如图 7.1 所示，该图形包含 4 个图层，轮廓线层如图 7.2（a）所示、尺寸线层如图 7.2（b）所示、中心线层如图 7.2（c）所示和剖面线层如图 7.2（d）所示。

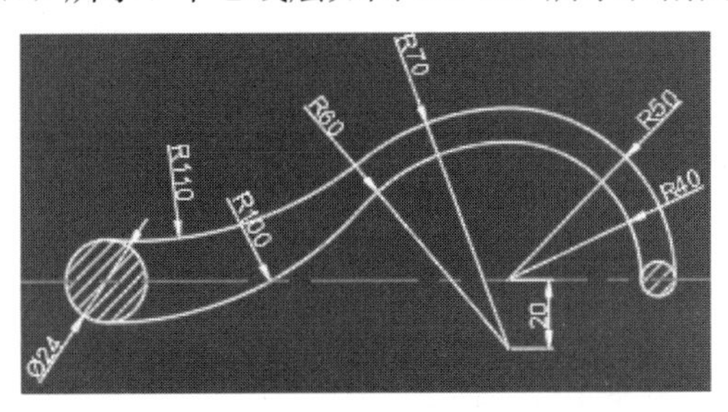

图 7.1　图层概述

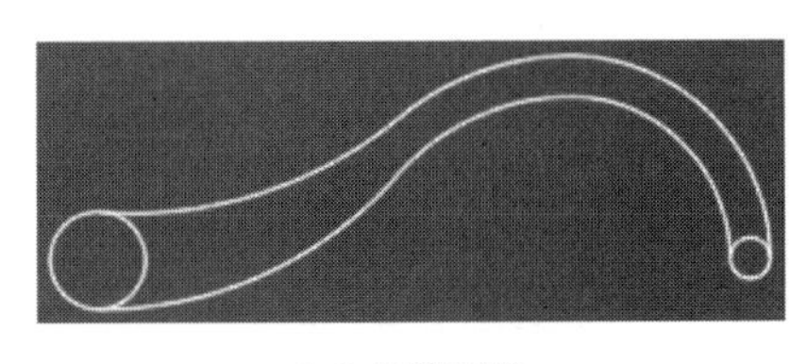

（a）轮廓线层

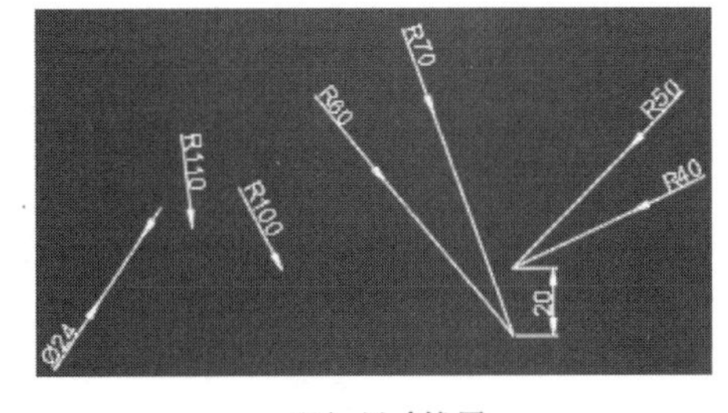

（b）尺寸线层

（c）中心线层

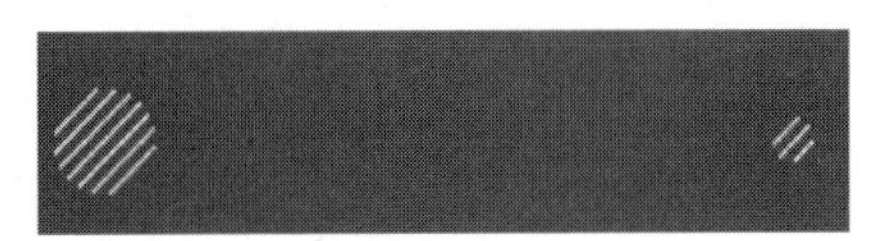

（d）剖面线层

图 7.2　图层叠加

用户可以通过图层来对图形中的对象进行归类处理。例如在机械、建筑等工程制图中，图形中可能包括基准线、轮廓线、虚线、剖面线、尺寸标注及文字说明等元素。如果用图层来管理它们，则不仅能使图形的各种信息清晰、有序，便于观察，而且也会给图形的编辑、修改和输出带来很大的方便。

AutoCAD 中的图层具有以下特点：

（1）在一张图中可以创建任意数量的图层，并且在每个图层上的对象数目也没有任何限制。

（2）每个图层都有一个名称。当开始绘制新图时，系统会自动创建层名为 0 的图层，这是系统的默认图层。同时只要图中或块中有标注，系统就会出现设置标注点的 Defpoints 层，但是画在该层的图形只能在屏幕上显示出来，不能打印。其余图层需由用户创建。

（3）用户只能在当前激活的图层上绘图。

（4）各图层具有相同的坐标系、绘图界限及显示缩放比例。

（5）对于每个图层，可以设置其对应的线型和颜色等特性。

（6）可以对各图层进行打开、关闭、冻结、解冻、锁定与解锁等操作，以决定各图层的可见性与可操作性。

（7）可以把图层指定成打印或不打印图层。

6min

7.1.2 新建图层

下面介绍创建新图层的操作过程。

步骤 1：选择命令。选择“默认”功能选项卡“图层”区域中的“图层特性”命令，系统会弹出“图层特性管理器”对话框。

说明：进入图层命令还有以下两种方法。

方法一：选择下拉菜单 格式(O)→ 图层(L)... 命令。

方法二：在命令行中输入 LAYER 命令，并按 Enter 键。

步骤 2：新建图层。选择“图层特性管理器”对话框中命令，此时在图层列表中会出现一个名称为 图层1 的图层，默认情况下，新建图层与当前图层的状态、颜色、线型及线宽等设置相同。

步骤 3：设置图层名称。在创建了图层后，可以单击图层名，然后输入一个新的有意义的图层名称（例如轮廓线层）并按 Enter 键。在为创建的图层命名时，图层的名称中不能包含“<”“>”“/\”“” ”“:”“;”“?”“*”“|”“,”“、”“=”等字符，另外也不能与其他图层重名。

步骤 4：参考步骤 2 与步骤 3 的操作创建细实线、中心线、尺寸标注、剖面线、文字注释图层，如图 7.3 所示。

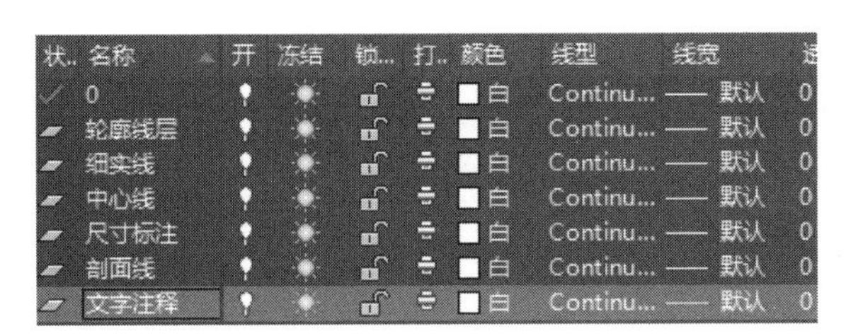

图 7.3　新建图层

7.1.3　设置图层颜色

2min

为图层设置颜色实际上是设置图层中图形对象的颜色。用户可以对不同的图层设置不同的颜色（当然也可以设置相同的颜色），这样在绘制复杂的图形时，就可以通过不同的颜色来区分图形的各部分。

在默认情况下，新创建图层的颜色被设为 7 号颜色（7 号颜色为白色或黑色，这由背景色决定，如果将背景色设置为白色，则图层颜色为黑色；如果将背景色设置为黑色，则图层颜色为白色）。

如果要改变图层的颜色，则可在“图层特性管理器”对话框中单击对应图层的“颜色”列中的图标■，系统会弹出“选择颜色”对话框，在该对话框中，可以使用 索引颜色 、真彩色 和 配色系统 3 个选项卡为图层选择颜色，设置如图 7.4 所示的图层颜色。

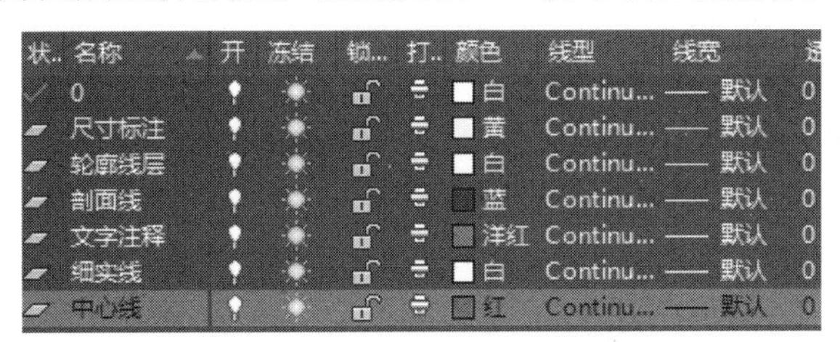

图 7.4　设置图层颜色

7.1.4　设置图层线型

4min

“图层线型”是指图层上图形对象的线型，如虚线、点画线、实线等。在使用 AutoCAD 系统进行工程制图时，可以使用不同的线型来绘制不同的对象以便区分，还可以对各图层上的线型进行不同的设置。

在国家标准的“机械制图”中，规定的常见线型、宽度和一般应用见表 7.1。

表 7.1　线型、宽度和一般应用

序号	线　型	名称	线宽	一 般 应 用
01	▬▬▬▬	粗实线	d	可见轮廓线、可见过渡线
02	────	细实线	$d/2$	尺寸线、尺寸界线、剖面线、断面线、牙底线、引出线、分界线、范围线

续表

序号	线　型	名称	线宽	一 般 应 用
03		波浪线	$d/2$	断裂边界线、视图剖视分界线
04		双折线	$d/2$	断裂处的边界线
05		虚线	$d/2$	不可见轮廓线、不可见过渡线
06		细点画线	$d/2$	轴线、对称线、中心线、齿轮节圆和节线
07		粗点画线	d	有特殊要求的表面表示线
08		双点画线	$d/2$	相邻辅助零件的轮廓线、极限位置轮廓线、假象投影轮廓线、中断线

设置已加载线型。在默认情况下，图层的线型被设置为 Continuous（实线）。要改变线型，可在图层列表中单击某个图层“线型”列中 Continu... 字符，系统会弹出“选择线型”对话框。在 已加载的线型 列表框中选择线型，然后单击 确定 按钮。

如果已加载的线型不能满足用户的需要，则可进行“加载”操作，将新线型添加到“已加载的线型”列表框中。此时需单击 加载(L)... 按钮，系统会弹出“加载或重载线型”对话框，从当前线型文件的线型列表中选择需要加载的线型，然后单击 确定 按钮。

AutoCAD 系统中的线型包含在线型库定义文件 acad.1in 和 acadiso.1in 中。在英制测量系统下，使用线型库定义文件 acad.1in；在米制测量系统下，使用线型库定义文件 acadiso.1in。如果需要，则可在“加载或重载线型”对话框中单击 文件(F)... 按钮，从弹出的“选择线型”对话框中选择合适的线型库定义文件。

下面以设置中心线层线型为例，介绍设置线型的一般操作过程。

步骤 1：单击“中心线”层中的 Continu... 按钮，系统会弹出“选择线型”对话框。

步骤 2：加载中心线线型。单击“选择线型”对话框中的 加载(L)... 按钮，系统会弹出“加载或重载线型”对话框，选择 CENTER 线型，单击 确定 按钮。

步骤 3：选择中心线线型。在“选择线型”对话框中选择 CENTER 线型，单击 确定 按钮，完成线型设置，如图 7.5 所示。

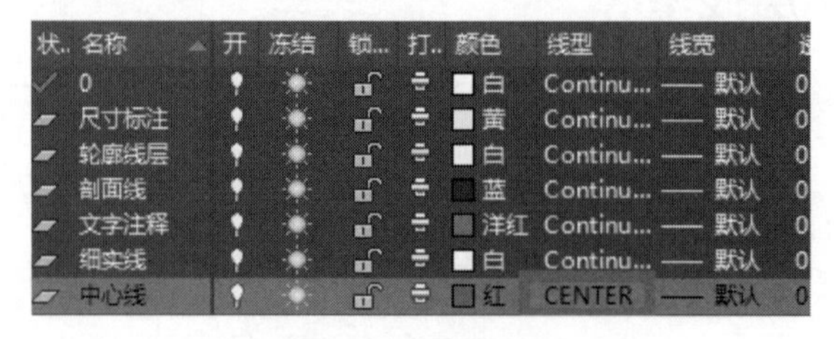

图 7.5　设置线型

7.1.5　设置图层线宽

在 AutoCAD 系统中，用户可以使用不同宽度的线条来表现不同的图形对象，还可以设置图层的线宽，即通过图层来控制对象的线宽。在“图层特性管理器”对话框的 线宽 列中单击某个图层对应的线宽 —— 默认，系统即弹出“线宽”对话框，可从中选择所需要的线宽。

如果设置了线宽的层中绘制对象，则默认情况下在该层中创建的对象就具有层中所设置的线宽，当在屏幕底部状态栏中单击 按钮使其凹下时，对象的线宽会立即在屏幕上显示出来，如果不想在屏幕上显示对象的线宽，则可再次单击 按钮使其凸起。

下面以设置轮廓线层的线宽为例，介绍设置线宽的一般操作过程。

步骤 1：单击“轮廓线”层中的 —— 默认 按钮，系统会弹出“线宽”对话框。

步骤 2：在“线宽”对话框中选择“0.35mm”类型，然后单击 确定 按钮即可，如图 7.6 所示。

状..	名称	开	冻结	锁...	打..	颜色	线型	线宽	透
	0					白	Continu...	—— 默认	0
	尺寸标注					黄	Continu...	—— 默认	0
	轮廓线层					白	Continu...	—— 0.35...	0
	剖面线					蓝	Continu...	—— 默认	0
	文字注释					洋红	Continu...	—— 默认	0
	细实线					白	Continu...	—— 默认	0
	中心线					红	CENTER	—— 默认	0

图 7.6　设置线宽

7.1.6　设置图层状态

在“图层特性管理器”对话框中，除了可设置图层的颜色、线型和线宽以外，还可以设置图层的各种状态，如打开/关闭、冻结/解冻、锁定/解锁、是否打印等，如图 7.7 所示。

状..	名称	开	冻结	锁...	打..	颜色	线型	线宽	透
	0					白	Continu...	—— 默认	0
	尺寸标注					黄	Continu...	—— 默认	0
	轮廓线层					白	Continu...	—— 0.35...	0
	剖面线					蓝	Continu...	—— 默认	0
	文字注释					洋红	Continu...	—— 默认	0
	细实线					白	Continu...	—— 默认	0
	中心线					红	CENTER	—— 默认	0

图 7.7　图层状态

图层的打开/关闭状态。在打开状态下，该图层上的图形既可以在屏幕上显示，也可以在输出设备上打印，而在关闭状态下，图层上的图形则不能显示，也不能打印输出。在“图层特性管理器”对话框中，单击某图层在“开”列中的小灯泡图标 ，可以打开或关闭该图层。灯泡的颜色为 ，表示处于打开状态；灯泡的颜色为 ，表示处于关闭状态。当要关闭当前的图层时，系统会弹出 “图层-关闭当前图层”显示一条消息对话框，警告正在关闭当前层，如图 7.8 所示。

图层的冻结/解冻状态冻结图层，就是使某图层上的图形对象不能被显示及打印输出，也不能编辑或修改。解冻则使该层恢复能显示、能打印、能编辑的状态。在“图层特性管理器”对话框中，单击“冻结”列中的太阳 或雪花 （被冻结）图标，可以冻结或解冻图层。

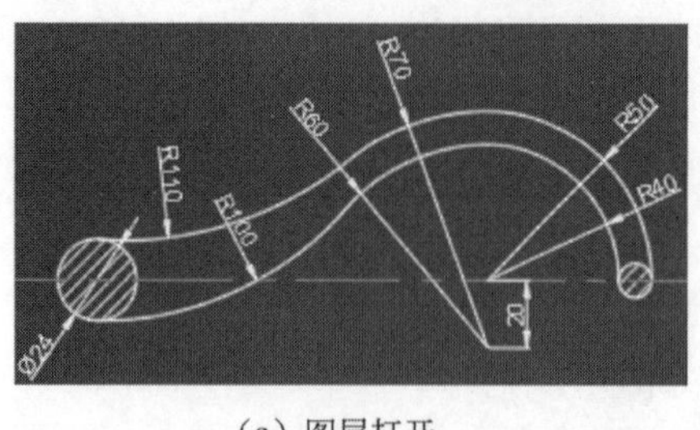

（a）图层打开

（b）图层关闭

图 7.8　图层打开关闭

图层的锁定/解锁状态。锁定图层就是使图层上的对象不能被编辑，但这不影响该图层上图形对象的显示，用户还可以在锁定的图层上绘制新图形对象，以及使用查询命令和对象捕捉功能。在“图层特性管理器”对话框中，单击“锁定”列中的小锁或小锁图标，可以锁定或解锁图层，如图 7.9 所示。

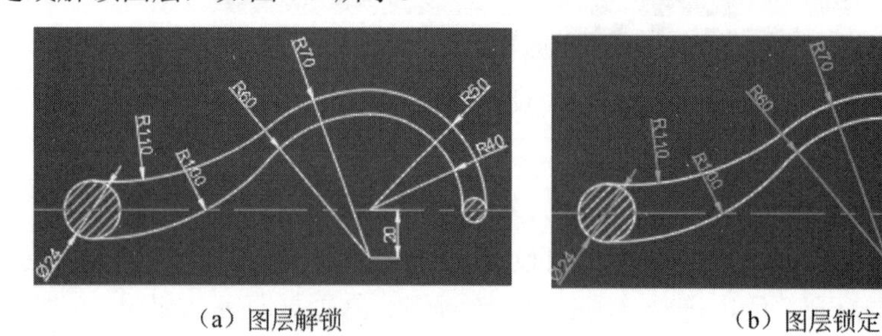

（a）图层解锁　　（b）图层锁定

图 7.9　图层锁定/解锁

图层的打印状态。在“图层特性管理器”对话框中，单击“打印”列中的打印机图标或，可以设置图层是否能够被打印。当显示图标时，表示该层可打印；当显示图标时，表示该图层不能被打印。打印功能只对可见的图层起作用，即只对没有冻结和没有关闭的图层起作用。

7.2　管理图层

7.2.1　切换当前层

在 AutoCAD 系统中，新对象会被绘制在当前图层上。要把新对象绘制在其他图层上，首先应把这个图层设置成当前图层，下面介绍设置当前图层的两种方法。

方法一：在“图层特性管理器”对话框的图层列表中选择某一图层，然后在该层的层名上双击，即可将该层设置为当前层，此时该层的状态列的图标变成，如图 7.10 所示。

方法二：在实际绘图时还有一种更为简单的操作方法，就是用户只需在“图层”区域的图层控制下拉列表框选择要设置为当前层的图层名称，便可以实现图层切换。

状..	名称	开	冻结	锁...	打..	颜色	线型	线宽	透
	0					白	Continu...	—— 默认	0
	尺寸标注					黄	Continu...	—— 默认	0
	轮廓线层					白	Continu...	—— 0.35...	0
	剖面线					蓝	Continu...	—— 默认	0
	文字注释					洋红	Continu...	—— 默认	0
	细实线					白	Continu...	—— 默认	0
	中心线					红	CENTER	—— 默认	0

图 7.10 当前图层

7.2.2 改变对象所在的层

当需要修改某一图元所在的图层时，可先选中该图元，然后在“默认”功能选项卡“图层”区域的图层控制下拉列表框中选择一个层名，按下键盘上的 Esc 键结束操作。

7.2.3 删除图层

如果已不再需要某些图层，则可以将它们删除。选择“默认”功能选项卡“图层”区域中的“图层特性”命令，在“图层特性管理器”对话框中的图层列表中选定要删除的图层（用户可以通过按住 Shift 键或 Ctrl 键以选取多个层），然后单击删除按钮即可。

注意：

（1）0 图层、Defpoints 层、包含对象的图层和当前图层不能被删除。

（2）依赖外部参照的图层不能被删除。

（3）局部打开图形中的图层也不能被删除。

7.3 使用图层

9min

下面以绘制如图 7.11 所示的图形为例，介绍使用图层的一般操作过程。

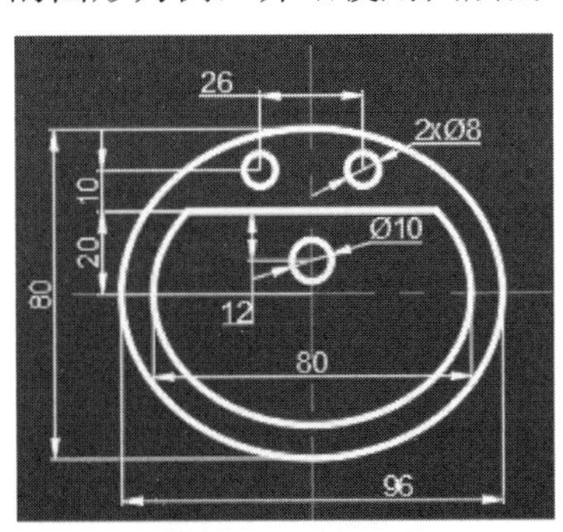

图 7.11 使用图层

步骤 1：打开文件。打开文件 D:\AutoCAD2016\work\ch07.03\使用图层-ex。

步骤 2：绘制水平竖直中心线。将图层切换到“中心线” 层，选择直线命令，绘制长度为

120 的水平与竖直直线，如图 7.12 所示。

步骤 3：绘制椭圆。将图层切换到“轮廓线” 层，选择圆心椭圆命令，绘制长半轴为 48，短半轴为 40 的椭圆，如图 7.13 所示。

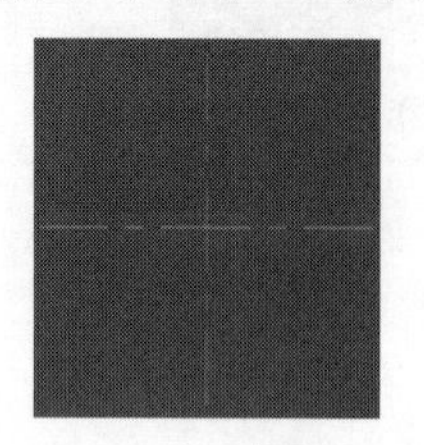

图 7.12　水平竖直中心线

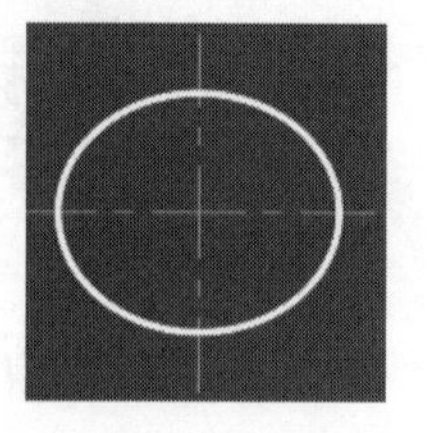

图 7.13　椭圆

步骤 4：偏移椭圆。选择偏移命令，将步骤 3 绘制的椭圆向内偏移 8mm，效果如图 7.14 所示。

步骤 5：偏移水平中心线。选择偏移命令，将步骤 1 绘制的水平中心线向上偏移 20mm，效果如图 7.15 所示。

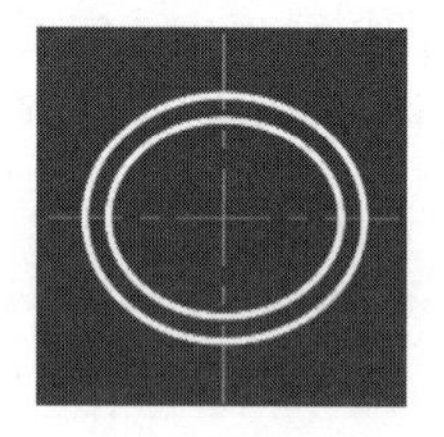

图 7.14　偏移椭圆

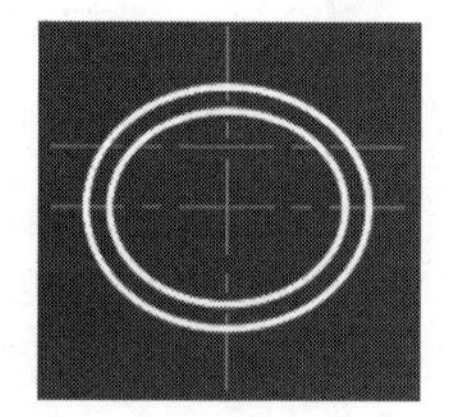

图 7.15　偏移水平中心线

步骤 6：修改对象所在图层。选中步骤 5 偏移得到的中心线，在“默认”功能选项卡“图层”区域的图层控制下拉列表框中选择“轮廓线”层，按下键盘上的 Esc 键结束操作，效果如图 7.16 所示。

步骤 7：修剪多余对象。选择修剪命令，按 Enter 键便可采用全部对象作为修剪边界，然后在需要修剪的对象上单击即可，效果如图 7.17 所示。

步骤 8：偏移水平中心线。选择偏移命令，将步骤 1 绘制的水平中心线分别向上偏移 8mm 与 30mm，效果如图 7.18 所示。

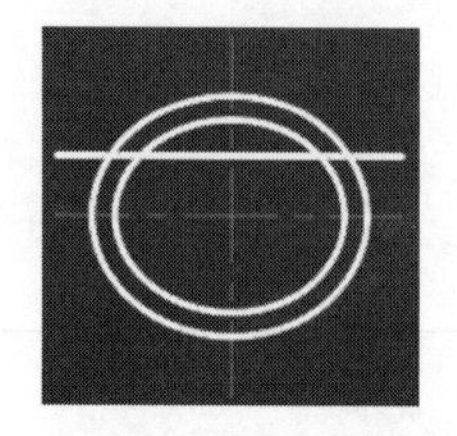

图 7.16　修改对象所在图层

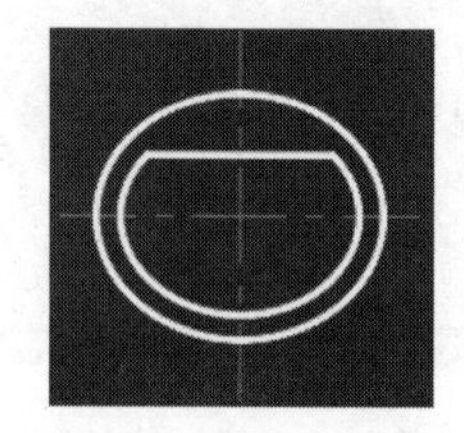

图 7.17　修剪多余对象

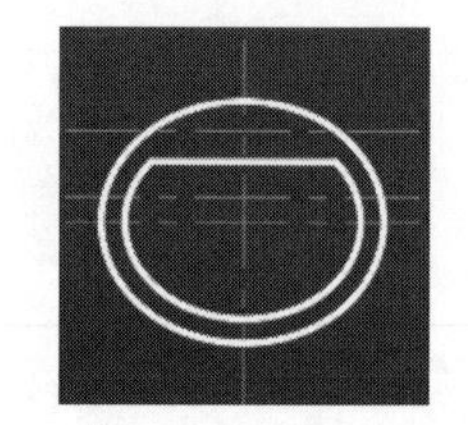

图 7.18　偏移水平中心线

步骤 9：偏移竖直中心线。选择偏移命令，将步骤 1 绘制的竖直中心线向左向右偏移 13mm，效果如图 7.19 所示。

步骤 10：绘制圆。选择圆心直径命令，在如图 7.20 所示的圆心位置绘制直径为 8 的圆，如图 7.20 所示。

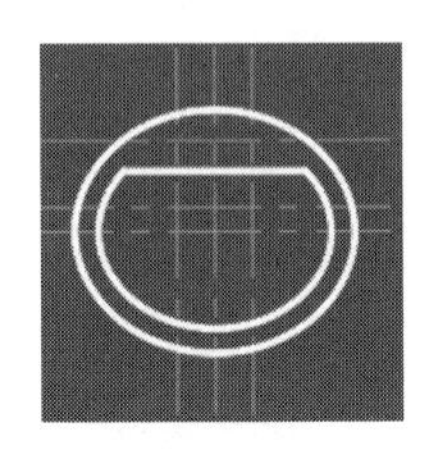

图 7.19　偏移竖直中心线

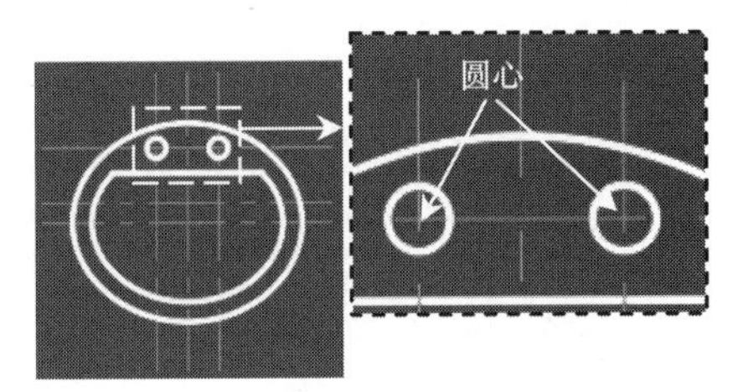

图 7.20　绘制直径为 8 的圆

步骤 11： 绘制圆。选择圆心直径命令，在如图 7.21 所示的圆心位置绘制直径为 10 的圆，如图 7.21 所示。

步骤 12：删除多余中心线。选择删除命令，然后选择需要删除的中心线，效果如图 7.22 所示。

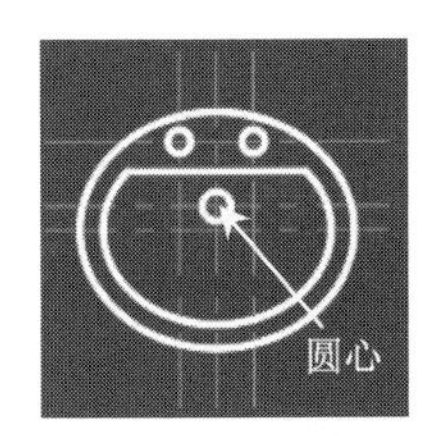

图 7.21　绘制直径为 10 的圆

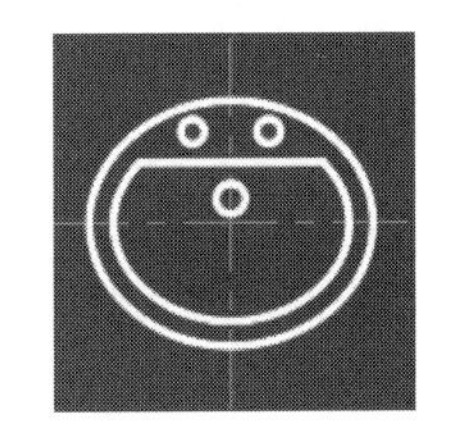

图 7.22　删除多余中心线

步骤 13：标注线性尺寸。将图层切换到“尺寸标注”层，选择线性标注命令，标注如图 7.23 所示的尺寸。

步骤 14：标注直径尺寸。选择直径标注命令，标注如图 7.24 所示的尺寸。

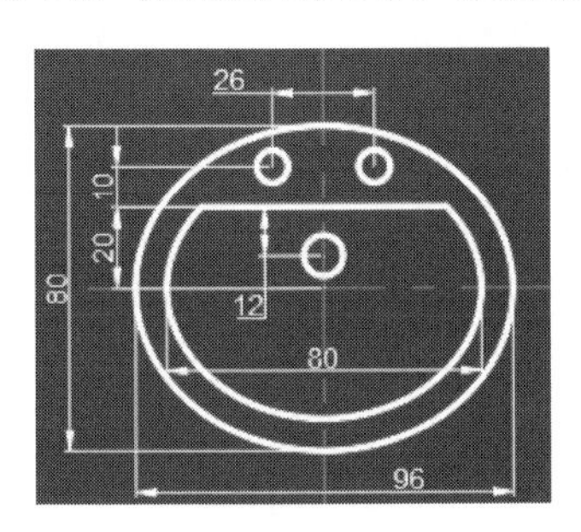

图 7.23　标注线性尺寸

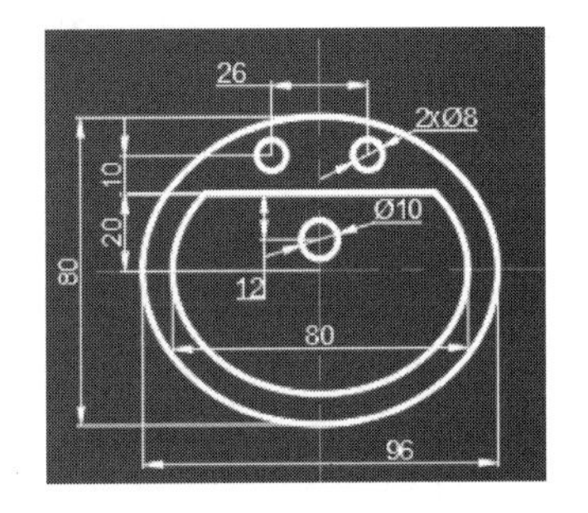

图 7.24　标注直径尺寸

7.4　上机实操

上机实操案例 1 完成后如图 7.25 所示。

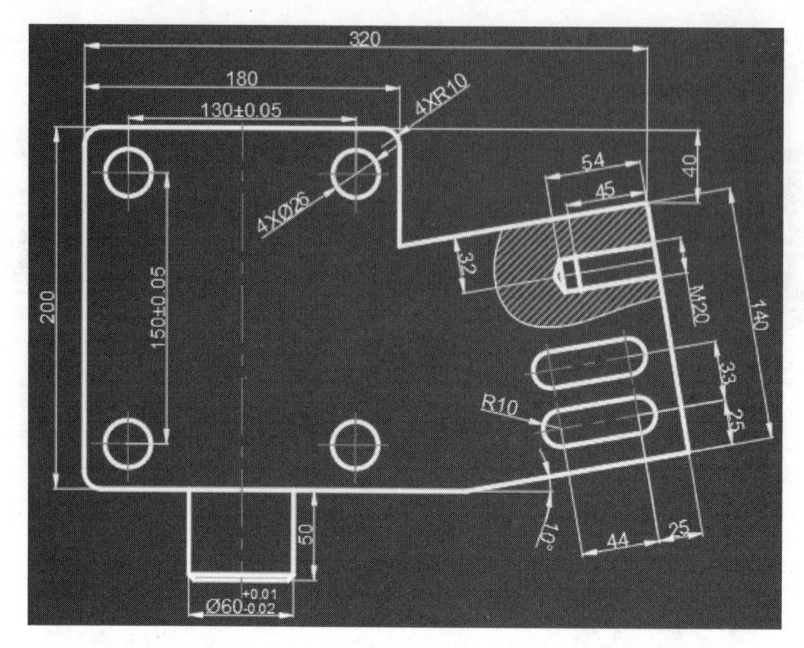

图 7.25　实操 1

上机实操案例 2 完成后如图 7.26 所示。

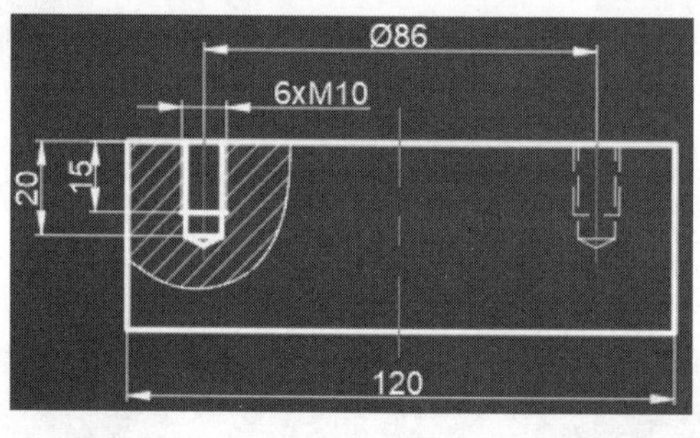

图 7.26　实操 2

第 8 章

图　块

8.1　基本概述

块一般是由几个图形对象组合而成的，AutoCAD 将块对象视为一个单独的对象。块对象可以由直线、圆弧、圆等对象及定义的属性组成。系统会将块定义自动保存到图形文件中，另外用户也可以将块保存到硬盘上。

AutoCAD 中的图块具有以下特点。

（1）可快速生成图形，提高工作效率：把一些常用的重复出现的图形做成块保存起来，使用它们时就可以多次插入当前图形中，从而避免了大量的重复性工作，提高了绘图效率。例如，在机械设计中，可以将表面粗糙度和基准符号做成块。

（2）可减少图形文件大小、节省存储空间：当插入块时，事实上只是插入了原块定义的引用，AutoCAD 仅需要记住这个块对象的有关信息（如块名、插入点坐标及插入比例等），而不是块对象本身。通过这种方法，可以明显减少整个图形文件的大小，这样既满足了绘图要求，又能节省磁盘空间。

（3）便于修改图形，既快速又准确：在一张工程图中，只要对块进行重新定义，图中所有对该块引用的地方均会自动进行相应修改，不会出现任何遗漏。

（4）可以添加属性，为数据分析提供原始数据：在很多情况下，文字信息（如零件的编号和价格等）要作为块的一个组成部分引入图形文件中，AutoCAD 允许用户为块创建这些文字属性，并可在插入的块中指定是否显示这些属性，还可以从图形中提取这些信息并将它们传送到数据库中，为数据分析提供原始数据。

8.2　创建图块

9min

下面以创建如图 8.1 所示的图块为例，介绍创建图块的一般操作过程。

步骤 1：绘制图块图形。

（1）选择多边形命令，绘制内接于圆且半径为 50 的五边形，如图 8.2 所示。

（2）选择直线命令，连接五边形的点得到如图 8.3 所示的图形。

图 8.1　图块

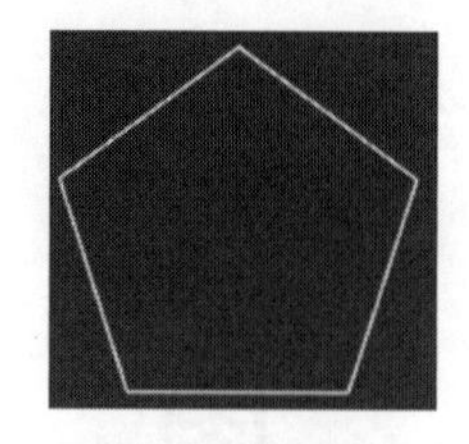

图 8.2　五边形

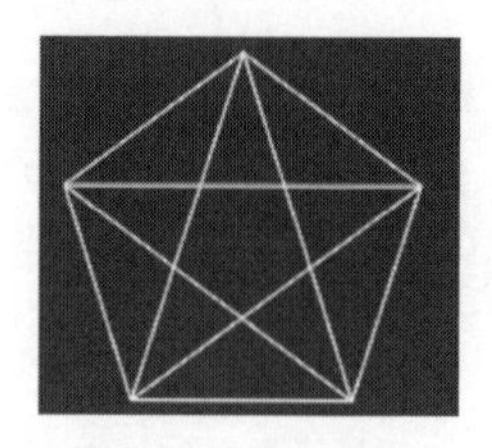

图 8.3　添加直线

（3）通过单点命令在五边形中心创建单点（此点作为创建图块时的基点来使用）。

（4）通过删除命令删除步骤（1）创建的五边形，删除后如图 8.4 所示。

（5）通过修剪命令修剪多余的直线对象，修剪后如图 8.5 所示。

图 8.4　删除五边形

图 8.5　修剪直线

步骤 2：选择命令。选择“默认”功能选项卡“块”区域中的“创建” 创建 命令，系统会弹出如图 8.6 所示的“块定义”对话框。

图 8.6　“块定义”对话框

说明：进入图块命令还有以下两种方法。

方法一：选择下拉菜单 绘图(D) → 块(K) → 创建(M)... 命令。

方法二：在命令行中输入 BLOCK 命令，并按 Enter 键。

步骤 3：定义图块名称。在“块定义”对话框的 名称(N): 文本框输入图块的名称（例如“五角星”）。

注意：输入名称后不要按 Enter 键。

步骤 4：定义图块基点。在“块定义”对话框的 基点 区域选择 拾取点(K) 命令，选取步骤 1 中（3）创建的单点作为基点。

步骤 5：定义图块对象。在“块定义”对话框的 对象 区域选中 ◉转换为块(C) 单选项，然后单击 选择对象(T) 按钮，选取步骤 1 创建的五角星作为图块对象。

步骤 6：定义图块方式。在“块定义”对话框的 方式 区域选中 ☑允许分解(P) 单选项。

步骤 7：单击“块定义”对话框的 确定 按钮，完成图块的创建。

8.3 插入图块

▷ 3min

用于创建好图块后，就需要将图块插入图形中进行使用。下面介绍插入图块的一般操作步骤。

步骤 1：打开文件。打开文件 D:\AutoCAD2016\work\ch08.03\插入图块-ex。

步骤 2：选择命令。选择下拉菜单 插入(I) → 块(B)... 命令，系统会弹出如图 8.7 所示的“插入”对话框。

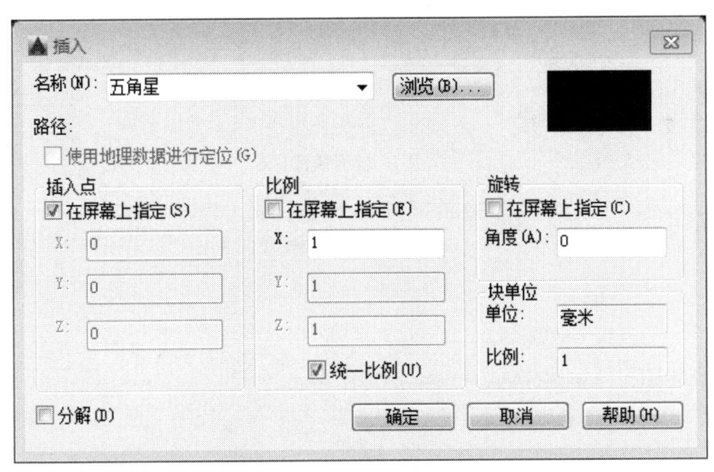

图 8.7 “插入”对话框

步骤 3：选择图块。在“插入”对话框“名称”下拉列表中选择“五角星”。

步骤 4：定义选项。在 插入点 区域选中 ☑在屏幕上指定(S) 单选项，在 比例 区域选中 ☑统一比例(U)，在 X: 文本框输入统一比例 1，在 旋转 区域的 角度(A): 文本框输入角度 0，其他参数采用系统默认。

步骤 5：在系统 INSERT 指定插入点或 [基点(B) 比例(S) 旋转(R)]: 的提示下，在图形区合适位置单击即可。

7min

8.4 保存图块（写块）

用BLOCK命令创建块时，块仅可以用于当前的图形中，但是在很多情况下，需要在其他图形中使用这些块的实例，使用WBLOCK（写块）命令就可以将图形中的全部或部分对象以文件的形式写入磁盘，并且可以像在图形内部定义的块一样，将一幅图形文件插入其他图形中。

下面介绍保存图块的一般操作步骤。

步骤1：打开文件。打开文件D:\AutoCAD2016\work\ch08.04\保存块-ex。

步骤2：选择命令。在命令行输入WBLOCK命令后按Enter键，系统会弹出如图8.8所示的“写块”对话框。

步骤3：定义块的来源。在“写块”对话框 源 区域选择 ◉块(B): 单选项，然后在右侧的下拉列表中选择“五角星”图块。

步骤4：定义块的保存位置。在“写块”对话框 目标 区域的 文件名和路径(F): 文本框输入块文件的保存路径和名称。

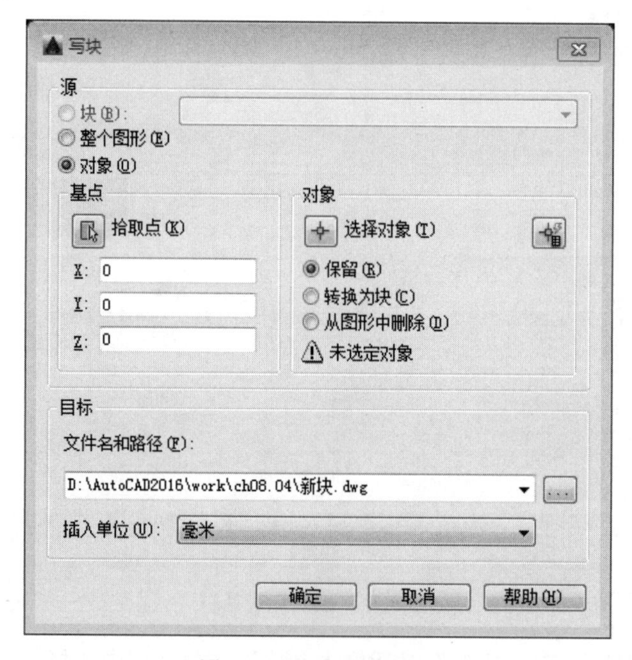

图8.8 “写块”对话框

说明：用户也可以通过单击 文件名和路径(F): 中的 ... 按钮，在系统弹出的“浏览图形位置”对话框中选择合适的位置，输入合适的名称即可。

步骤5：定义块的插入单位。在“写块”对话框 插入单位(U): 下拉列表中选择“毫米”单位。

步骤6：单击“写块”对话框中的 确定 按钮，完成图块的保存操作。

8.5 带属性的图块

8.5.1 图块属性的特点

属性是一种特殊的对象类型，它由文字和数据组成。用户可以用属性来跟踪如零件材料和价格等数据。属性可以作为块的一部分保存在块中，块属性由属性标记名和属性值两部分组成，属性值既可以是变化的，也可以是不变的。在插入一个带有属性的块时，AutoCAD将把固定的属性值随块添加到图形中，并提示输入那些可变的属性值。

对于带有属性的块，可以提取属性信息，并将这些信息保存到一个单独的文件中，这样就能够在电子表格或数据库中使用这些信息进行数据分析，并可利用它来快速生成如零件明细表或材料表等内容。

另外，属性值还可以被设置成可见或不可见。不可见属性就是不显示和不打印输出的属性，而可见属性就是可以看到的属性。不管使用哪种方式，属性值都一直保存在图形中，当提取它们时，都可以把它们写到一个文件中。

8.5.2 创建带属性的图块

下面以创建如图 8.9 所示的图块为例，介绍创建带属性的图块的一般操作步骤。

步骤 1：打开文件。打开文件 D:\AutoCAD2016\work\ch08.05\带属性块-ex。

步骤 2：选择命令。选择下拉菜单 绘图(D)→ 块(K)→ 定义属性(D)... 命令，系统会弹出"属性定义"对话框。

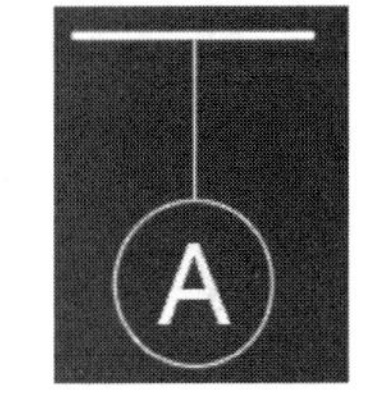

图 8.9　带属性的块

步骤 3：定义属性参数。在"属性定义"对话框 属性 区域的 标记(T) 文本框输入 A，在 提示(M): 文本框输入"请输入基准符号"，在 默认(L): 文本框输入 A。

步骤 4：定义属性文字参数。在"属性定义"对话框 文字设置 区域的 对正(J): 下拉列表中选择"正中"，在 文字高度(E): 文本框输入 5。

步骤 5：放置属性文字。单击"属性定义"对话框中的 确定 按钮，在图形区任意位置单击放置属性文字，然后选中文字，通过移动命令，以属性文字的正中夹点为基点，将其移动到圆心处，效果如图 8.9 所示。

步骤 6：创建图块。

（1）选择命令。选择"默认"功能选项卡"块"区域中的"创建" 创建 命令，系统会弹出"块定义"对话框。

（2）定义图块名称。在"块定义"对话框的 名称(N): 文本框输入图块的名称（例如"基准符号"）。

（3）定义图块基点。在"块定义"对话框的 基点 区域选择 拾取点(K) 命令，选取如图 8.10

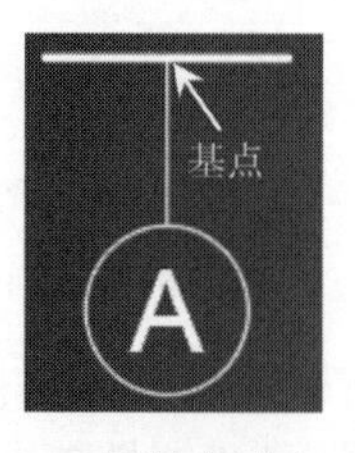

图 8.10 图块基点与对象

所示的点作为基点。

（4）定义图块对象。在“块定义”对话框的 对象 区域选中 ◉转换为块(C) 单选项，然后单击 选择对象(I) 按钮，选取如图 8.10 所示的整个对象作为图块对象。

（5）定义图块方式。在“块定义”对话框的 方式 区域选中 ☑允许分解(P) 单选项。

（6）单击“块定义”对话框的 确定 按钮，完成图块的创建，系统会弹出编辑属性对话框，单击 确定 按钮即可。

8.5.3 编辑块属性

步骤 1：选择命令。选择下拉菜单 修改(M) → 对象(O) → 属性(A) → 单个(S)... 命令。

步骤 2：选择对象。在系统 EATTEDIT 选择块：的提示下选择要编辑属性的块，系统会弹出“增强属性编辑器”对话框。

说明：直接双击带属性的图块，也可以弹出“增强属性编辑器”对话框。

步骤 3：编辑块属性。在“增强属性编辑器”对话框中可以编辑块属性。

步骤 4：编辑完成后，单击 确定 按钮完成编辑。

8.6 上机实操

上机实操案例 1 完成后如图 8.11 所示。

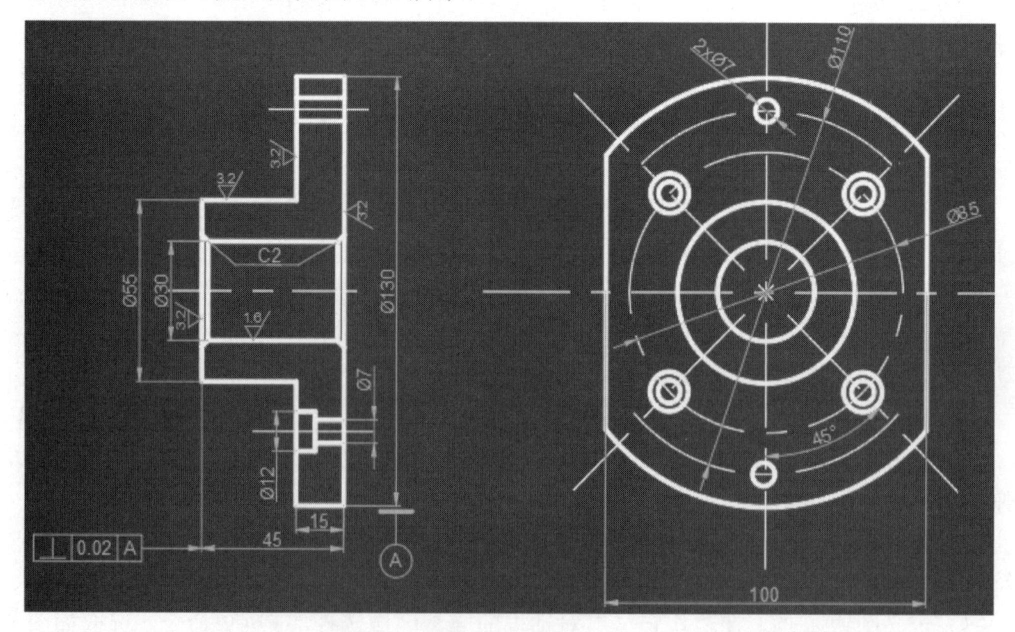

图 8.11 实操 1

上机实操案例 2 完成后如图 8.12 所示。

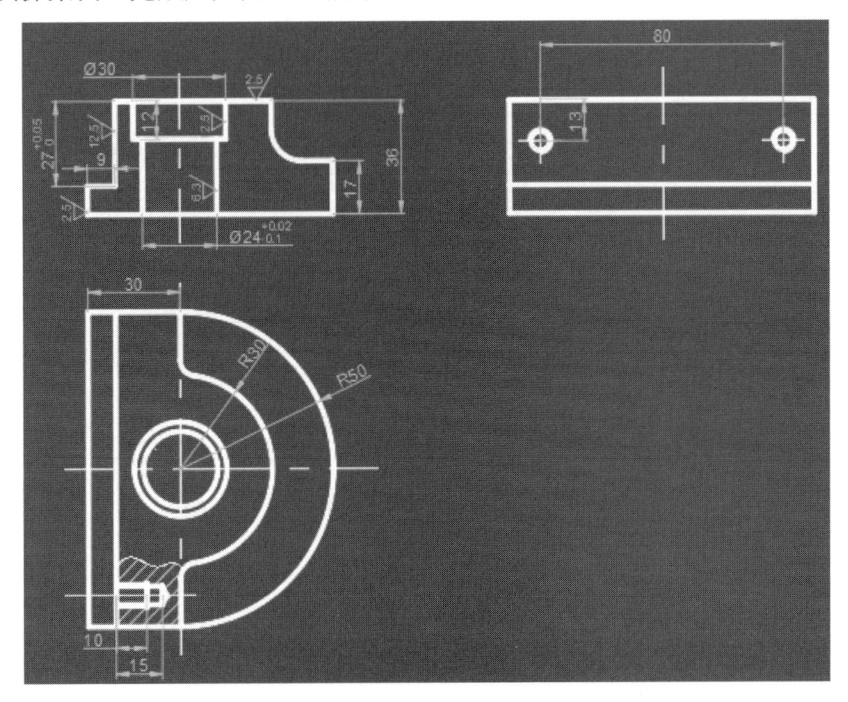

图 8.12　实操 2

第9章

样板文件的制作

9.1 基本概述

如今在设计行业中，AutoCAD 已经被运用到各行各业中，如何制作一个适合自己或者符合企业标准的样板文件，是设计人员必备的技能；样板文件一般包括图层的设置、文字样式、标注样式、引线样式、图框、标题栏等。

21min

9.2 一般制作过程

下面以创建一个 A3 的样板文件为例，介绍制作样板文件的一般操作过程。

步骤 1：新建文件。选择下拉菜单“文件”→“新建”命令，在“选择样板” 对话框中选取 acadiso 的样板文件，单击 打开(O) 按钮，完成新建操作。

步骤 2：新建图层。

（1）选择“默认”功能选项卡“图层”区域中的“图层特性”命令。

（2）选择“图层特性管理器”对话框中命令，新建轮廓线、细实线、中心线、虚线、剖面线与尺寸标注图层，如图 9.1 所示。

图 9.1 新建图层

（3）在“图层特性管理器”对话框中单击对应图层的“颜色”列中的图标，在系统弹出的“选择颜色”对话框中设置各图层的颜色，完成后如图 9.1 所示。

（4）在“图层特性管理器”对话框中单击“中心线”图层后的 Continu... 按钮，在“选择线型”对话框中的 加载(L)... 按钮，选择 CENTER 线型，单击 确定 按钮，在“选择线型”对话框中选择 CENTER 线型，单击 确定 按钮，完成线型的设置；采用相同的办法将“虚线”层线型设置为 DASHED，完成后如图 9.1 所示。

（5）在“图层特性管理器”对话框中单击“轮廓线”图层后 —— 默认 按钮，在“线宽”对话框中选择“0.35mm”类型，然后单击 确定 按钮即可，完成后如图 9.1 所示。

步骤 3：设置文字样式。

（1）选择下拉菜单 格式(O) → 文字样式(S)... 命令，在“文字样式”对话框中单击 新建(N)... 按钮，在“新建文字样式”对话框 样式名: 文本框中输入“仿宋 GB 2312”，单击 确定 按钮，完成文字样式的新建。

（2）在 字体名(F): 下拉列表中选择 仿宋_GB2312 字体。

（3）参考（1）与（2）的步骤，创建“长仿宋体”与“黑体”字体样式，如图 9.2 所示。

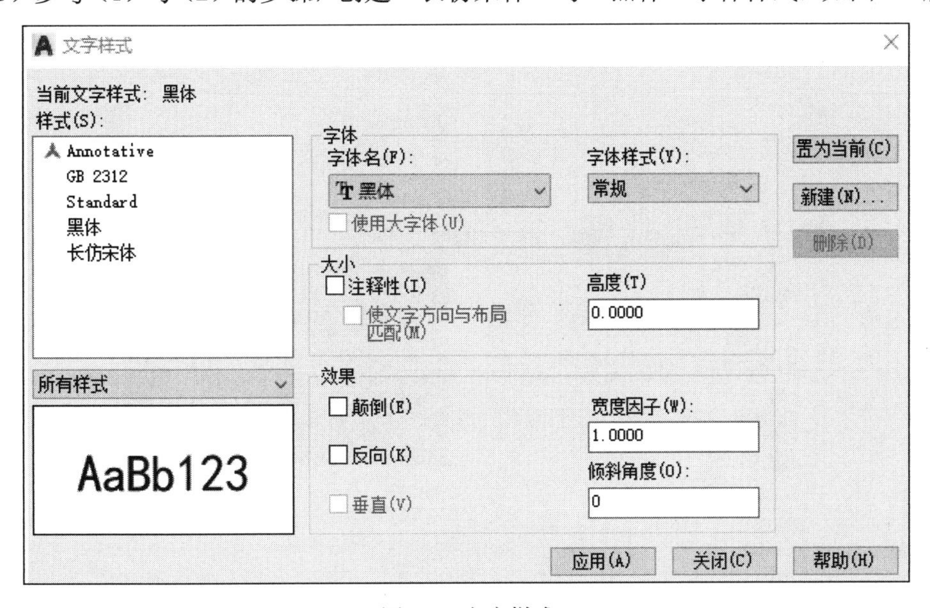

图 9.2　文字样式

步骤 4：设置标注样式。

（1）选择下拉菜单 格式(O) → 标注样式(D)... 命令，选中“ISO-25”标注样式，单击 修改(M)... 按钮，系统会弹出“修改标注样式：ISO-25”对话框。

（2）设置线参数，如图 9.3 所示。

（3）设置符号和箭头参数，如图 9.4 所示。

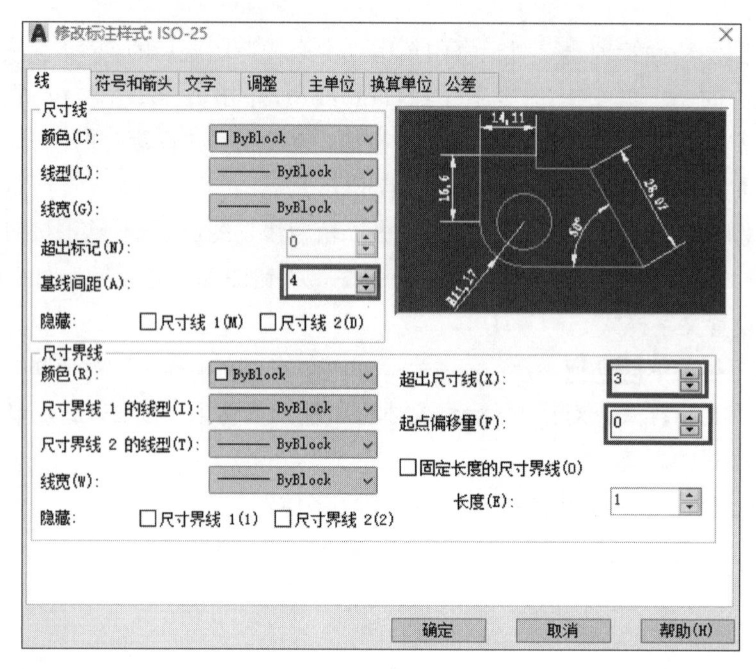

图 9.3　线参数

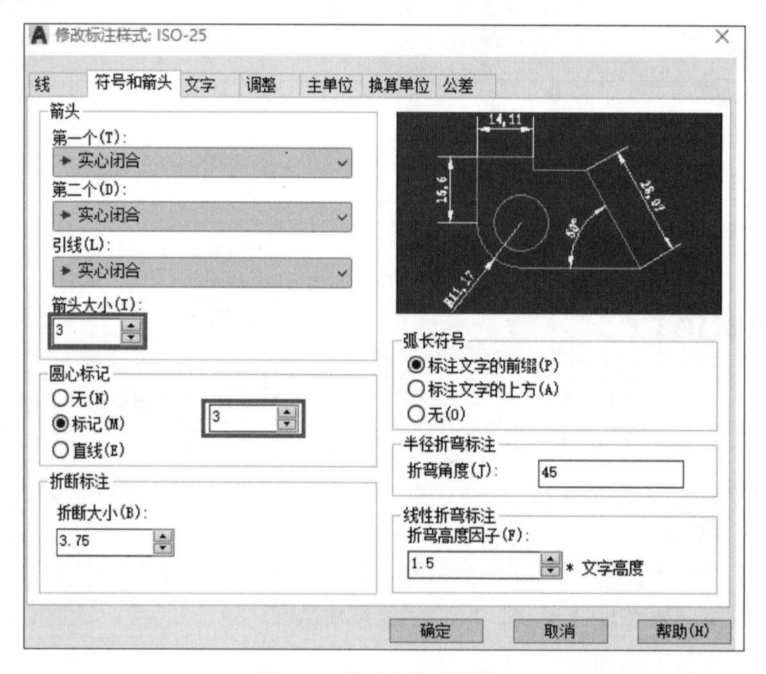

图 9.4　符号和箭头参数

（4）设置文字参数，如图 9.5 所示。

（5）设置主单位参数，如图 9.6 所示。

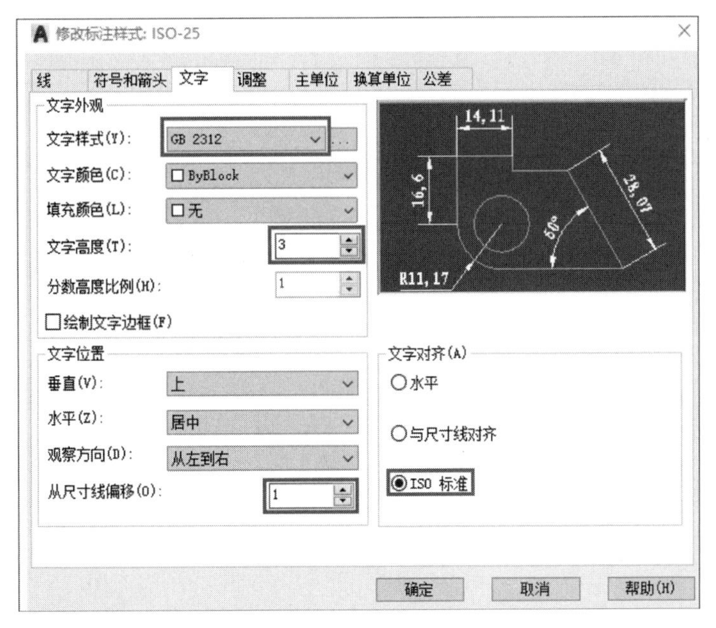

图 9.5　文字参数

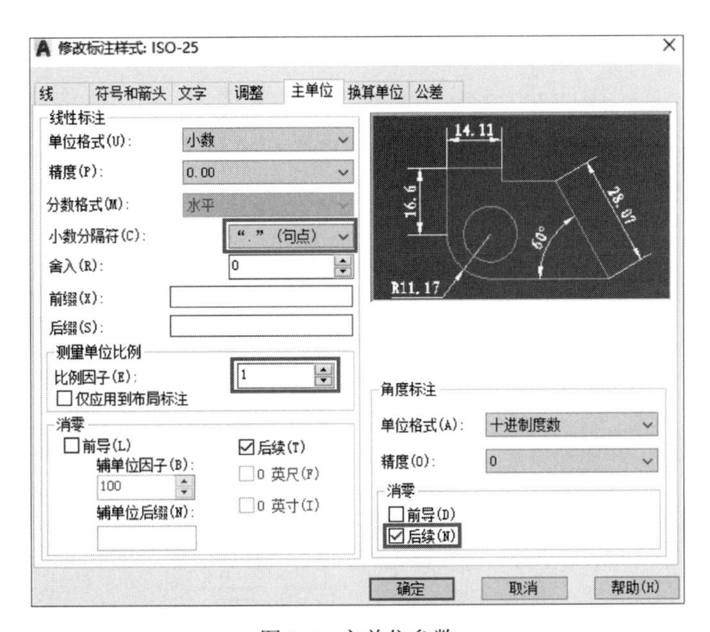

图 9.6　主单位参数

（6）单击 确定 按钮，完成标注样式的设置。

（7）新建标注样式。在“标注样式管理器”对话框中单击 新建(N)... 按钮，在“创建新标注样式”对话框 新样式名(N): 文本框中输入新的标注样式的名称为“水平标注”，单击 继续 按钮即可。

（8）设置“水平标注”样式的文字参数，如图 9.7 所示，单击 确定 按钮，完成标注样式的设置。

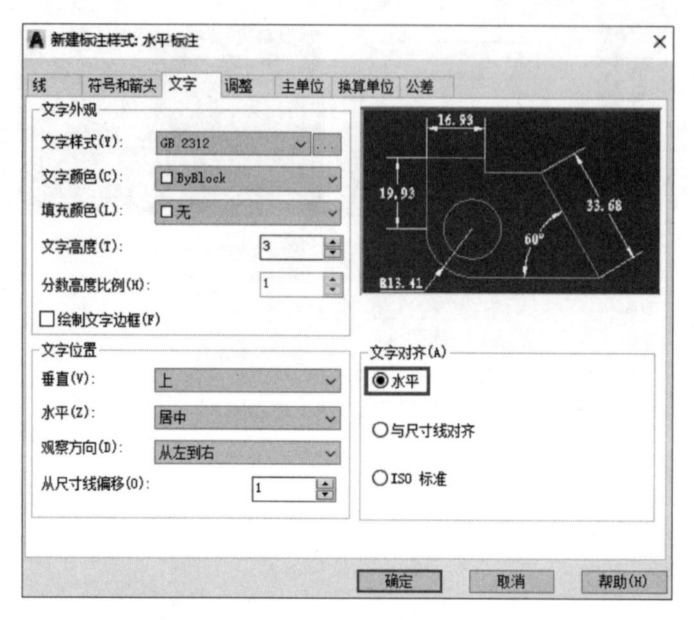

图 9.7 “水平标注”样式的文字参数

（9）参考（7）与（8）操作，新建“对齐标注”样式，将文字对齐方式设置为“与尺寸线对齐”，如图 9.8 所示，单击 确定 按钮，完成标注样式的设置，完成后如图 9.9 所示。

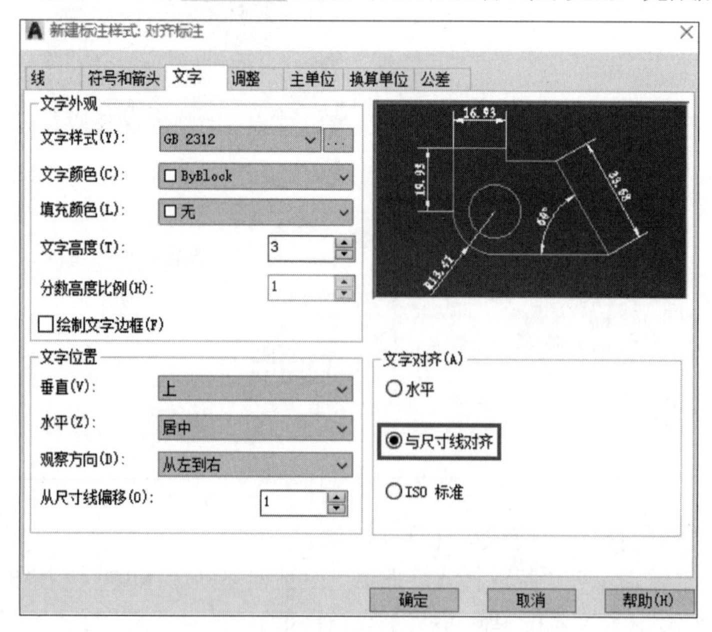

图 9.8 “对齐标注”样式的文字参数

（10）单击“标注样式管理器”对话框中的 关闭 按钮

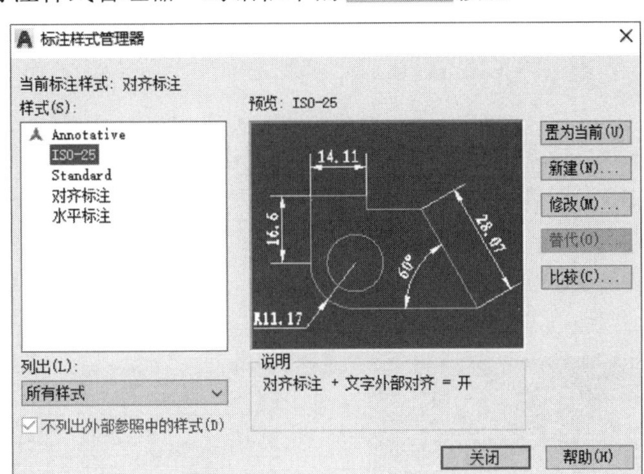

图 9.9 标注样式完成

步骤 5：绘制图框。

（1）调整图层至“细实线”层，绘制如图 9.10 所示的长度为 420 且宽度为 297 的矩形，矩形的左下角为原点。

（2）调整图层至“轮廓线”层，绘制如图 9.11 所示的长度为 390 且宽度为 287 的矩形，矩形的左下角坐标为（25,5）。

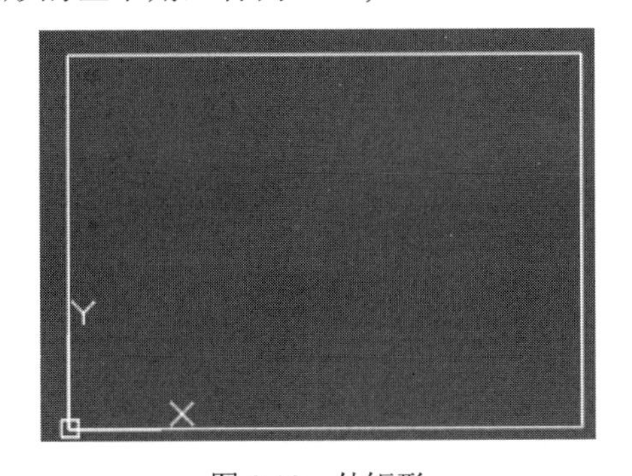

图 9.10 外矩形

图 9.11 内矩形

步骤 6：绘制标题栏。

（1）设置图层带“细实线”层。

（2）选择命令。选择“默认”功能选项卡“注释”区域中的 表格 命令。

（3）设置表格。在“插入表格”对话框 表格样式 区域选择 Standard 表格样式；在 插入方式 区域选择 指定插入点(I) 单选项；在 列和行设置 区域的 列数(C): 文本框输入 7，在 列宽(D): 文本框输入 20，在 数据行数(R): 文本框输入 2，在 行高(G): 文本框输入 1。

（4）设置单元格式。在“插入表格” 对话框 设置单元样式 区域的 第一行单元样式: 下拉列表中选择“数据”，在 第二行单元样式: 下拉列表中选择“数据”，在 所有其他行单元样式: 下拉列表中选择“数据”，单击 确定 按钮完成格式设置。

（5）放置表格。在命令行 TABLE 指定插入点: 的提示下，选择绘图区中合适的一点作为表格放置点。

（6）系统会弹出“文字编辑器”选项卡，同时表格的标题单元加亮，文字光标在标题单元的中间。直接单击“文字编辑器”选项卡中的按钮以完成操作，如图 9.12 所示。

（7）设置表格行高。选中表格，选择“修改”→“特性”命令，系统会弹出“特性”对话框，在“单元高度”文本框中输入 9，单击“特性”对话框中的按钮完成设置，效果如图 9.13 所示。

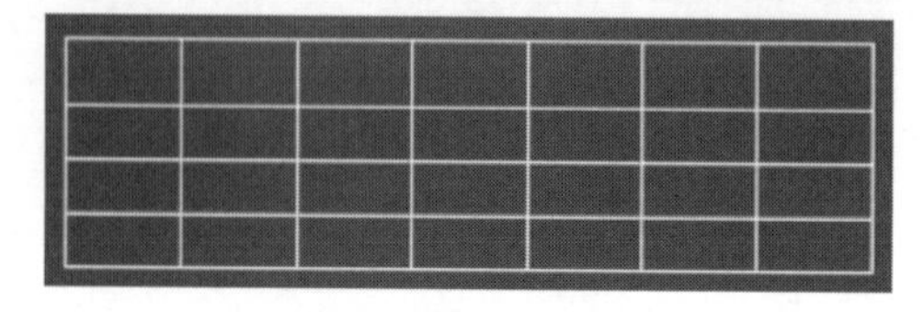

图 9.12　放置表格

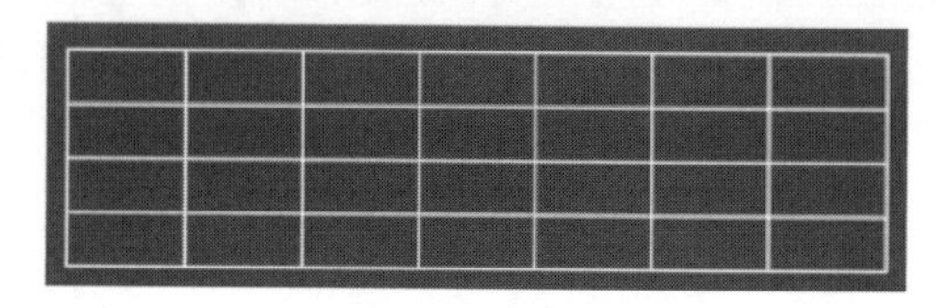

图 9.13　设置表格行高

（8）合并单元格。框选 A1-C2 单元格，选择“合并全部”命令，完成合并，选择 D3-G4 单元格，选择“合并全部”命令，完成合并，效果如图 9.14 所示。

（9）输入表格内容。双击 A3 单元格，输入“制图”；采用相同的办法输入其他文本框的内容，完成后如图 9.15 所示。

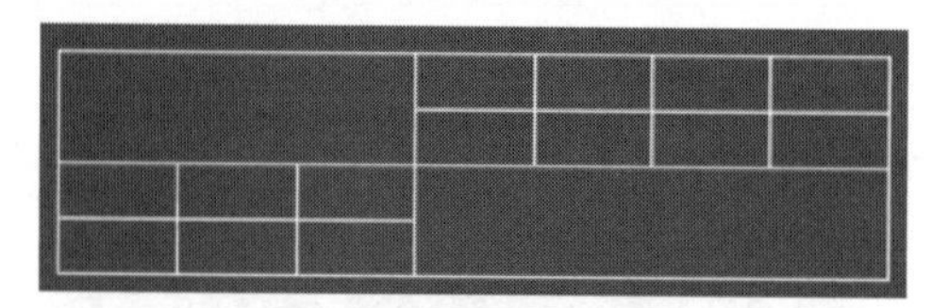

图 9.14　合并单元格

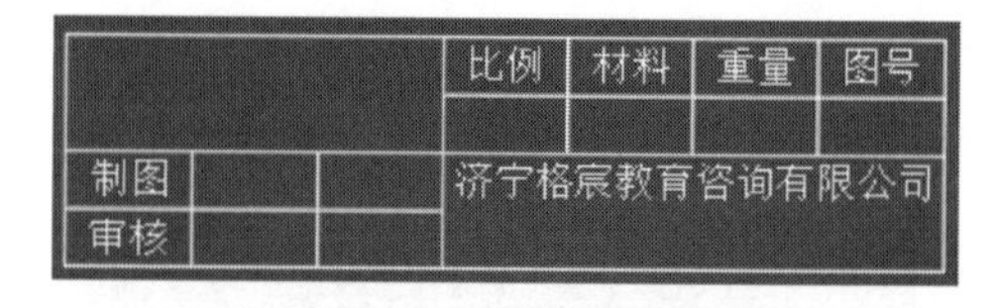

图 9.15　输入表格内容

（10）设置表格对其方式。选中整个表格，然后在“表格单元”选项卡“单元格式”区域中的“对齐”下拉列表中选择“正中”，设置后的效果如图 9.16 所示。

（11）移动表格。选择 移动 命令，将表格移动至如图 9.17 所示的位置（图框右下角）。

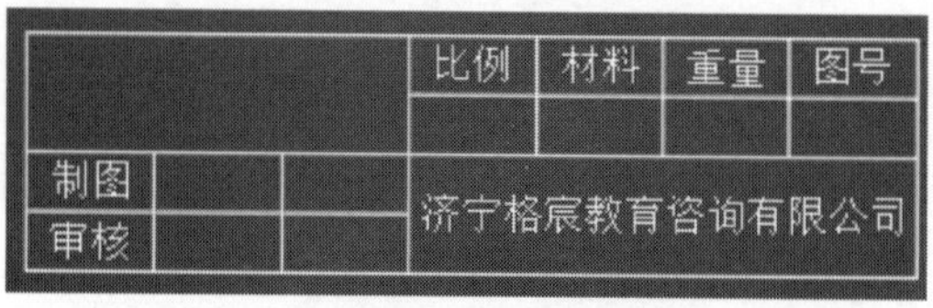

图 9.16　设置表格对齐

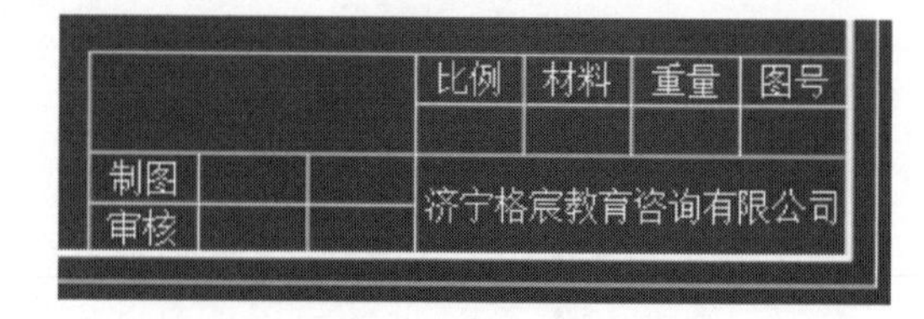

图 9.17　移动表格

（12）分解表格。选择命令，将表格分解。

（13）调整对象所在的图层。选中表格上方与左侧直线，在“默认”功能选项卡“图层”区域的图层控制下拉列表框中选择“轮廓线”层，按下键盘上的 Esc 键结束操作；选择表格中的所有文字，在“默认”功能选项卡“图层”区域的图层控制下拉列表框中选择“尺寸标注”层，按下键盘上的 Esc 键结束操作，完成后的效果如图 9.18 所示。

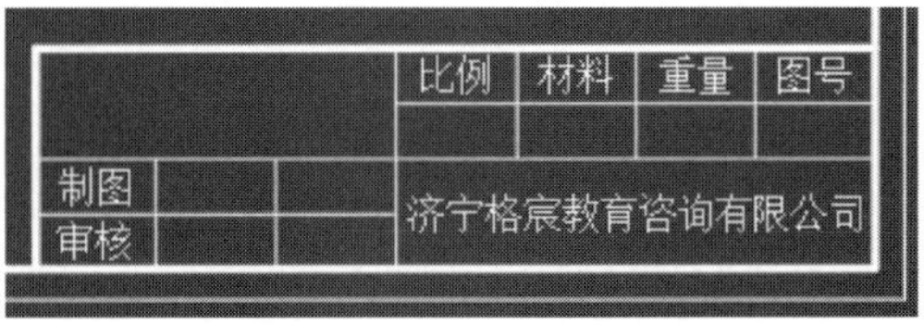

图 9.18　调整对象所在图层

步骤 7：保存样板文件。选择下拉菜单“文件”→“另存为”命令，在 文件类型(T) 下拉列表中选择“AutoCAD 图形样板”，在“文件名”文本框输入“格宸教育 A3”，单击 保存(S) 按钮，系统会弹出“样板选项”对话框，单击 确定 按钮完成保存。

第 10 章

参数化设计

10.1 概述

参数化设计是将工程本身编写为函数的过程，通过修改初始条件并经计算机计算得到工程结果的设计过程，实现设计过程的自动化。参数化图形是一项用于使用约束进行设计的技术，约束是应用于二维几何图形的关联和限制。在 AutoCAD 中约束包含两种类型，几何约束和尺寸约束。几何约束用于控制对象之间的相对位置关系，尺寸约束用于控制对象之间的距离、长度、角度和半径值等。

15min

10.2 使用参数化功能进行图形绘制的一般方法

使用参数化功能绘制二维图形一般会经历以下几个步骤。

（1）分析将要创建的截面几何图形。

（2）绘制截面几何图形的大概轮廓。

（3）添加几何约束。

（4）添加尺寸约束。

接下来就以绘制如图 10.1 所示的图形为例，给大家具体介绍在每步中具体的工作。

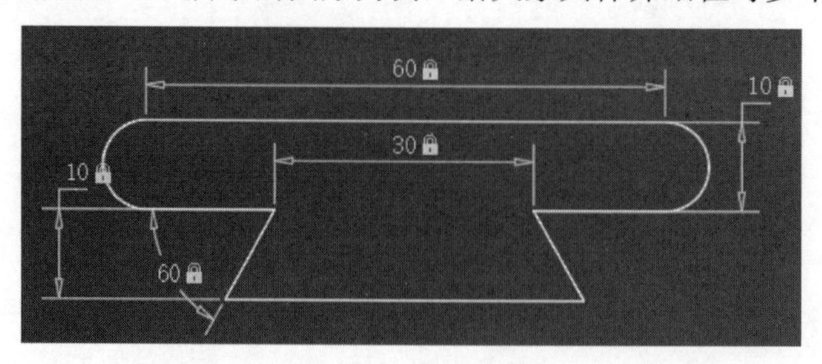

图 10.1　参数化绘图方法

步骤 1：分析将要创建的截面几何图形。

（1）分析所绘制图形的类型（开放、封闭或者多重封闭），此图形是一个封闭的图形。

（2）分析此封闭图形的图元组成，此图形是由 6 段直线和 2 段圆弧组成的。

（3）分析所包含的图元中有没有编辑可以做的一些对象（总结草图编辑中可以创建新对象的工具：镜像、偏移、倒角、圆角、复制、阵列等），由于此图相对比较简单，因此我们还是采用传统方式创建。

（4）分析图形包含哪些几何约束，在此图形中包含了各连接处的重合、直线的水平约束、直线与圆弧的相切、相等约束。

（5）分析图形包含哪些尺寸约束，此图形包含 5 个尺寸。

步骤 2：绘制截面几何图形的大概轮廓。

（1）新建文件。选择下拉菜单“文件”→“新建”命令，在“选择样板”对话框中选取 acadiso 的样板文件，单击 打开(O) 按钮，完成新建操作。

（2）绘制直线。选择直线命令，绘制如图 10.2 所示的直线（长度为 60 左右的水平直线）。

（3）偏移直线。选择命令，将（2）绘制的直线向下偏移 10mm，效果如图 10.3 所示。

（4）绘制圆弧。选择 起点，端点，方向 命令，绘制如图 10.4 所示的圆弧。

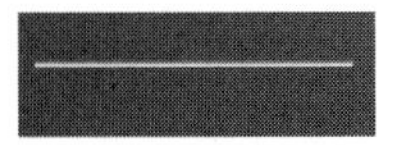

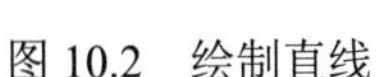

图 10.2　绘制直线

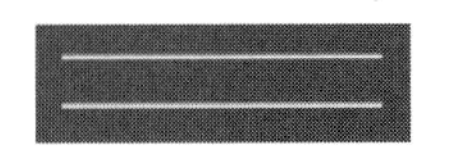

图 10.3　偏移直线

图 10.4　绘制圆弧

（5）绘制直线。选择直线命令，绘制如图 10.5 所示的直线。

（6）修剪对象。选择 修剪 命令，修剪掉图形中不需要的对象，完成后如图 10.6 所示。

图 10.5　绘制直线

图 10.6　修剪对象

步骤 3：处理相关的几何约束。

（1）添加重合约束。在 参数化 功能选项卡 几何 区域中选择命令，在系统提示下选取如图 10.7 所示的直线 1 的左侧端点为第 1 个点，选取如图 10.7 所示的圆弧 1 的上方端点为第 2 个点，完成后如图 10.7 所示。

（2）添加其他重合约束。参考（1）的操作添加其余 7 个重合约束，完成后的效果如图 10.8 所示。

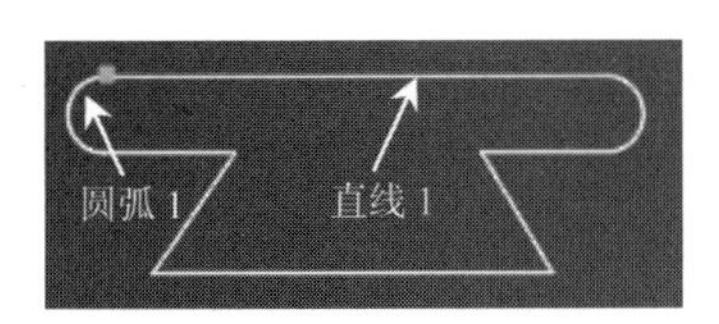

图 10.7　添加重合约束

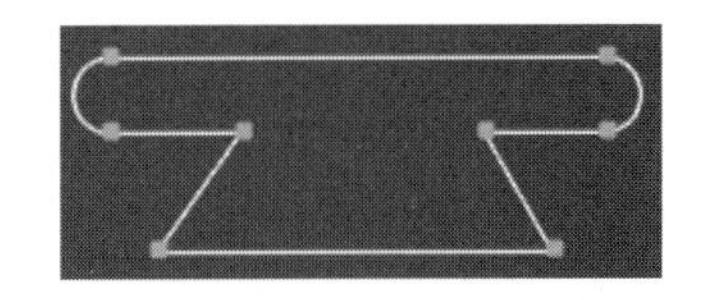

图 10.8　添加其他重合约束

（3）添加水平约束。在 参数化 功能选项卡 几何 区域中选择命令，在系统提示下选取如图 10.9 所示的直线 1 为参考对象，完成后如图 10.9 所示。

（4）添加其他水平约束。参考（3）的操作添加其余 3 个水平约束，完成后的效果如图 10.10 所示。

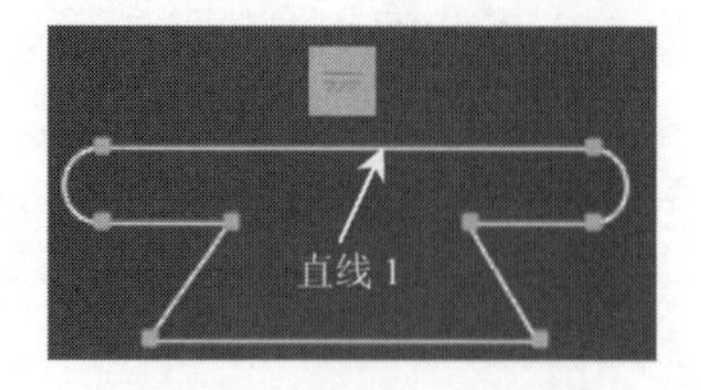

图 10.9　添加水平约束

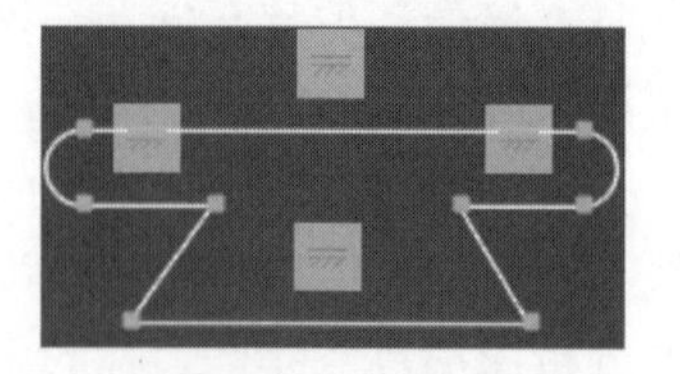

图 10.10　添加其他水平约束

（5）添加相等约束。在 参数化 功能选项卡 几何 区域中选择 = 命令，在系统提示下选取如图 10.11 所示的直线 1 与直线 2 作为参考对象，完成后如图 10.11 所示。

（6）添加其他相等约束。参考（5）的操作添加其余两个相等约束（两根倾斜线与两段圆弧相等），完成后的效果如图 10.12 所示。

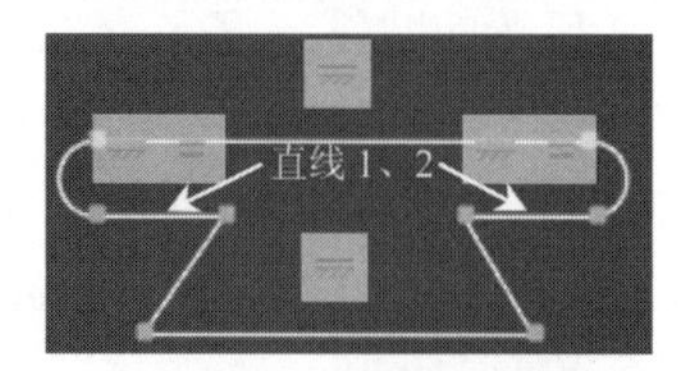

图 10.11　添加相等约束

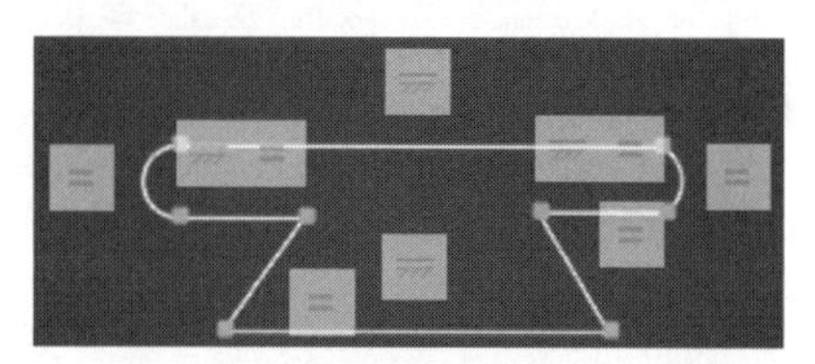

图 10.12　添加其他相等约束

（7） 添加相切约束。在 参数化 功能选项卡 几何 区域中选择 命令，在系统提示下选取如图 10.13 所示的直线 1 与圆弧 1 为参考对象，完成后如图 10.13 所示。

（8）添加其他相切约束。参考（7）的操作添加其余 3 个相切约束（直线与圆弧连接处），完成后的效果如图 10.14 所示。

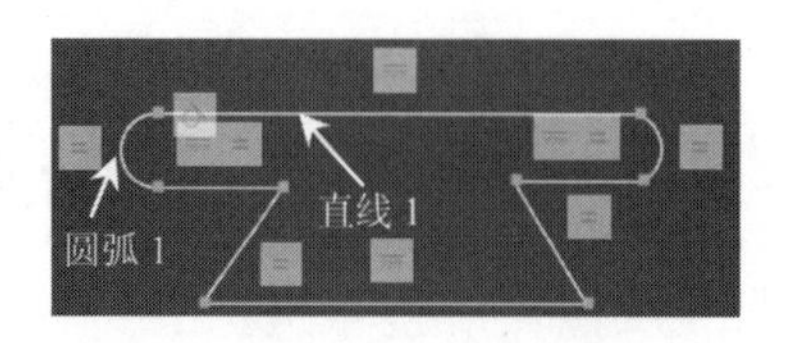

图 10.13　添加相切约束

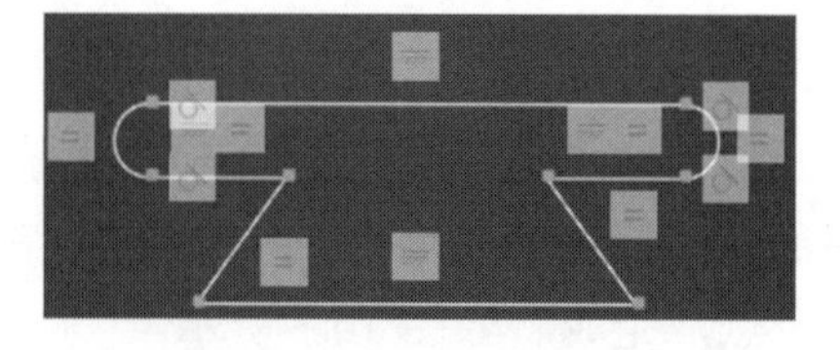

图 10.14　添加其他相切约束

说明：为了看图方便，用户可以将几何约束隐藏。

步骤 4：标注并修改尺寸。

（1）标注线段长度。单击 参数化 功能选项卡 标注 ▾ 区域中的 线性 按钮，在系统提示下选取 对象(O) 选项，在系统提示下选取如图 10.15 所示的直线作为要标注的对象，然后在合适的位置放置即可，完成后如图 10.15 所示。

（2）标注两点水平距离。单击 参数化 功能选项卡 标注 ▾ 区域中的 水平 按钮，在系统提示下选取如图 10.16 所示的点 1 为第 1 个约束点，在系统提示下选取如图 10.16 所示的点 2 为第 2 个约束点，然后在合适的位置放置即可，完成后如图 10.16 所示。

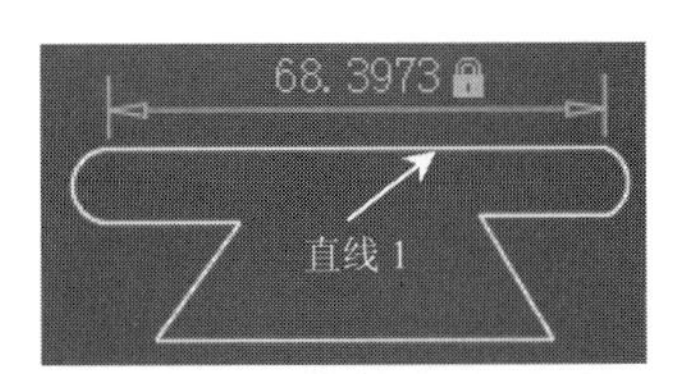

图 10.15　标注线段长度

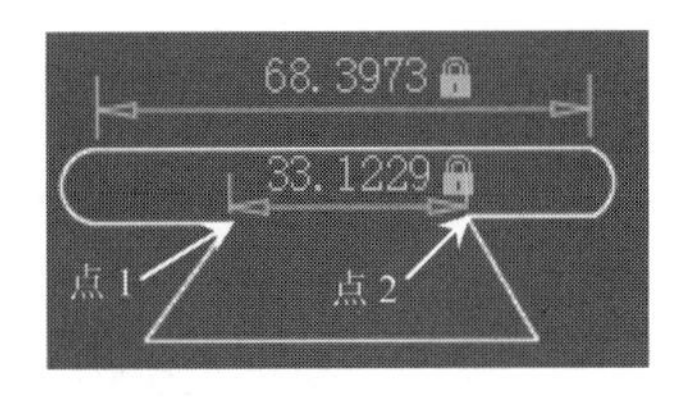

图 10.16　标注两点水平距离

（3）标注两平行线之间的距离 01。单击参数化功能选项卡标注区域中的按钮，在系统提示下选择两条直线(2L)选项，在系统提示下选取如图 10.17 所示的直线 1 作为第一对象，在系统提示下选取如图 10.17 所示的直线 2 作为第二对象，然后在合适的位置放置即可，完成后如图 10.17 所示。

（4）标注两平行线之间的距离 02。单击参数化功能选项卡标注区域中的按钮，在系统提示下选择两条直线(2L)选项，在系统提示下选取如图 10.18 所示的直线 1 作为第一对象，在系统提示下选取如图 10.18 所示的直线 2 作为第二对象，然后在合适的位置放置即可，完成后如图 10.18 所示。

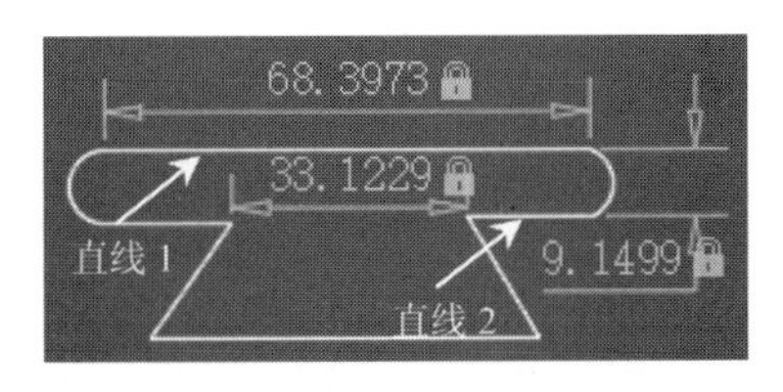

图 10.17　标注两平行线的距离 01

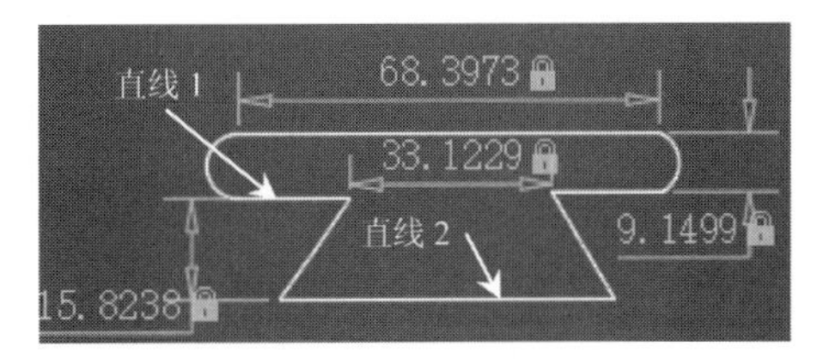

图 10.18　标注两平行线的距离 02

（5）标注角度尺寸。单击参数化功能选项卡标注区域中的按钮，在系统提示下选取如图 10.19 所示的直线 1 作为第一对象，在系统提示下，选取如图 10.19 所示的直线 2 作为第二对象，然后在合适的位置放置即可，完成后如图 10.19 所示。

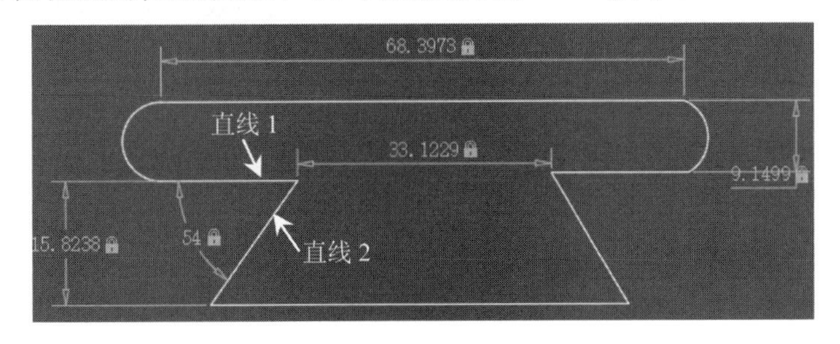

图 10.19　标注角度尺寸

（6）修改尺寸。在 33.1229 尺寸上双击，输入数值 30，然后按 Enter 键确认。采用相同办法修改其他尺寸，完成后如图 10.20 所示。

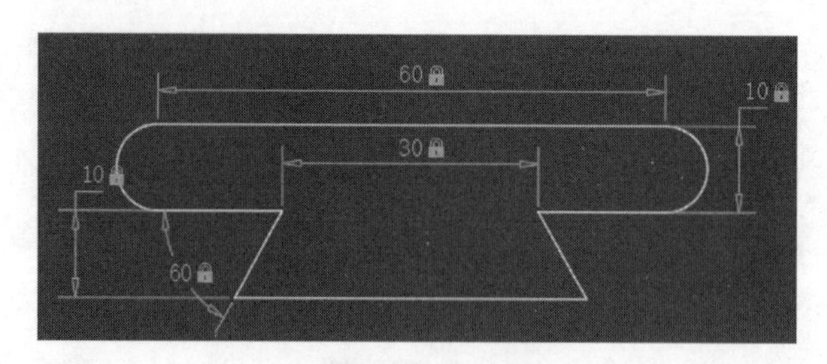

图 10.20　修改尺寸

注意：一般情况下，如果我们绘制的图形比实际想要的图形大，则建议大家先修改小一些的尺寸，如果绘制的图形比实际想要的图形小，则建议大家先修改大一些的尺寸。

步骤 5：保存文件。选择快速访问工具栏中的 命令，在文件名文本框中输入文件名称（例如“参数化绘图一般方法”），单击“图形另存为”对话框中的 保存(S) 按钮，即可完成保存工作。

10.3　上机实操

上机实操案例 1 完成后如图 10.21 所示。上机实操案例 2 完成后如图 10.22 所示。

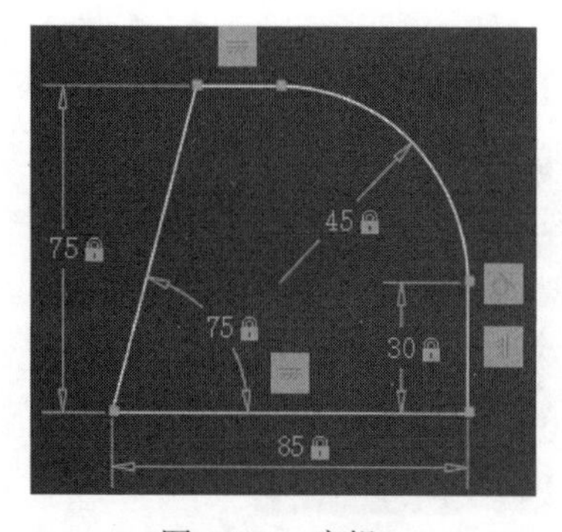

图 10.21　实操 1

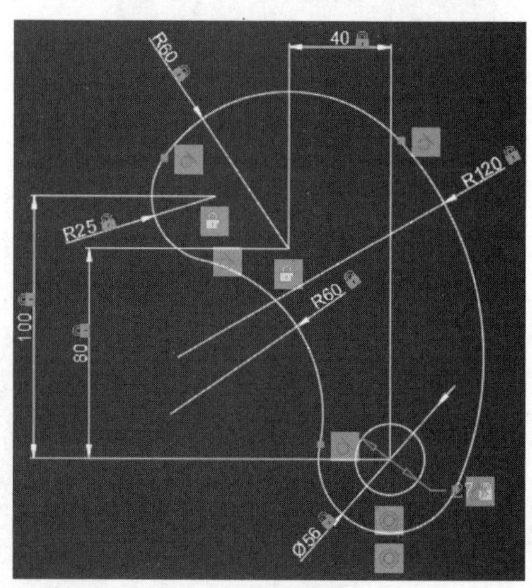

图 10.22　实操 2

第 11 章

轴　测　图

11.1　概述

工程上一般采用多个正投影图来表达所绘制物体的形状和大小。因为正投影图易于测量，作图简单，但立体感不强，必须具备一定的看图能力才能想象出所表达物体的真实形状，因此，在设计过程中，经常采用轴测图（轴测投影图）作为辅助图样。轴测图更接近人们的视觉习惯，虽不能确切地反映物体真实的形状和大小，但可用来帮助人们理解正投影图。

轴测图属于二维平面图形，只是它显示的是三维的效果。其绘制的方法与前面介绍的二维图形的绘制方法基本相同，绘制时，可以根据形体的特点，确定恰当的等轴测平面，然后利用简单的绘图命令，例如直线命令、椭圆命令、矩形命令等，并结合图形编辑命令（如修剪、复制、移动等），完成轴测图的绘制。

11.2　前期设置

5min

步骤 1：选择命令。选择下拉菜单 工具(T) → 绘图设置(F)... 命令，系统会弹出如图 11.1 所示的“草图设置”对话框。

步骤 2：在“草图设置”对话框中选择 捕捉和栅格 选项卡，在 捕捉类型 区域选中 ◉等轴测捕捉(M) 单选项，单击 确定 按钮完成捕捉设置，设置完成后鼠标形状如图 11.2 所示。

说明：等轴测捕捉可以捕捉左等轴测平面（前后面，如图 11.2 所示）、顶部等轴测平面（水平面，如图 11.3 所示）及右等轴测平面（左右面，如图 11.4 所示），用户可以在状态栏的等轴测草图节点切换平面，如图 11.5 所示。

步骤 3：打开正交捕捉。单击屏幕下部状态栏中的 按钮，使 加亮显示。

图 11.1 “草图设置”对话框

图 11.2 等轴测捕捉

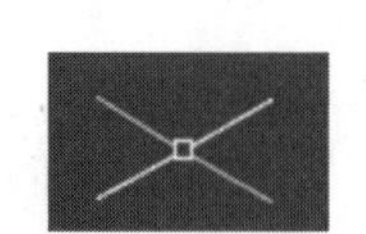

图 11.3 顶部等轴测平面

图 11.4 右等轴测平面

图 11.5 等轴测草图节点

18min

11.3 一般绘制方法

下面以绘制如图 11.6 所示的轴测图为例，介绍绘制轴测图的一般绘制步骤。

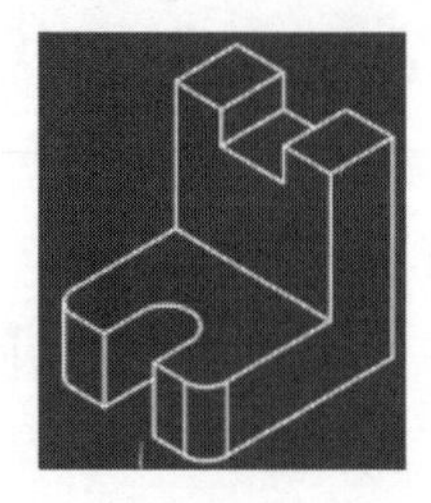

图 11.6 带圆或者圆弧的轴测图

步骤 1：打开文件。打开文件 D:\AutoCAD2016\work\ch11.03\带有圆或者圆弧的轴测图-ex。

步骤 2：绘制等轴测矩形。

（1）切换图层。在“默认”功能选项卡“图层”区域的图层下拉列表中选择“轮廓线层”。

（2）设置绘图平面。在状态栏的等轴测草图节点下选择 左等轴测平面。

（3）绘制直线，选择直线命令，依次绘制长度为 50、20、50 与 20 的水平竖直直线，绘制完成后如图 11.7 所示。

步骤 3：绘制右等轴测直线。

（1）设置绘图平面。在状态栏的等轴测草图节点下选择 右等轴测平面。

（2）绘制直线，选择直线命令，以如图 11.8 所示的点 1 为起点，依次绘制长度为 60、60、20、40 及 40 的水平竖直直线，绘制完成后如图 11.8 所示。

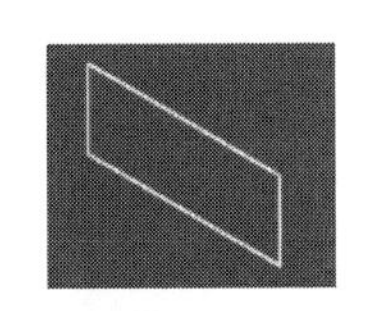

图 11.7　等轴测矩形

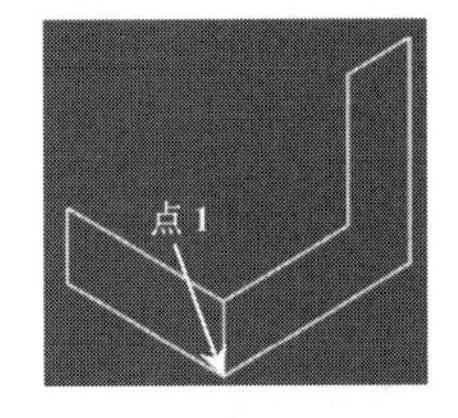

图 11.8　右等轴测直线

步骤 4：复制右等轴测直线。选择 复制 命令，将步骤 3 绘制的 5 条直线以如图 11.9 所示的点 1 为基点，复制到如图 11.9 所示的点 2 的位置。

步骤 5：绘制左等轴测直线。

（1）设置绘图平面。在状态栏的等轴测草图节点下选择 左等轴测平面。

（2）绘制直线，选择直线命令，以如图 11.10 所示的点 1 为起点，依次绘制长度为 15、10、20、10 及 15 的水平竖直直线，绘制完成后如图 11.10 所示。

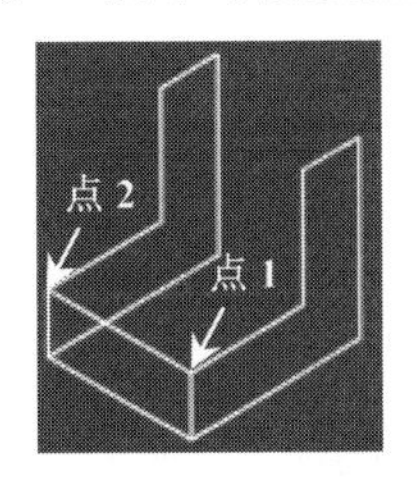

图 11.9　复制右等轴测直线

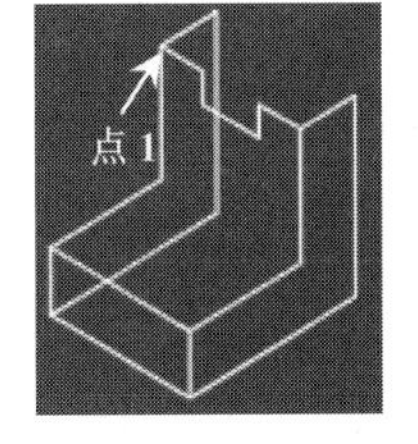

图 11.10　绘制左等轴测直线

步骤 6：复制左等轴测直线。选择 复制 命令，将步骤 5 绘制的 5 条直线以如图 11.10 所示的点 1 为基点，复制到如图 11.11 所示的点 2 的位置。

步骤 7：绘制顶部等轴测直线。

（1）设置绘图平面。在状态栏的等轴测草图节点下选择 顶部等轴测平面。

（2）绘制直线，选择直线命令，绘制如图 11.12 所示的直线。

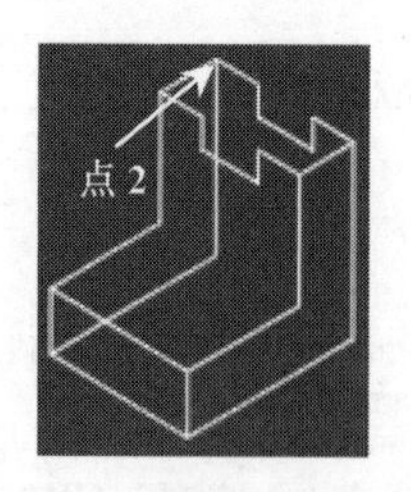

图 11.11　复制左等轴测直线

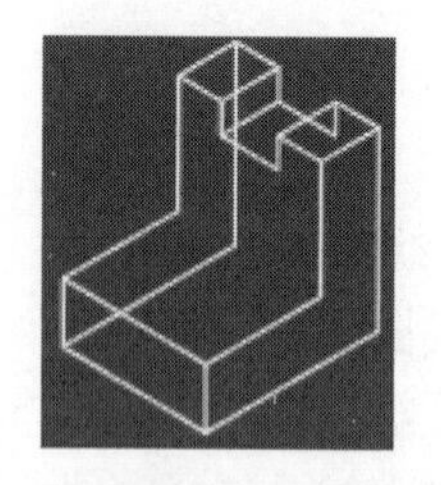

图 11.12　绘制顶部等轴测直线

步骤 8：绘制左等轴测直线。

（1）设置绘图平面。在状态栏的等轴测草图节点下选择 左等轴测平面。

（2）绘制直线，选择直线命令，绘制如图 11.13 所示的直线。

步骤 9：修剪及删除多余直线。

（1）选择 命令，删除图形中不需要的整条直线对象，完成后如图 11.14 所示。

（2）选择 修剪 命令，修剪图形中不需要的对象，完成后如图 11.15 所示。

图 11.13　绘制左等轴测直线

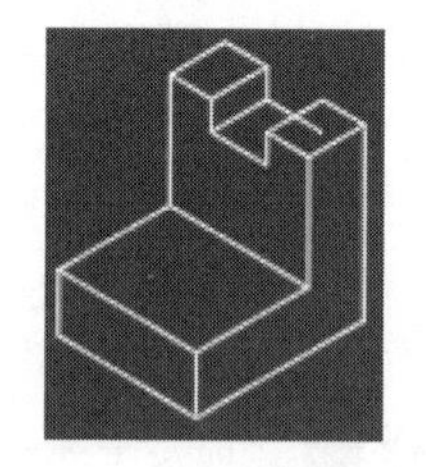

图 11.14　删除多余直线

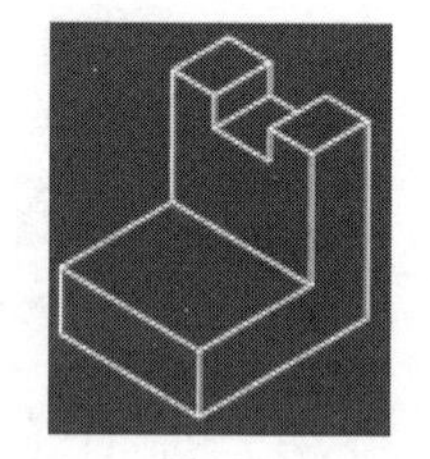

图 11.15　修剪对象

步骤 10：绘制顶部等轴测直线。

（1）设置绘图平面。在状态栏的等轴测草图节点下选择 顶部等轴测平面。

（2）绘制直线，选择直线命令，绘制长度为 12 的直线，完成后如图 11.16 所示。

说明： *长度为 12 的直线的起点为左侧等轴测直线的中点位置。*

步骤 11：绘制顶部等轴测圆。

（1）选择命令。单击“默认”功能选项卡 后的 按钮，在系统弹出的下拉菜单中选择 圆心 命令。

（2）定义类型。在系统 ELLIPSE 指定椭圆轴的端点或 [圆弧(A) 中心点(C) 等轴测圆(I)]:的提示下，选择 等轴测圆(I) 选项。

（3）定义圆心。在系统 ELLIPSE 指定等轴测圆的圆心:的提示下，选择步骤 10 所绘制的长度为 12 的右侧端点作为圆心。

（4）定义半径值。在系统 ELLIPSE 指定等轴测圆的半径或 [直径(D)]：的提示下，输入半径值 8，完成后如图 11.17 所示。

（5）参考（1）～（4）的操作，绘制下方相同的等轴测圆，效果如图 11.18 所示。

步骤 12：绘制顶部等轴测直线。选择直线命令，绘制长度为 8mm 与 12mm 的多条直线（共计 8 条），完成后如图 11.19 所示。

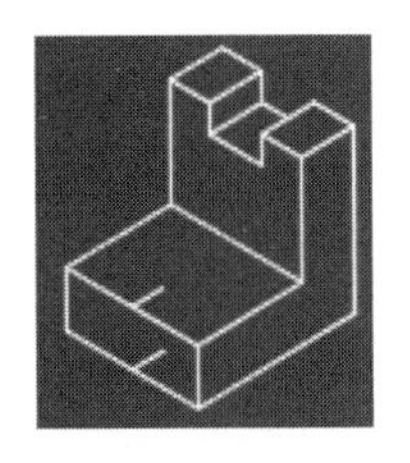

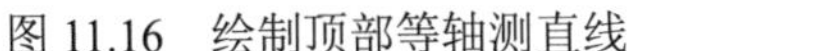

图 11.16　绘制顶部等轴测直线

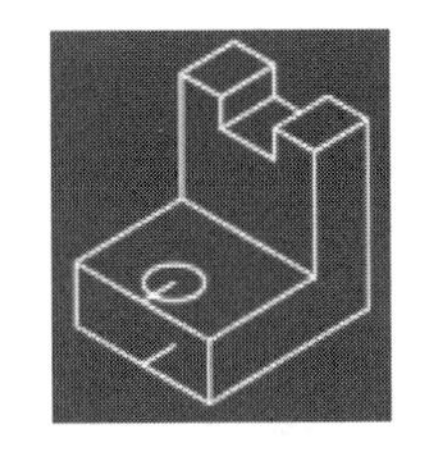

图 11.17　等轴测圆 1

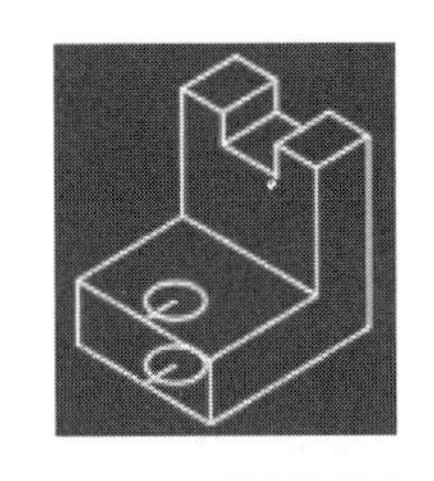

图 11.18　等轴测圆 2

步骤 13：修剪及删除多余直线。

（1）选择命令，删除图形中不需要的整条直线对象，完成后如图 11.20 所示。

（2）选择 修剪 命令，修剪图形中不需要的对象，完成后如图 11.21 所示。

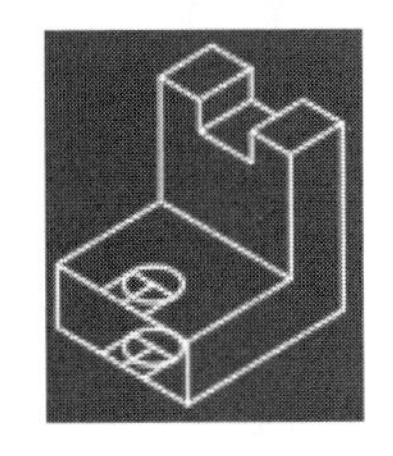

图 11.19　绘制顶部等轴测直线

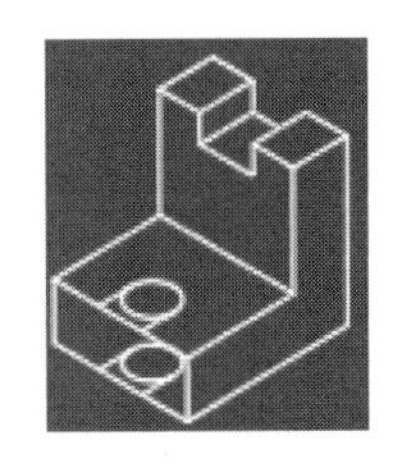

图 11.20　删除多余直线

图 11.21　修剪对象

步骤 14：绘制左等轴测直线。

（1）设置绘图平面。在状态栏的等轴测草图节点下选择 左等轴测平面。

（2）绘制直线，选择直线命令，绘制如图 11.22 所示的直线。

步骤 15：修剪及删除多余直线。

（1）选择命令，删除图形中不需要的整条直线对象，完成后如图 11.23 所示。

（2）选择 修剪 命令，修剪图形中不需要的对象，完成后如图 11.24 所示。

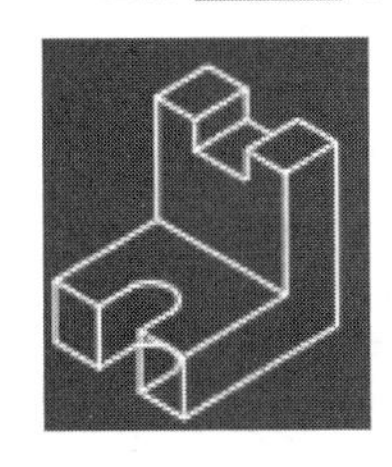

图 11.22　绘制左等轴测直线

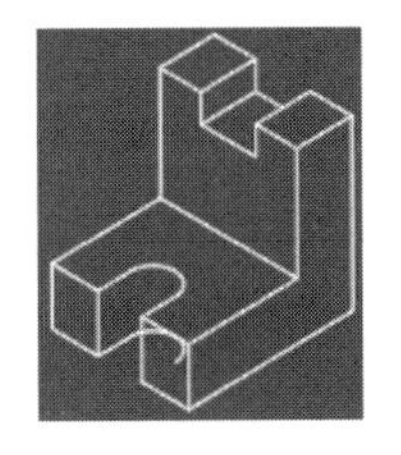

图 11.23　删除多余直线

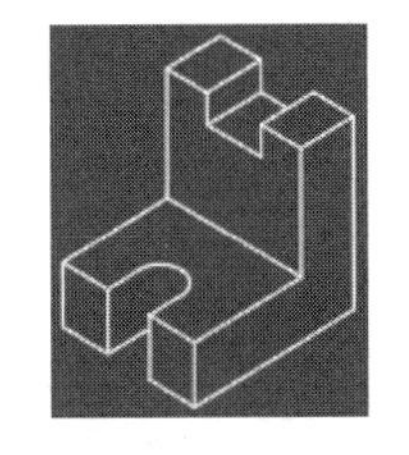

图 11.24　修剪对象

步骤 16：绘制等轴测圆角。

（1）设置绘图平面。在状态栏的等轴测草图节点下选择 顶部等轴测平面。

（2）绘制直线。选择直线命令，以如图 11.25 所示的点 1 为起点，绘制长度为 7 的两条直线，效果如图 11.25 所示。

（3）绘制等轴测圆。选择 轴，端点 命令，以步骤（2）绘制直线的端点为圆心，绘制半径为 7 的等轴测圆，效果如图 11.26 所示。

（4）删除及修剪多余对象。选择删除与修剪命令，删除修剪图形中多余的对象，效果如

图 11.27 所示。

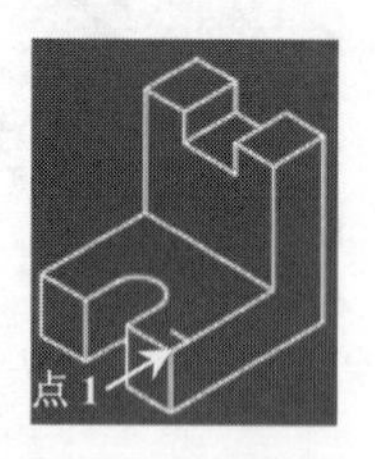

图 11.25　绘制直线

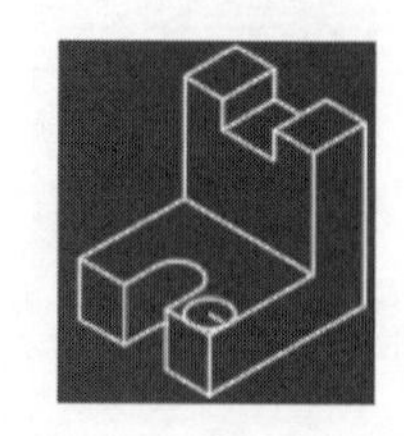

图 11.26　绘制等轴测圆

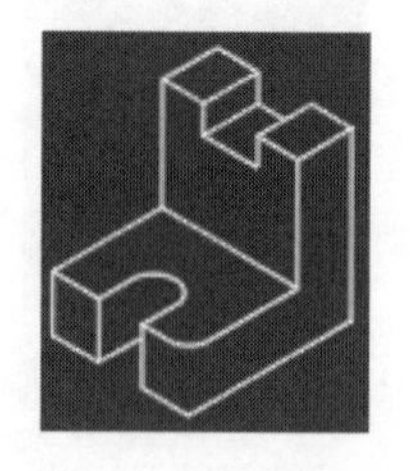

图 11.27　删除修剪对象

步骤 17：绘制其他等轴测圆角。参考步骤 16 的操作创建其他圆角，效果如图 11.28 所示。

步骤 18：补画其他直线。

（1）设置绘图平面。在状态栏的等轴测草图节点下选择 左等轴测平面。

（2）绘制直线，选择直线命令，绘制如图 11.29 所示的直线。

步骤 19：修剪多余对象。选择 修剪命令，修剪图形中不需要的对象，完成后如图 11.30 所示。

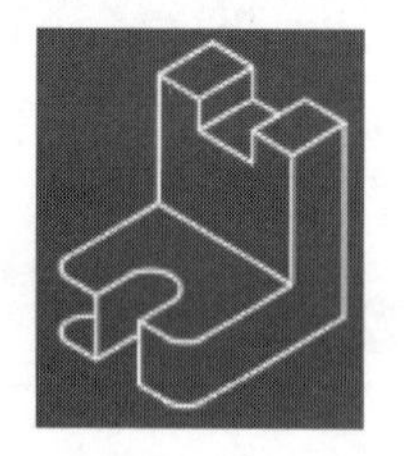

图 11.28　绘制其他等轴测圆角

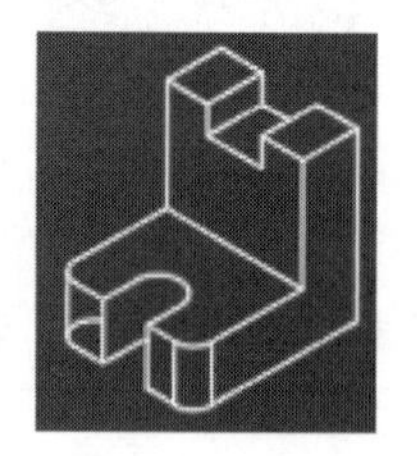

图 11.29　补画其他直线

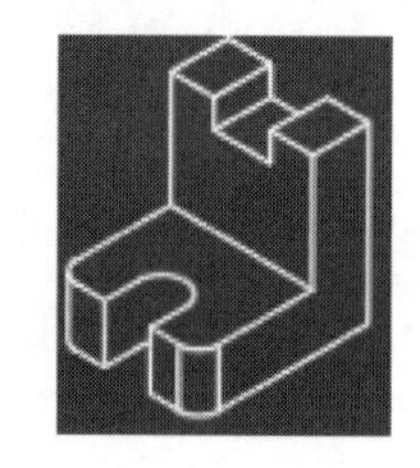

图 11.30　修剪多余对象

11.4　上机实操（尺寸自定义）

上机实操案例 1 完成后如图 11.31 所示。上机实操案例 2 完成后如图 11.32 所示。

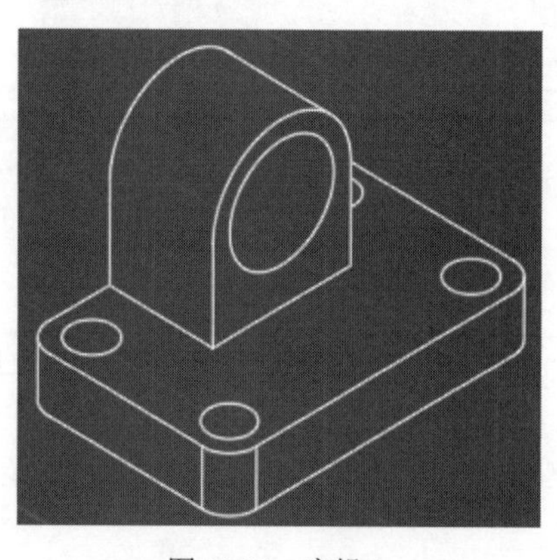

图 11.31　实操 1

图 11.32　实操 2

第12章 三维图形的绘制

12.1 三维绘图概述

在传统的绘图中，二维图形是一种常用的表示物体形状的方法。这种方法需要绘图者和看图者都能理解图形中表示的信息，这样才能获得真实物体的形状和形态；另外，如果三维对象的每个二维视图是分别创建的，由于缺乏内部的关联，发生错误的机会就会很高；特别是在修改图形中的对象时，必须分别修改每个视图。创建三维模型就能很好地解决这些问题，只是创建过程要比二维模型复杂得多。创建三维模型有以下几个优点。

（1）便于观察：可从空间中的任何位置、任何角度观察三维模型。

（2）快速生成二维图形：可以自动地创建俯视图、主视图、侧视图和辅助视图。

（3）渲染对象：经过渲染的三维图形更容易表达设计者的意图。

（4）满足工程需求：根据生成的三维模型，可以进行三维干涉检查、工程分析及从三维模型中提取加工数据。

三维模型需要在三维坐标系下进行创建，可以使用右手定则来直观地了解 AutoCAD 如何在三维空间中工作。伸出右手，想象拇指是 *X* 轴，食指是 *Y* 轴，中指是 *Z* 轴。按直角伸开拇指和食指，并让中指垂直于手掌，这 3 个手指现在正分别指向 *X*、*Y* 和 *Z* 的正方向，如图 12.1 所示。

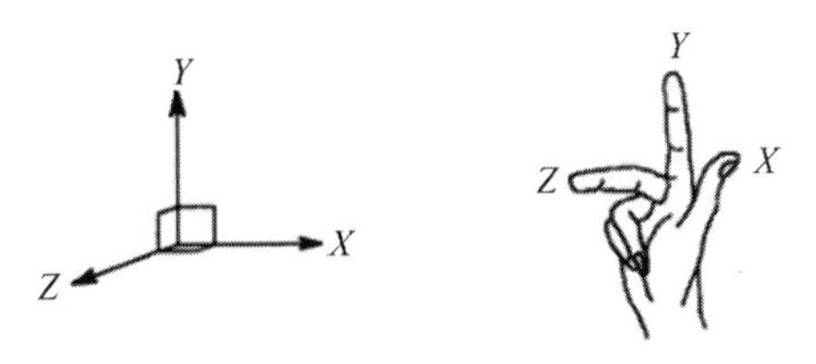

图 12.1　三维坐标系

还可以使用右手规则确定正的旋转方向，把拇指放到要绕其旋转的轴的正方向，向手掌内弯曲手的中指、无名指和小指，这些手指的弯曲方向就是正的旋转方向。

为了更加方便地进行三维模型的查看、创建及编辑，系统默认为“草图与注释”工作台，用户可以将工作空间切换到“三维建模”，单击状态栏后的，在系统弹出的快捷菜单

中选择 ✓三维建模 。

12.2 观察三维图形

1. 根据视点观察三维图形

在学习本节前，大家可以打开练习文件 D:\AutoCAD2016\work\ch12.02\观察三维图形-ex。

视点是指在三维空间中观察图形对象的方位。当在三维空间中观察图形对象时，往往需要从不同的方位来查看三维对象上不同的部位，因此要经常变换观察的视点。

用户还可以选择系统定义好的视点完成模型的快速定位，系统默认向用户提供了 6 个平面视点与 4 个轴测视点如图 12.2 所示，平面视点包括俯视（如图 12.3 所示）、仰视（如图 12.4 所示）、左视（如图 12.5 所示）、右视（如图 12.6 所示）、前视（如图 12.7 所示）及后视（如图 12.8 所示），轴测视图包括西南等轴测（如图 12.9 所示）、东南等轴测（如图 12.10 所示）、东北等轴测（如图 12.11 所示）及西北等轴测（如图 12.12 所示）。

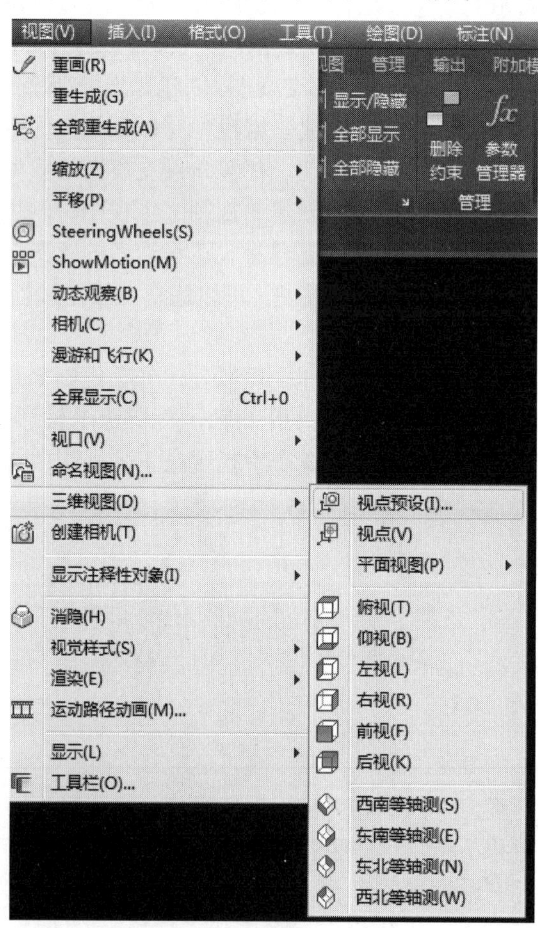

图 12.2 预定义视点

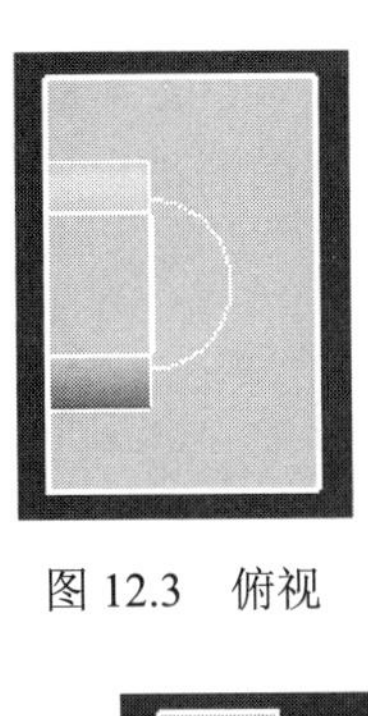

图 12.3　俯视

图 12.4　仰视

图 12.5　左视

图 12.6　右视

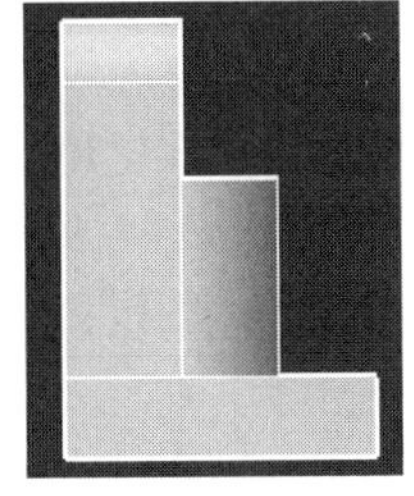

图 12.7　前视

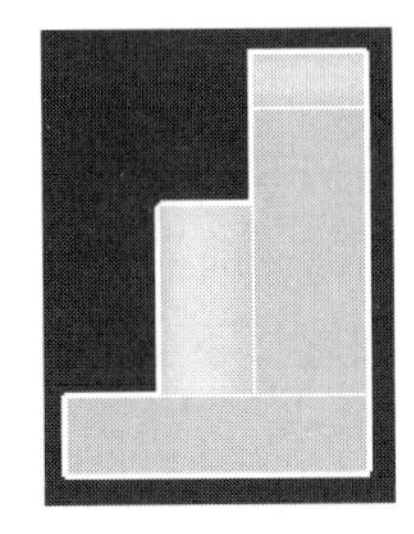

图 12.8　后视

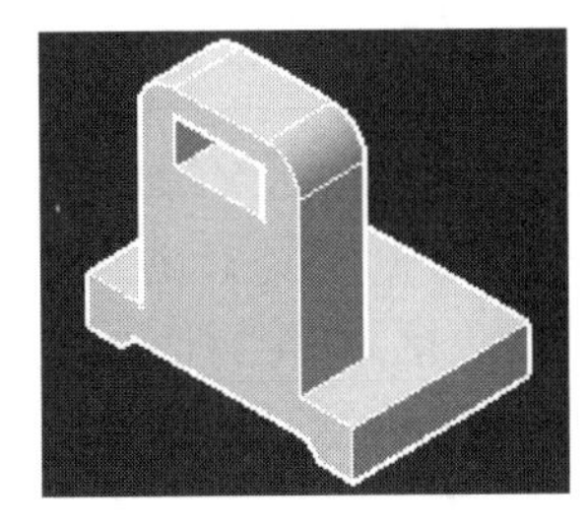

图 12.9　西南等轴测

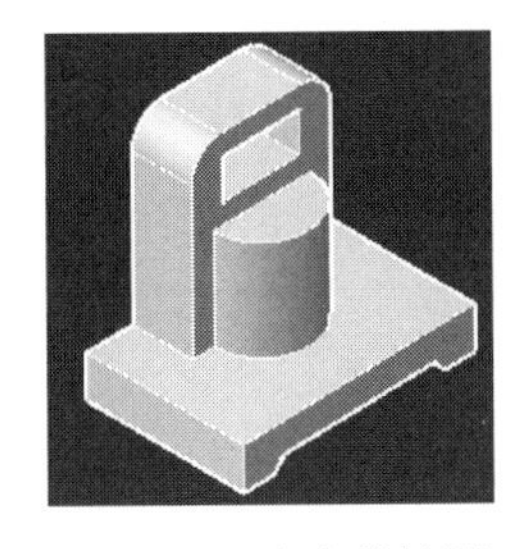

图 12.10　东南等轴测

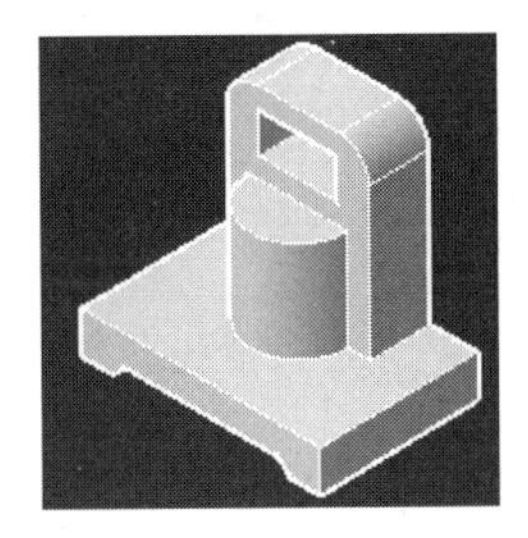

图 12.11　东北等轴测

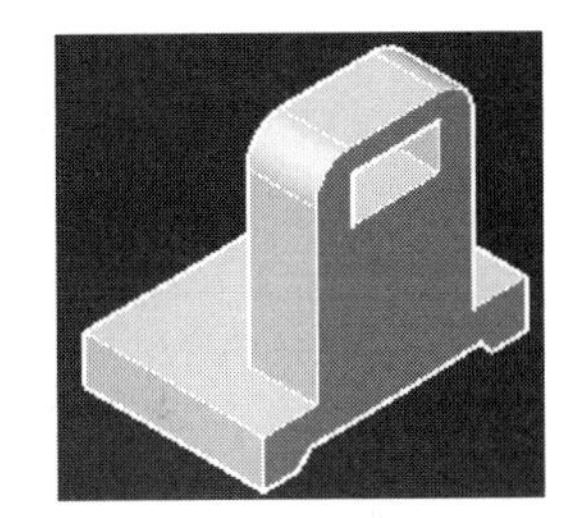

图 12.12　西北等轴测

2. 根据三维动态观察器

使用三维动态观察器可以在三维空间动态地观察三维对象。选择下拉菜单 视图(V) → 动态观察(B) → 自由动态观察(F) 命令后，系统将显示一个如图 12.13 所示的观察球，在圆的 4 个象限点处带有 4 个小圆，这便是三维动态观察器。

图 12.13　动态观察

观察器的圆心就是要观察的点（目标点），观察的出发点相当于相机的位置。查看时，目标点是固定不动的，通过移动鼠标可以使相机在目标点周围移动，以便从不同的视点动态地观察对象。结束命令后，三维图形将按新的视点方向重新定位。

3. 使用快捷键观察三维图形

用户可以同时按住 Shift+鼠标中键，然后移动鼠标即可，鼠标移动方向就是三维图形旋转方向。

12.3 视觉样式

AutoCAD 向用户提供了 10 种不同的显示方法，通过不同的显示方式可以方便用户查看模型内部的细节结构，也可以帮助用户更好地选取一个对象；用户可以在“常用”功能选项卡“视图”区域的“视觉样式”下拉列表中选择不同的视觉样式，如图 12.14 所示。视觉样式节点下各选项的说明如下。

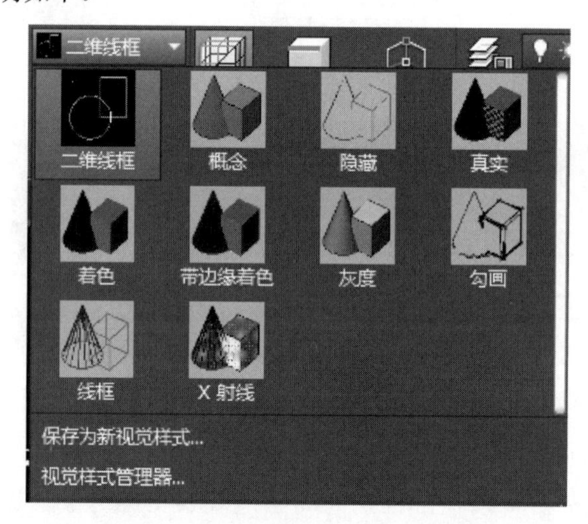

图 12.14 “视觉样式”下拉列表

二维线框（　）：使用直线和曲线显示对象。此视觉样式针对高保真度的二维绘图环境进行了优化，如图 12.15 所示。

概念（　）使用平滑着色和古氏面样式显示三维对象。古氏面样式在冷暖颜色而不是明暗效果之间转换。效果缺乏真实感，但是可以更方便地查看模型的细节，如图 12.16 所示。

隐藏（　）使用线框表示显示三维对象，并隐藏表示背面的直线，如图 12.17 所示。

真实（　）使用平滑着色和材质显示三维对象，如图 12.18 所示。

着色（　）使用平滑着色显示三维对象，如图 12.19 所示。

带边缘着色（　）使用平滑着色和可见边显示三维对象，如图 12.20 所示。

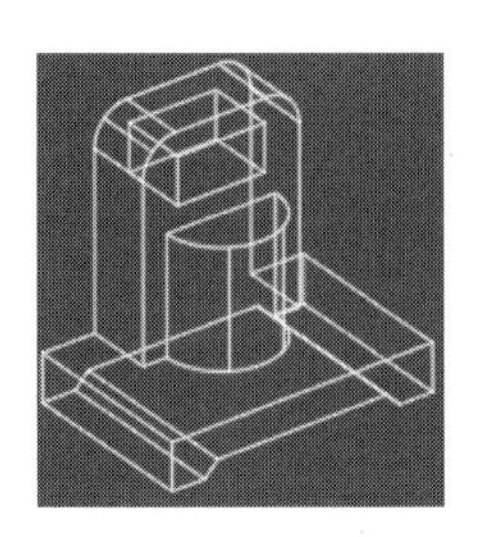
图 12.15　二维线框

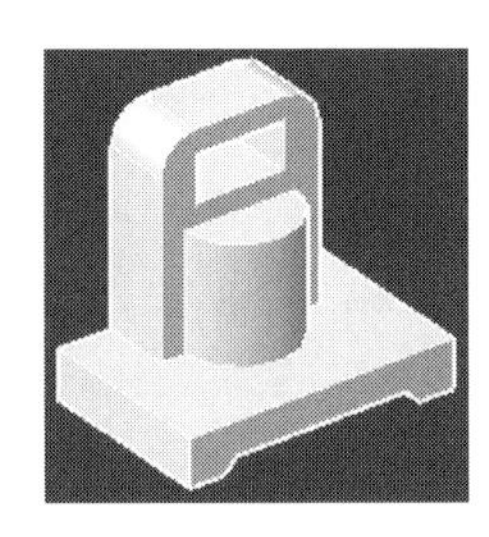
图 12.16　概念

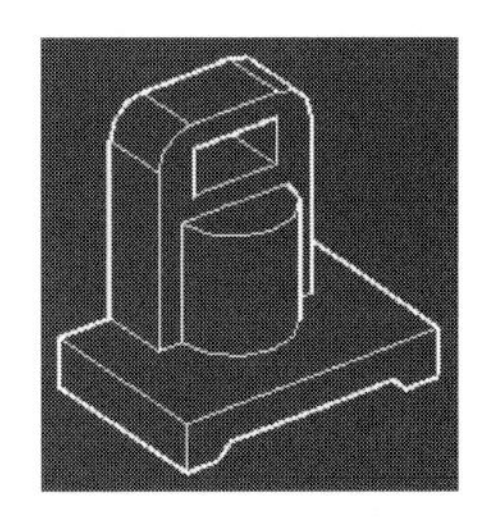
图 12.17　隐藏

图 12.18　真实

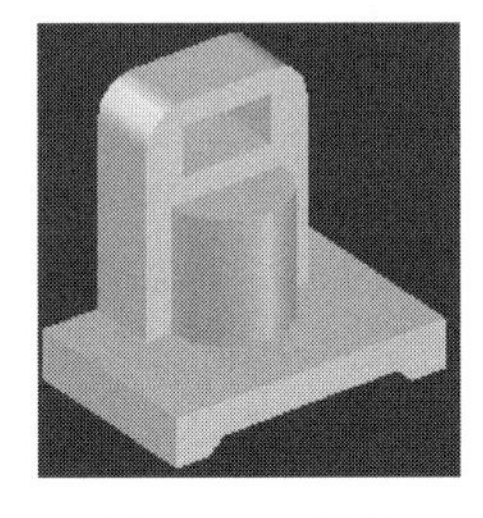
图 12.19　着色

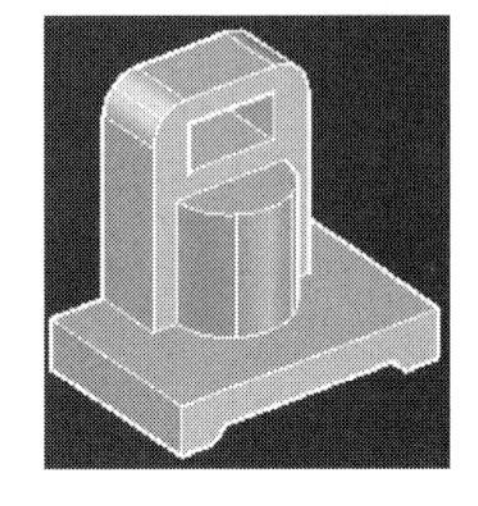
图 12.20　带边缘着色

灰度（ ）使用平滑着色和单色灰度显示三维对象，如图 12.21 所示。

勾画（ ）使用线延伸和抖动边修改器显示手绘效果的二维和三维对象，如图 12.22 所示。

线框（ ）仅使用直线和曲线显示三维对象。将不显示二维实体对象的绘制顺序设置和填充。与二维线框视觉样式的情况一样，更改视图方向时，线框视觉样式不会导致重新生成视图。在大型三维模型中将节省大量的时间，如图 12.23 所示。

X 射线（ ）以局部透明度显示三维对象，如图 12.24 所示。

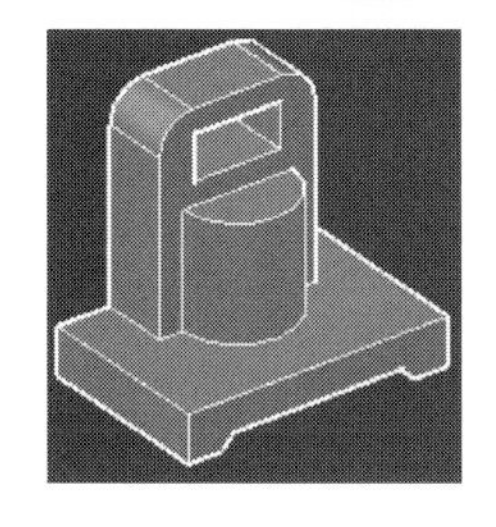
图 12.21　灰度

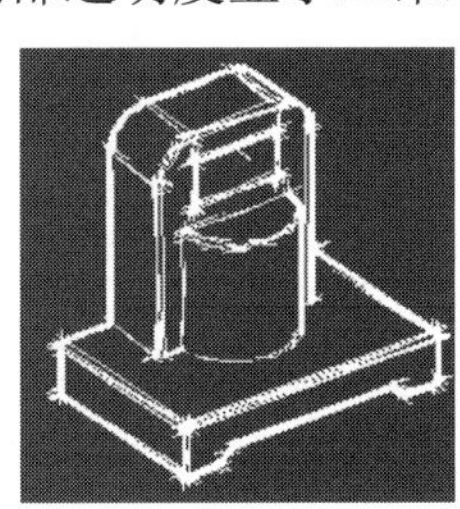
图 12.22　勾画

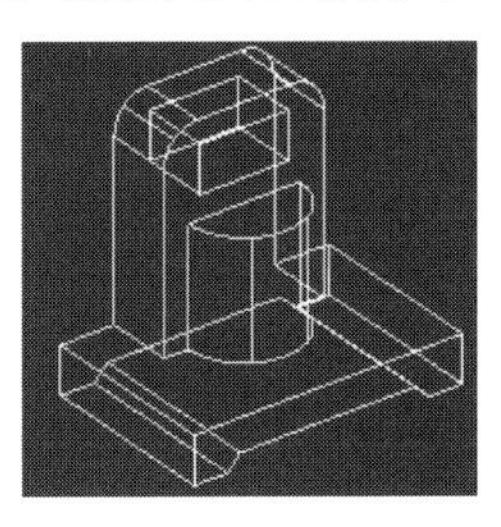
图 12.23　线框

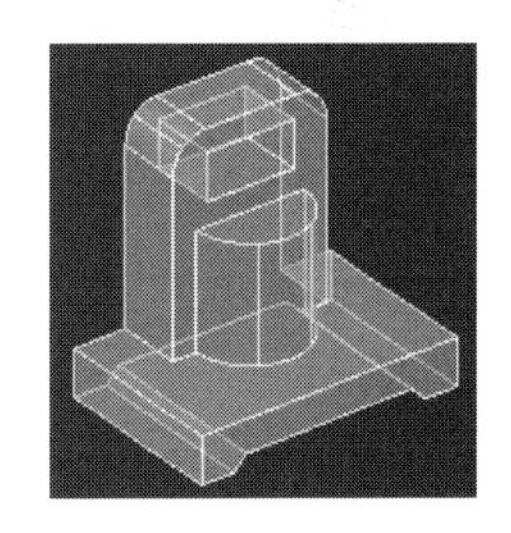
图 12.24　X 射线

12.4　基本三维实体对象

14min

1．长方体

下面以如图 12.25 所示的长度为 100、宽度为 60、高度为 50 的长方体为例，介绍创建长方体的一般操作过程。

图 12.25 长方体

步骤 1：调整视点至东南等轴测。在“常用”功能选项卡“视图”区域的“视点”下拉列表中选择“东南等轴测”，完成后如图 12.26 所示。

步骤 2：选择命令。选择“常用”功能选项卡“建模”区域中的 长方体 命令。

说明：进入长方体命令还有以下两种方法。

方法一：选择下拉菜单 绘图(D) → 建模(M) → 长方体(B) 命令。

方法二：在命令行中输入 BOX 命令，并按 Enter 键。

步骤 3：定义长方体的第 1 个角点。在系统 BOX 指定第1个角点或 [中心(C)]:的提示下，在绘图区任意位置单击即可确定第 1 个角点位置。

步骤 4：定义长方体的长度与宽度。在系统 BOX 指定其他角点或 [立方体(C) 长度(L)]: 的提示下，选择 长度(L) 选项，在系统 BOX 指定长度: 的提示下在图形区捕捉到水平角度，并且输入长方体的长度值 100 并按 Enter 键确认，在系统 BOX 指定宽度: 的提示下，输入长方体的宽度值 60 并按 Enter 键确认。

步骤 5：定义长方体的高度。在系统 BOX 指定高度或 [两点(2P)]:的提示下，在图形区向上移动鼠标（代表高度方向向上），输入长方体的高度值 50 并按 Enter 键确认，完成后的效果如图 12.27 所示。

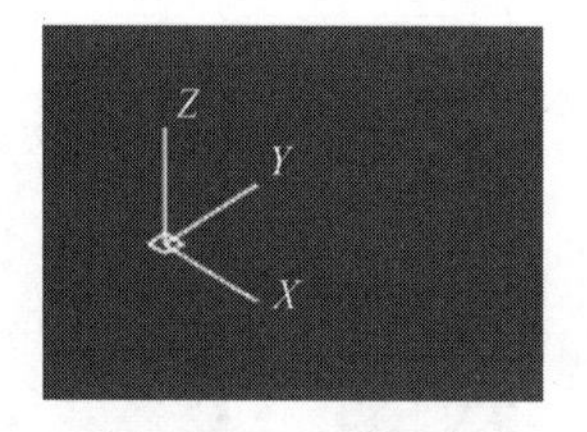

图 12.26 调整视点

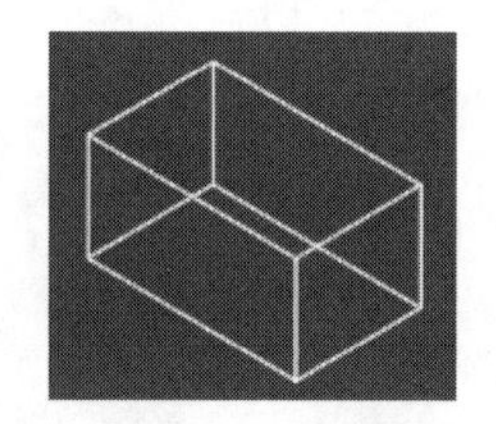

图 12.27 长方体

2. 圆柱体

下面以如图 12.28 所示的直径为 100、高度为 50 的圆柱体为例，介绍创建圆柱体的一般操作过程。

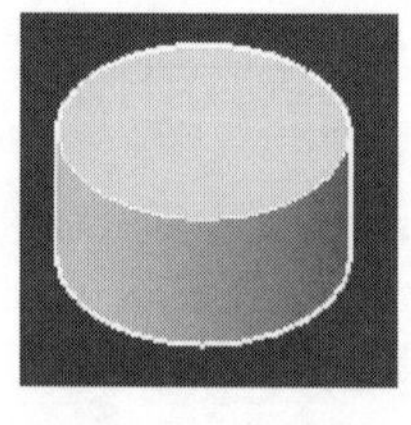

图 12.28 圆柱体

步骤 1：调整视点至东南等轴测。选择“常用”功能选项卡“视图”区域的“视点”下拉列表中选择“东南等轴测”。

步骤 2：选择命令。选择“常用”功能选项卡“建模”区域中的 圆柱体 命令。

说明： 进入圆柱体命令还有以下两种方法。

方法一：选择下拉菜单 绘图(D) → 建模(M) → 圆柱体(C) 命令。

方法二：在命令行中输入 CYLINDER 命令，并按 Enter 键。

步骤 3：定义圆柱体的底面中心。在系统 CYLINDER 指定底面的中心点或 [三点(3P) 两点(2P) 切点、切点、半径(T) 椭圆(E)]:的提示下，在绘图区任意位置单击即可确定底面中心位置。

步骤 4： 定义圆柱体的直径。在系统 SPHERE 指定半径或 [直径(D)]:的提示下，选择 直径(D) 选项，在系统 CYLINDER 指定直径: 的提示下输入直径 100 并按 Enter 键确认。

步骤 5：定义圆柱体的高度。在系统 CYLINDER 指定高度或 [两点(2P) 轴端点(A)] <50.0000>:的提示下，在图形区向上移动鼠标（代表高度方向向上），输入圆柱体的高度值 50 并按 Enter 键确认，完成后的效果如图 12.28 所示。

3．圆锥体

下面以如图 12.29 所示的直径为 100、高度为 100 的圆锥体为例，介绍创建圆锥体的一般操作过程。

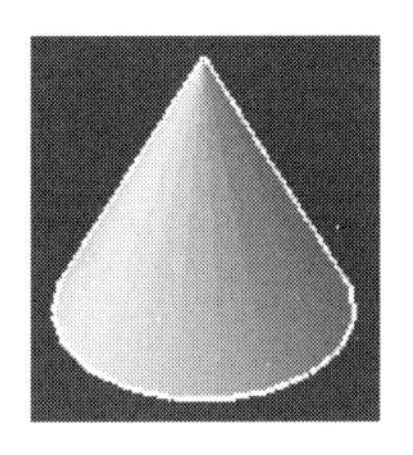

图 12.29　圆锥体

步骤 1：调整视点至东南等轴测。在“常用”功能选项卡“视图”区域的“视点”下拉列表中选择“东南等轴测”。

步骤 2：选择命令。选择“常用”功能选项卡“建模”区域中的 圆锥体 命令。

说明： 进入圆锥体命令还有以下两种方法。

方法一：选择下拉菜单 绘图(D) → 建模(M) → 圆锥体(O) 命令。

方法二：在命令行中输入 CONE 命令，并按 Enter 键。

步骤 3：定义圆锥体的底面中心。在系统 CONE 指定底面的中心点或 [三点(3P) 两点(2P) 切点、切点、半径(T) 椭圆(E)]:的提示下，在绘图区任意位置单击即可确定底面中心位置。

步骤 4：定义圆锥体的底面直径。在系统 CONE 指定底面半径或 [直径(D)] <50.0000>: 的提示下，选择 直径(D) 选项，在系统 CONE 指定直径 <100.0000>: 的提示下输入直径 100 并按 Enter 键确认。

步骤 5：定义圆锥体的高度。在系统 CONE 指定高度或 [两点(2P) 轴端点(A) 顶面半径(T)] 的提示下，在图形区向上移动鼠标（代表高度方向向上），输入圆锥体的高度值 100 并按 Enter 键确认，完成后的效果如图 12.29 所示。

说明：在系统 CONE 指定高度或 [两点(2P) 轴端点(A) 顶面半径(T)] 的提示下，选择顶面半径(T)选项，在系统 CONE 指定顶面半径 <0.0000>:的提示下，输入顶面直径值，然后在系统 CONE 指定高度或 [两点(2P) 轴端点(A)] 的提示下，输入高度值并按 Enter 键，即可得到如图 12.30 所示的圆台效果。

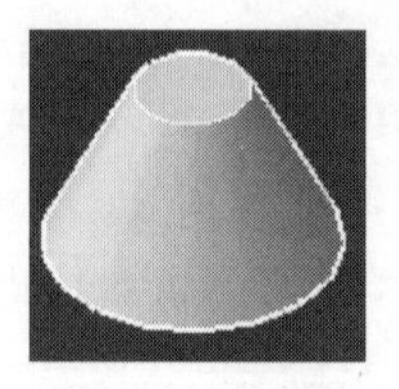

图 12.30　圆台

4．球体

下面以如图 12.31 所示的半径为 50 的球体为例，介绍创建球体的一般操作过程。

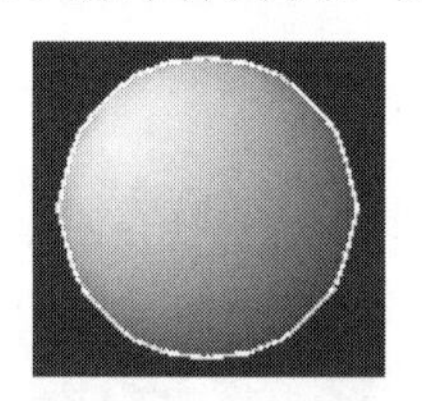

图 12.31　球体

步骤 1：调整视点至东南等轴测。在“常用”功能选项卡“视图”区域的“视点”下拉列表中选择“东南等轴测”。

步骤 2：选择命令。选择“常用”功能选项卡“建模”区域中的 球体 命令。

说明：进入球体命令还有以下两种方法。

方法一：选择下拉菜单 绘图(D) → 建模(M) → 球体(S) 命令。

方法二：在命令行中输入 SPHERE 命令，并按 Enter 键。

步骤 3：定义球体的球心。在系统 SPHERE 指定中心点或 [三点(3P) 两点(2P) 切点、切点、半径(T)]:的提示下，在绘图区任意位置单击即可确定球心位置。

步骤 4：定义球体的半径。在系统 SPHERE 指定半径或 [直径(D)] <50.0000>: 的提示下，输入球体半径 50 并按 Enter 键确认，完成后的效果如图 12.31 所示。

8min

12.5　拉伸

拉伸实体是指将二维封闭的图形对象沿其所在平面的垂直方向按指定的高度拉伸，或沿指定的路径进行拉伸来绘制三维实体。拉伸的二维封闭图形可以是圆、椭圆、圆环、多边形、闭合的多段线、矩形、面域或闭合的样条曲线等。

下面以如图 12.32 所示的实体为例，介绍指定高度值拉伸的一般操作过程。

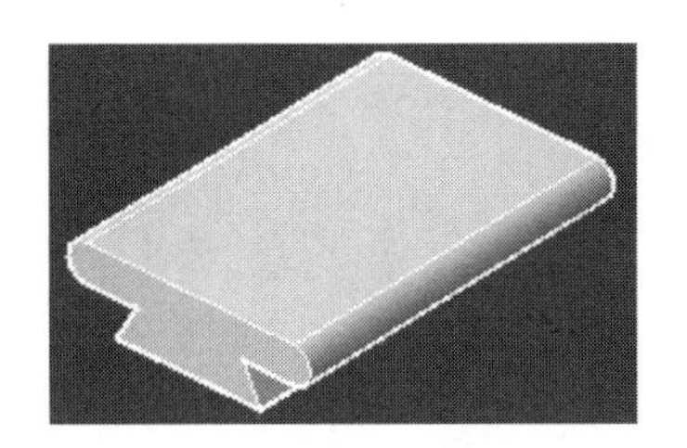

图 12.32　指定高度值拉伸

步骤 1：绘制拉伸截面。参考 10.2 节的内容绘制如图 12.33 所示的拉伸截面图形。

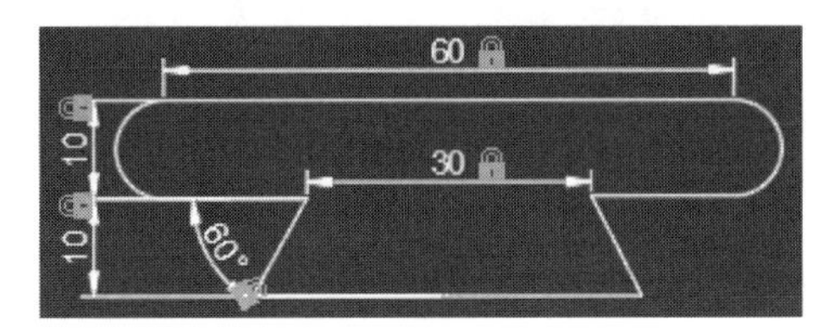

图 12.33　拉伸截面草图

步骤 2：合并截面对象。选择下拉菜单 修改(M) → 合并(J) 命令，在系统提示下选取步骤 1 绘制的 6 条直线与两段圆弧作为要合并的对象。

说明：如果对象不合并，则后期拉伸得到的将是曲面，如图 12.34 所示。

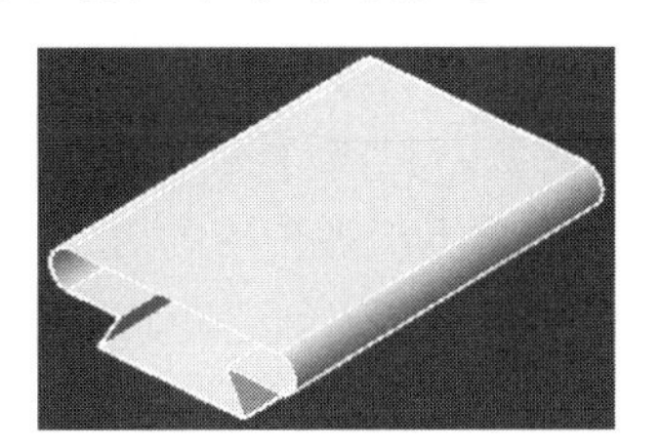

图 12.34　不合并的拉伸曲面

步骤 3：调整视点至东南等轴测。在“常用”功能选项卡“视图”区域的“视点”下拉列表中选择“东南等轴测”。

步骤 4：选择命令。选择“常用”功能选项卡“建模”区域中的 拉伸 命令，如图 12.35 所示。

说明：进入拉伸命令还有以下两种方法。

方法一：选择下拉菜单 绘图(D) → 建模(M) → 拉伸(X) 命令。

方法二：在命令行中输入 EXTRUDE 命令，并按 Enter 键。

步骤 5：选择拉伸对象。在系统 EXTRUDE 选择要拉伸的对象或 [模式(MO)]: 的提示下，在绘图区选取步骤 2 创建的合并对象并按 Enter 键确认。

步骤 6：定义拉伸的深度。在系统 EXTRUDE 指定拉伸的高度或 [方向(D) 路径(P) 倾斜角(T) 表达式(E)] <50.0000>: 的提示下，在图形区向上移动鼠标（代表高度方向向上），输入拉伸的高度值 100 并按 Enter 键确认，完成后的效果如图 12.32 所示。

图 12.35　选择命令

6min

12.6　旋转

旋转特征是指将一个封闭的截面轮廓绕着我们给定的中心轴旋转一定的角度而得到的实体效果；通过对概念的学习，我们应该可以总结得到，旋转特征的创建需要有以下两大要素：一是截面轮廓，二是中心轴。两个要素缺一不可。旋转轴可以是当前用户坐标系的 X 轴或 Y 轴，也可以是一个已存在的直线对象，或者指定的两点间的连线。用于旋转的截面轮廓可以是封闭多段线、多边形、圆、椭圆、封闭样条曲线、圆环及面域。三维对象、包含在块中的对象、有交叉或自干涉的多段线是不能被旋转的。

下面以如图 12.36 所示的实体为例，介绍创建旋转特征的一般操作过程。

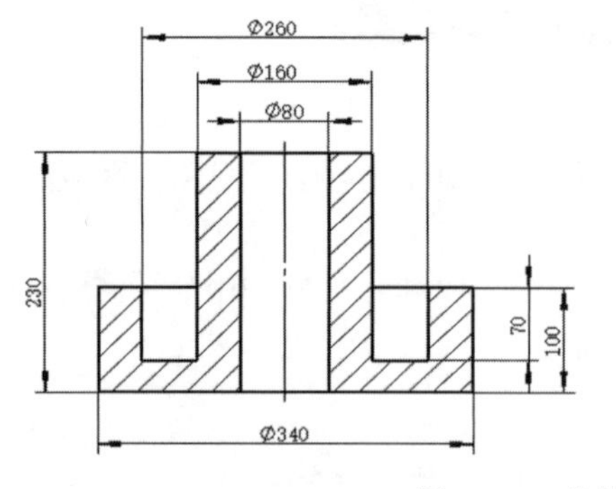

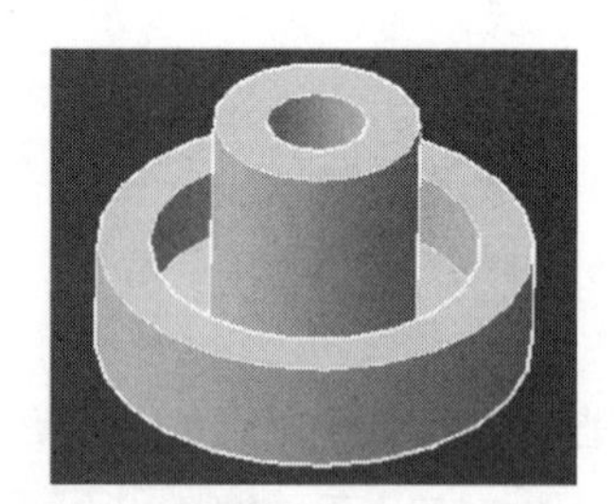

图 12.36　旋转特征

步骤 1：绘制旋转截面。根据如图 12.36 所示的尺寸绘制如图 12.37 所示的图形。

步骤 2：合并截面对象。选择下拉菜单 修改(M) → 合并(J) 命令，在系统提示下选取步骤 1 绘制的 8 条直线作为要合并的对象。

说明： 如果对象不合并，则后期旋转得到的将是曲面。

步骤 3：调整视点至东南等轴测。在“常用”功能选项卡“视图”区域的“视点”下拉列表中选择“东南等轴测”。

步骤 4：选择命令。选择“常用”功能选项卡“建模”区域中的 旋转 命令，如图 12.38 所示。

说明：进入旋转命令还有以下两种方法。

方法一：选择下拉菜单 绘图(D) → 建模(M) → 旋转(R) 命令。

方法二：在命令行中输入 REVOLVE 命令，并按 Enter 键。

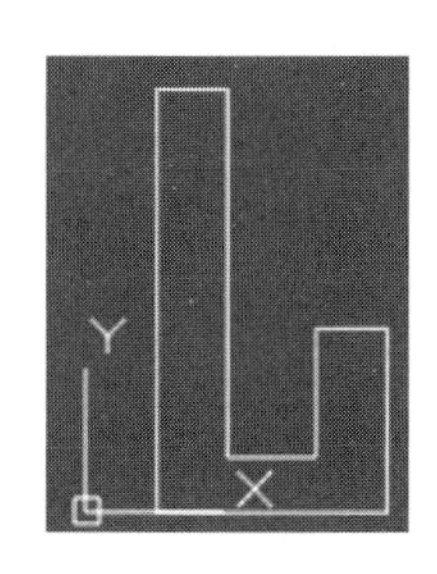

图 12.37　旋转截面

图 12.38　选择命令

步骤 5：选择旋转对象。在系统 REVOLVE 选择要旋转的对象或 [模式(MO)]: 的提示下，在绘图区选取步骤 2 创建的合并对象并按 Enter 键确认。

步骤 6：选择旋转轴。在系统 REVOLVE 指定轴起点或根据以下选项之一定义轴 [对象(O) X Y Z] 的提示下，选择 Y 选项（用 *Y* 轴作为旋转特征的旋转轴）。

步骤 7：定义旋转角度。在系统 REVOLVE 指定旋转角度或 [起点角度(ST) 反转(R) 表达式(EX)] <360>: 的提示下，直接按 Enter 键确认（采用系统默认的 360°旋转角度），效果如图 12.36 所示。

注意：当将一个二维对象通过拉伸或旋转生成三维对象后，AutoCAD 通常要删除原来的二维对象。系统变量 DELOBJ 可用于控制原来的二维对象是保留还是不保留。

12.7　扫掠

扫掠特征是指将一个截面轮廓沿着我们给定的曲线路径掠过而得到的一个实体效果。通过对概念的学习可以总结得到，要想创建并得到一个扫掠特征就需要有以下两大要素作为支持：一是截面轮廓，二是曲线路径。

下面以如图 12.39 所示的实体为例，介绍普通扫掠的一般操作过程。

图 12.39　普通扫掠

步骤 1：绘制扫掠路径。通过直线、圆与修剪等功能绘制如图 12.40 所示的扫掠路径。

步骤 2：合并截面对象。选择下拉菜单 修改(M) → 合并(J) 命令，在系统提示下选取步骤 1 绘制的两条直线与两段圆弧作为要合并的对象。

步骤 3：调整视点至东南等轴测。在“常用”功能选项卡“视图”区域的“视点”下拉列表中选择“东南等轴测”。

步骤 4：新建用户坐标系。选择下拉菜单 工具(T) → 新建 UCS(W) → Y 命令，在系统 UCS 指定绕 Y 轴的旋转角度 <90>:的提示下，输入旋转角度-90 并按 Enter 键确认，完成后如图 12.41 所示。

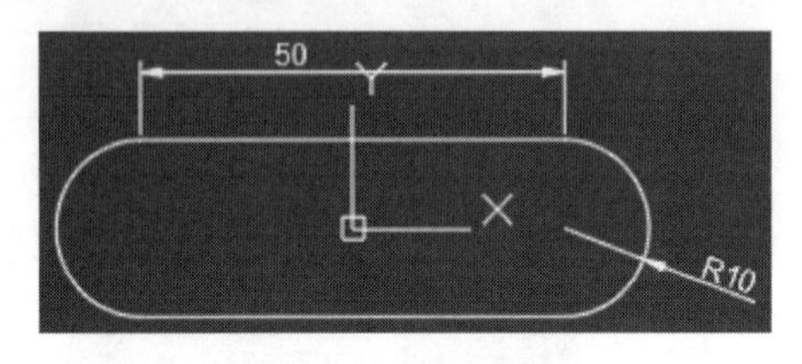

图 12.40 扫掠路径

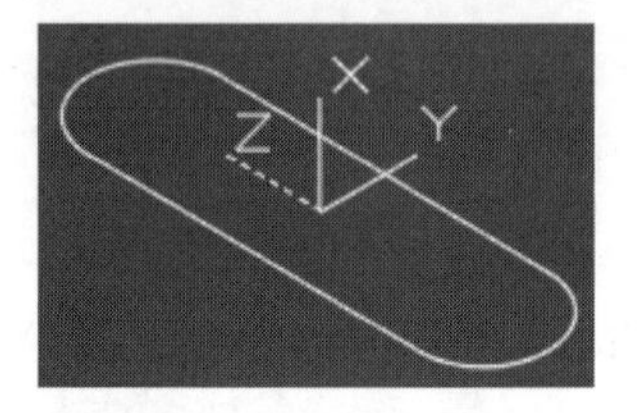

图 12.41 用户坐标系

步骤 5：调整视点至东南等轴测。在“常用”功能选项卡“视图”区域的“视点”下拉列表中选择“右视”。

步骤 6：绘制扫掠截面。通过多边形命令绘制如图 12.42 所示的扫掠截面（内切圆半径为 1.5 的三角形，中心坐标为（10,0）。

步骤 7：调整视点至东南等轴测。在“常用”功能选项卡“视图”区域的“视点”下拉列表中选择“东南等轴测”。

步骤 8：选择命令。选择“常用”功能选项卡“建模”区域中的 扫掠 命令，如图 12.43 所示。

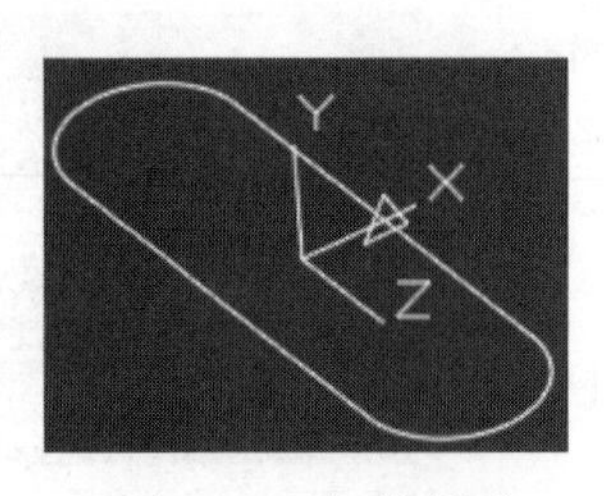

图 12.42 扫掠截面

图 12.43 选择命令

说明：进入扫掠命令还有以下两种方法。

方法一：选择下拉菜单 绘图(D) → 建模(M) → 扫掠(P) 命令。

方法二：在命令行中输入 SWEEP 命令，并按 Enter 键。

步骤 9：选择扫掠截面。在系统 SWEEP 选择要扫掠的对象或 [模式(MO)]:的提示下，在绘图区选取步骤 6 创建的三角形并按 Enter 键确认。

步骤 10：选择扫掠路径。在系统 SWEEP 选择扫掠路径或 [对齐(A) 基点(B) 比例(S) 扭曲(T)]:的提示下，选取步骤 2 创建的合并对象并按 Enter 键确认，效果如图 12.39 所示。

12.8　放样

6min

放样是指将一组截面沿着边线用光滑过度的曲面连接形成的一个连续的实体特征。放样至少需要两个截面，并且需要在不同的平面上。

下面以图 12.44 所示的实体为例，介绍普通放样的一般操作过程。

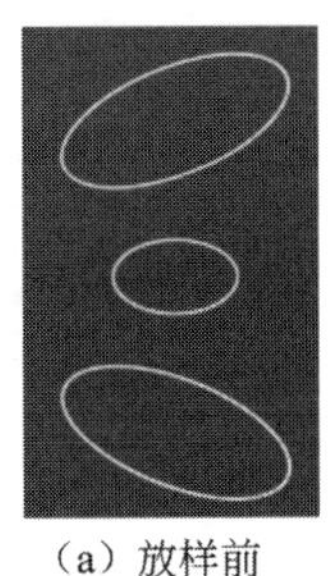

（a）放样前

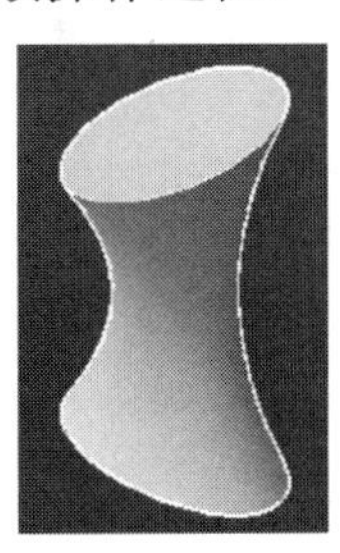

（b）放样后

图 12.44　普通放样

步骤 1：打开文件。打开文件 D:\AutoCAD2016\work\ch12.08\普通放样-ex。

步骤 2：绘制第 1 个截面。选择 圆心 命令，绘制通过原点、长半轴为 45、短半轴为 25 的椭圆，完成后的效果如图 12.45 所示。

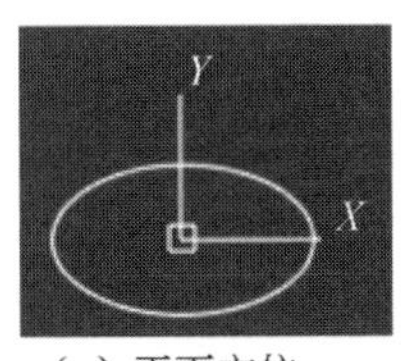

（a）平面方位

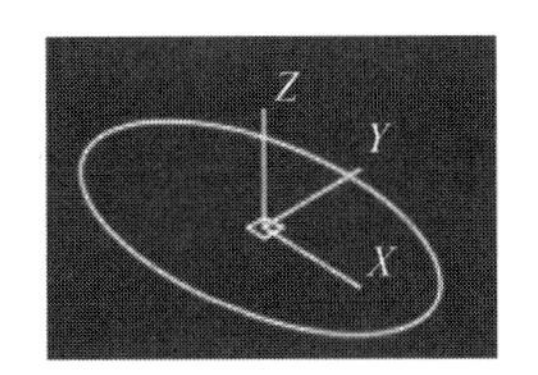

（b）轴测方位

图 12.45　截面 1

步骤 3：绘制第 2 个截面。选择 圆心, 半径 命令，绘制以（0,0,60）为圆心、半径为 20 的圆，完成后的效果如图 12.46 所示。

步骤 4：绘制第 3 个截面。选择 圆心 命令，绘制通过（0,0,120）且长半轴为 45、短半轴为 25 的椭圆，完成后的效果如图 12.47 所示。

步骤 5：选择命令。选择“常用”功能选项卡“建模”区域中的放样命令，如图 12.48 所示。

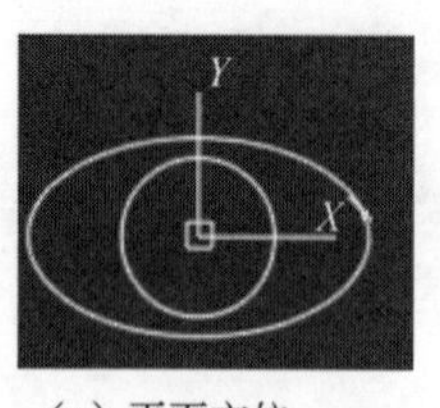

(a) 平面方位

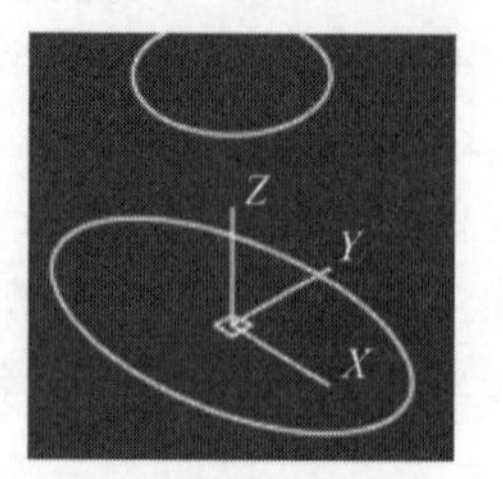

(b) 轴测方位

图 12.46　截面 2

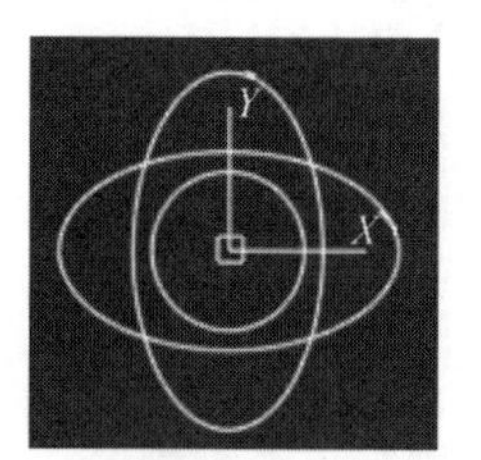

(a) 平面方位

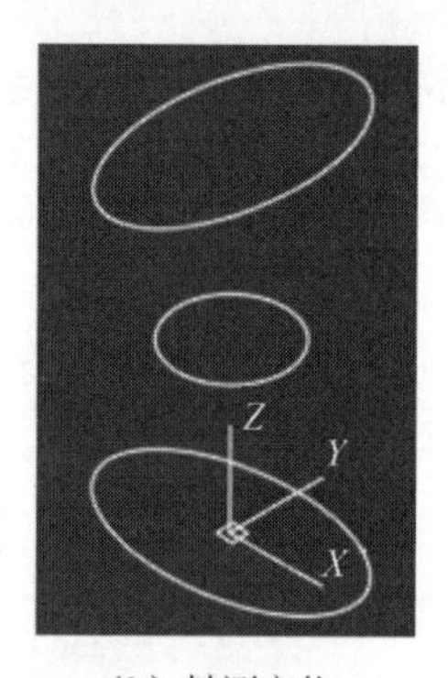

(b) 轴测方位

图 12.47　截面 3

图 12.48　选择命令

步骤 6：选择放样截面。在系统 LOFT 按放样次序选择横截面或 的提示下，在绘图区依次选取步骤 2 创建的截面 1、步骤 3 创建的截面 2 及步骤 4 创建的截面 3 并按 Enter 键确认。

步骤 7：选择放样选项。在系统 LOFT 输入选项 [导向(G) 路径(P) 仅横截面(C) 设置(S)]的提示下，选择 仅横截面(C) 选项，效果如图 12.44（b）所示。

12.9　上机实操

上机实操案例 1 完成后如图 12.49 所示。上机实操案例 2 完成后如图 12.50 所示。

图 12.49　实操 1

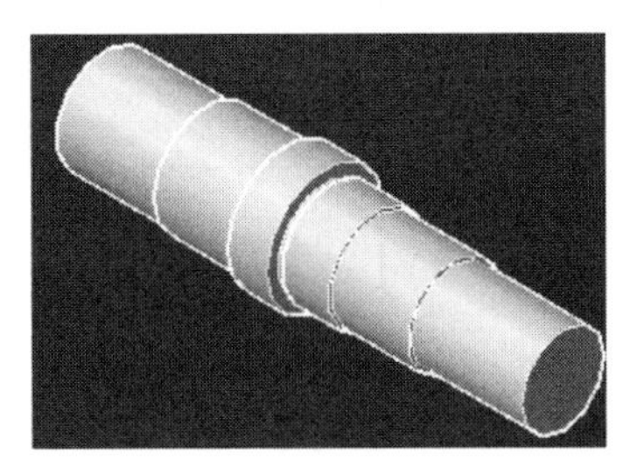

图 12.50　实操 2

第 13 章

三维图形的编辑

9min

13.1 布尔运算

布尔运算是指将已经存在的多个独立的实体进行运算，以产生新的实体。在使用 AutoCAD 进行产品设计时，一个零部件从无到有一般像搭积木一样将一个个特征所创建的几个体累加起来，在这些特征中，有时需要添加材料，有时需要去除材料，在加材料时是将多个几何体相加，也就是求和，在去除材料时，是从一个几何体中减去另外一个或者多个几何体，也就是求差，在机械设计中，我们把这种方式叫作布尔运算。在使用 AutoCAD 进行机械设计时，进行布尔运算是非常有用的。在 AutoCAD 中布尔运算主要包括布尔求和（并集）、布尔求差（差集）及布尔求交（交集）。

1. 布尔求和（并集）

布尔求和命令是将两个或者多个实体合并在一起，从而得到一个新的复合实体。

下面以如图 13.1 所示的模型为例，说明进行布尔求和的一般操作过程。

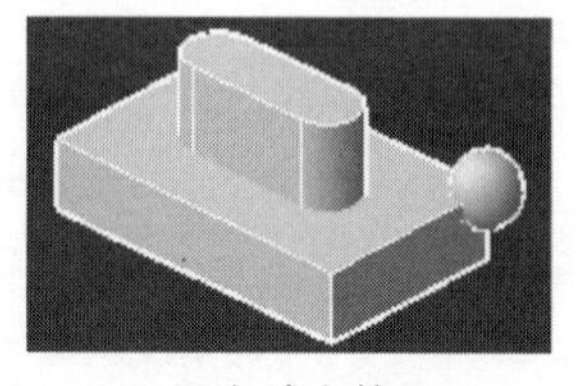

（a）求和前

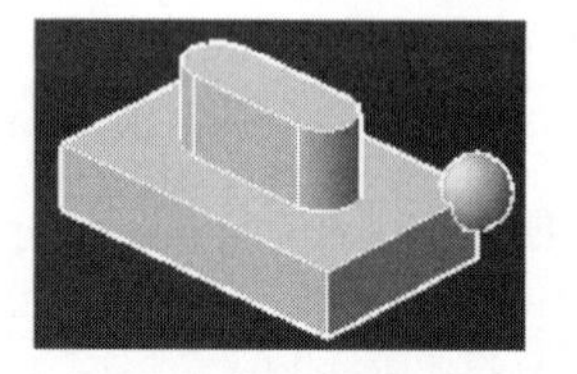

（b）求和后

图 13.1　布尔求和

步骤 1：打开文件。打开文件 D:\AutoCAD2016\work\ch13.01\布尔求和-ex。

步骤 2：选择命令。选择“常用”功能选项卡“实体编辑”区域中的“并集”命令，如图 13.2 所示。

图 13.2　选择命令

说明：进入布尔合并命令还有以下两种方法。

方法一：选择下拉菜单 修改(M) → 实体编辑(N) → 并集(U) 命令。

方法二：在命令行中输入 UNION 命令，并按 Enter 键。

步骤 3：选择要合并的命令。在系统 UNION 选择对象: 的提示下，选取如图 13.1（a）所示的 3 个实体（长方体、球体与槽口体），按 Enter 键完成操作。

2. 布尔求差（差集）

布尔求差命令是将工具体和目标体重叠的部分从目标体中去除，同时移除工具体。目标体只能有一个，但工具体可以有多个。

下面以如图 13.3 所示的模型为例，说明进行布尔求差的一般操作过程。

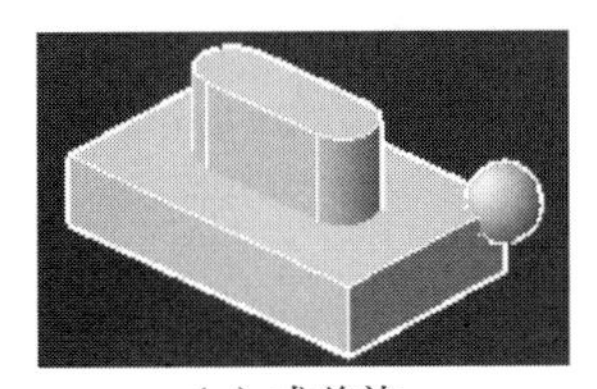
（a）求差前

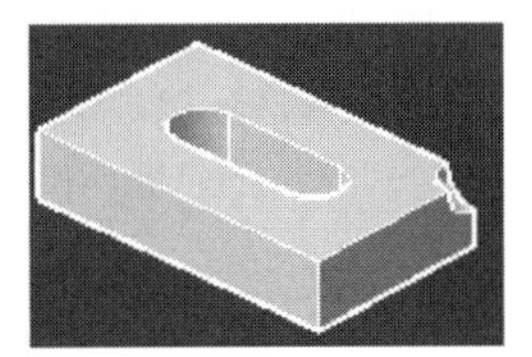
（b）求差后

图 13.3　布尔求差

步骤 1：打开文件。打开文件 D:\AutoCAD2016\work\ch13.01\布尔求差-ex。

步骤 2：选择命令。选择“常用”功能选项卡“实体编辑”区域中的“差集”命令。

步骤 3：选择目标体。在系统 SUBTRACT 选择对象: 的提示下，选取长方体作为目标体并按 Enter 键确认。

步骤 4：选择工具体。在系统 SUBTRACT 选择对象: 的提示下，选取另外两个体（球体和槽口体）作为工具体并按 Enter 键确认，完成后的效果如图 13.3（b）所示。

3. 布尔求交

布尔求交命令是将两个或者多个实体之间的公共部分保留，其余的部分全部移除。

下面以如图 13.4 所示的模型为例，说明进行布尔求交的一般操作过程。

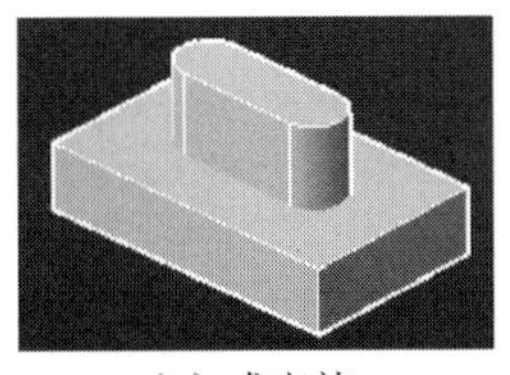
（a）求交前

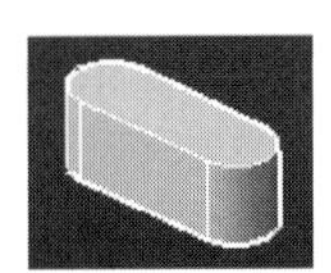
（b）求交后

图 13.4　布尔求交

步骤 1：打开文件。打开文件 D:\AutoCAD2016\work\ch13.01\布尔求交-ex。

步骤 2：选择命令。选择“常用”功能选项卡“实体编辑”区域中的“交集”命令。

步骤 3：选择对象。在系统 INTERSECT 选择对象: 的提示下，选取长方体与槽口体求交并按 Enter 键确认，效果如图 13.4（b）所示。

3min

13.2 三维旋转

三维旋转是指将选定对象绕空间轴旋转指定的角度。旋转轴可以是一个已存在的对象，也可以是当前用户坐标系的任一轴，或者三维空间中任意两个点的连线。

下面以如图 13.5 所示的模型为例，说明进行三维旋转的一般操作过程。

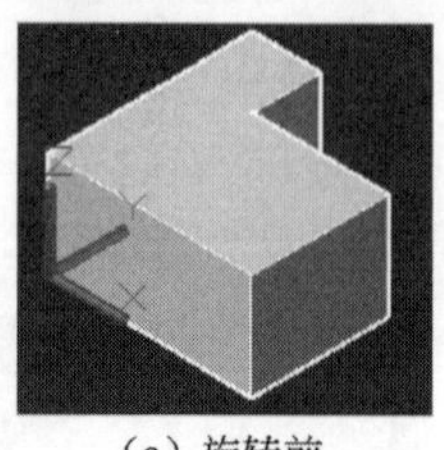

（a）旋转前

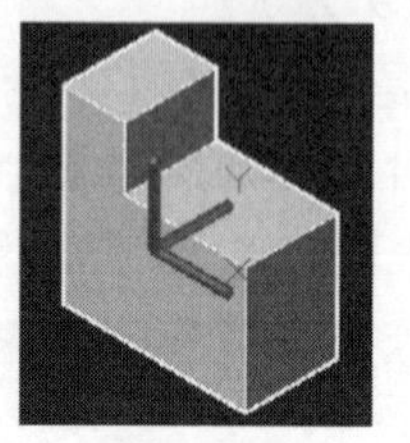

（b）旋转后

图 13.5 三维旋转

步骤 1：打开文件。打开文件 D:\AutoCAD2016\work\ch13.02\三维旋转-ex。

步骤 2：选择命令。选择“常用”功能选项卡“修改”区域中的“三维旋转” 命令，如图 13.6 所示。

图 13.6 选择命令

说明：进入三维旋转命令还有以下两种方法。

方法一：选择下拉菜单 修改(M) → 三维操作(3) → 三维旋转(R) 命令。

方法二：在命令行中输入 3DROTATE 命令，并按 Enter 键。

步骤 3：选择旋转对象。在系统 3DROTATE 选择对象：的提示下，选取如图 13.5（a）所示的实体为要旋转的对象并按 Enter 键确认。

步骤 4：选择旋转基点。在系统 3DROTATE 指定基点：的提示下，输入基点坐标（0,0,0）并按 Enter 键确认。

步骤 5：选择旋转轴。在系统 3DROTATE 拾取旋转轴：的提示下，在绘图区将光标放在红色圆环上选取 X 轴作为旋转轴，如图 13.7 所示。

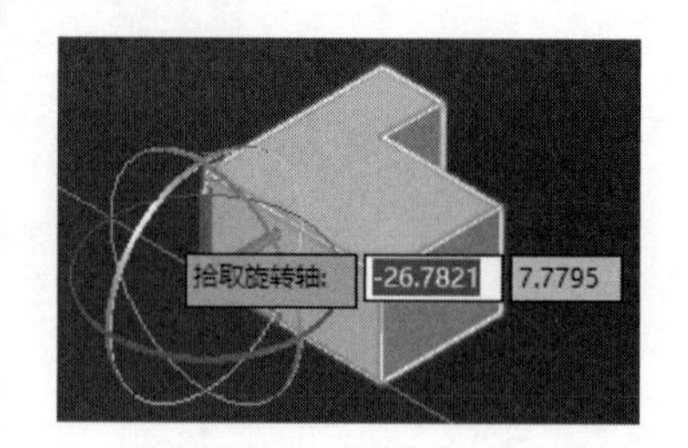

图 13.7 旋转轴

步骤 6：定义旋转角度。在系统 3DROTATE 指定角的起点或键入角度:的提示下，输入角度 90 并按 Enter 键确认，完成后的效果如图 13.5（b）所示。

13.3　三维移动

三维移动是指将选定的对象在三维空间内进行位置调整。

下面以如图 13.8 所示的模型为例，说明进行三维移动的一般操作过程。

（a）移动前

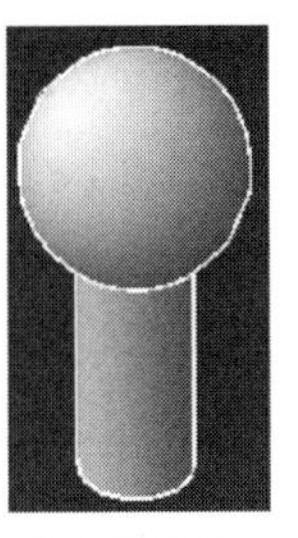

（b）移动后

图 13.8　三维移动

步骤 1：打开文件。打开文件 D:\AutoCAD2016\work\ch13.03\三维移动-ex。

步骤 2：选择命令。选择“常用”功能选项卡“修改”区域中的“三维移动”命令。

说明：进入三维旋转命令还有以下两种方法。

方法一：选择下拉菜单 修改(M) → 三维操作(3) → 三维移动(M) 命令。

方法二：在命令行中输入 3DMOVE 命令，并按 Enter 键。

步骤 3：选择移动对象。在系统 3DMOVE 选择对象：的提示下，选取如图 13.8（a）所示的球体作为要移动的对象并按 Enter 键确认。

步骤 4：选择移动基点。在系统 3DMOVE 指定基点或 [位移(D)] <位移>:的提示下，选取球心点为移动基点并按 Enter 键确认。

说明：选取基点使确认对象捕捉已经打开，否则将无法捕捉。

步骤 5：选择移动目标点。在系统 3DMOVE 指定第 2 个点或 <使用第1 个点作为位移>：的提示下，选取圆柱体的顶面圆的圆心作为目标点，完成后如图 13.8（b）所示。

13.4　三维镜像

三维镜像是指将选定的对象在三维空间相对于某一平面进行镜像，从而得到源对象的对称副本。

下面以如图 13.9 所示的模型为例，说明进行三维镜像的一般操作过程。

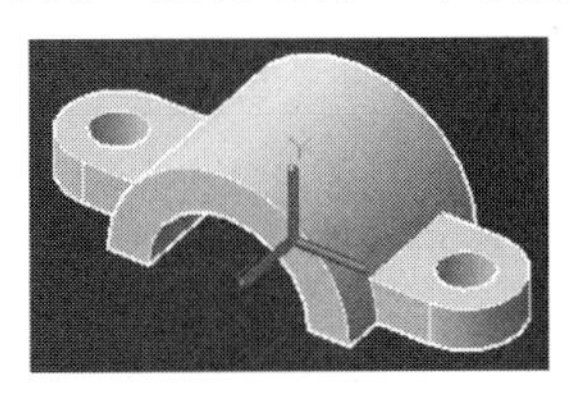

图 13.9　三维镜像

步骤1：打开文件。打开文件 D:\AutoCAD2016\work\ch13.04\三维镜像-ex。

步骤2：选择命令。选择“常用”功能选项卡“修改”区域中的“三维镜像”命令。

说明：进入三维旋转命令还有以下两种方法。

方法一：选择下拉菜单 修改(M) → 三维操作(3) → 三维镜像(D) 命令。

方法二：在命令行中输入 MIRROR3D 命令，并按 Enter 键。

步骤3：选择镜像对象。在系统 MIRROR3D 选择对象：的提示下，选取如图 13.10 所示的两个实体作为要镜像的对象并按 Enter 键确认。

步骤4：选择镜像中心面。在系统的提示下，选取 YZ 平面(YZ) 选项（表示用 YZ 平面作为镜像中心平面）。

步骤5：选择镜像中心面上的点。在系统 MIRROR3D 指定 YZ 平面上的点 <0,0,0>：的提示下直接按 Enter 键。

步骤6：在系统 MIRROR3D 是否删除源对象？[是(Y) 否(N)] <否>：的提示下，选择 否(N) 选项，效果如图 13.11 所示。

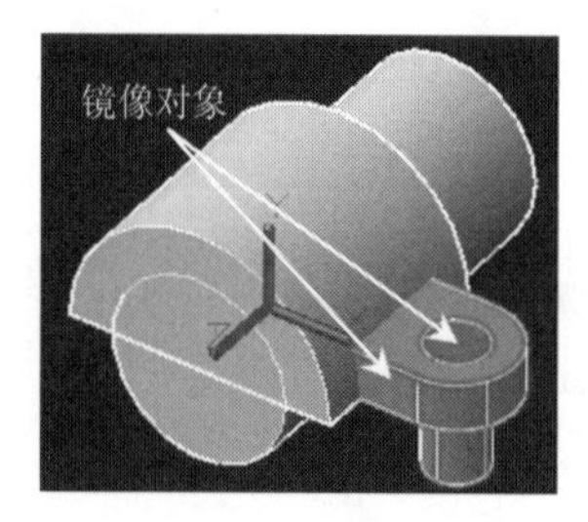

图 13.10 镜像对象（1）

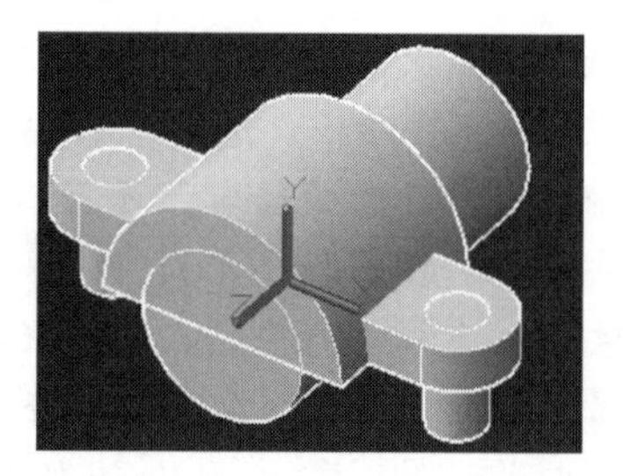

图 13.11 镜像结果（1）

步骤7：创建布尔并集。选择“常用”功能选项卡“实体编辑”区域中的“并集”命令，在系统提示下，选取如图 13.12 所示的 3 个对象作为并集对象并按 Enter 键确认。

步骤8：创建布尔差集。选择“常用”功能选项卡“实体编辑”区域中的“差集”命令，在系统 SUBTRACT 选择对象：的提示下，选取步骤 7 合并的对象作为目标体并按 Enter 键确认，在系统 SUBTRACT 选择对象：的提示下，选取另外 3 个圆柱体作为工具体并按 Enter 键确认，完成后的效果如图 13.13 所示。

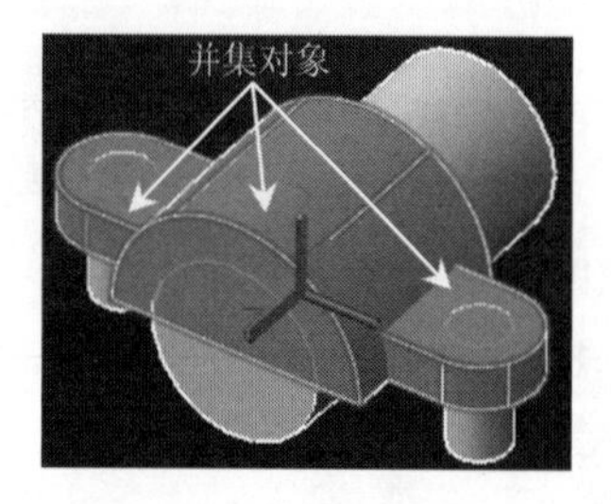

图 13.12 镜像对象（2）

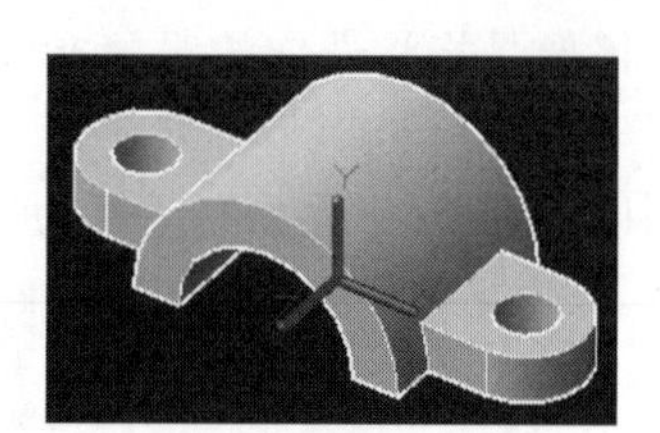

图 13.13 镜像结果（2）

13.5　三维阵列

10min

三维阵列特征主要用来快速得到源对象的多个副本。接下来就通过对比三维阵列与三维镜像两个特征之间的相同与不同之处来理解三维阵列的基本概念，首先总结相同之处：第一点是它们的作用，这两个特征都用来得到源对象的副本，因此在作用上是相同的，第二点是所需要的源对象，我们都知道三维镜像的源对象可以是单个特征、多个特征，同样的三维阵列的源对象也是如此；接下来总结不同之处：第一点，三维镜像是由一个源对象镜像复制得到一个副本，这是镜像的特点，而阵列是由一个源对象快速得到多个副本，第二点是由镜像所得到的源对象的副本与源对象之间是关于镜像中心面对称的，而阵列所得到的多个副本，软件根据不同的排列规律向用户提供了多种不同的阵列方法，这其中就包括矩形阵列、圆周阵列及曲线阵列等。

1．矩形阵列

矩形阵列是将源对象沿着水平与竖直两个方向进行规律性复制，从而得到源对象的多个副本，如图 13.14 所示。

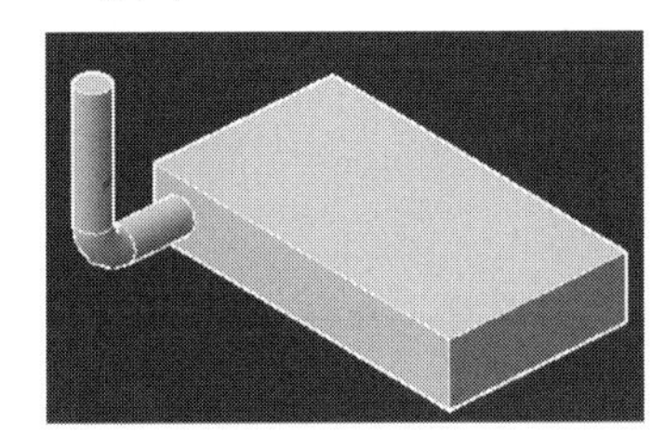

（a）阵列前

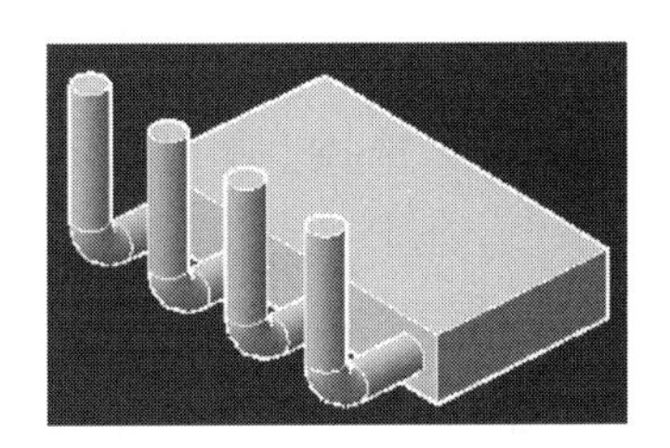

（b）阵列后

图 13.14　矩形阵列

下面以如图 13.14 所示的模型为例，说明进行矩形阵列的一般操作过程。

步骤 1：打开文件。打开文件 D:\AutoCAD2016\work\ch13.05\矩形阵列-ex。

步骤 2：选择命令。选择“常用”功能选项卡“修改”区域中 后的 ，在系统弹出的快捷菜单中选择“矩形阵列” 命令。

步骤 3：选择阵列源对象，在系统 ARRAYRECT 选择对象：的提示下，选取如图 13.15 所示的实体对象作为阵列源对象并按 Enter 键确认。

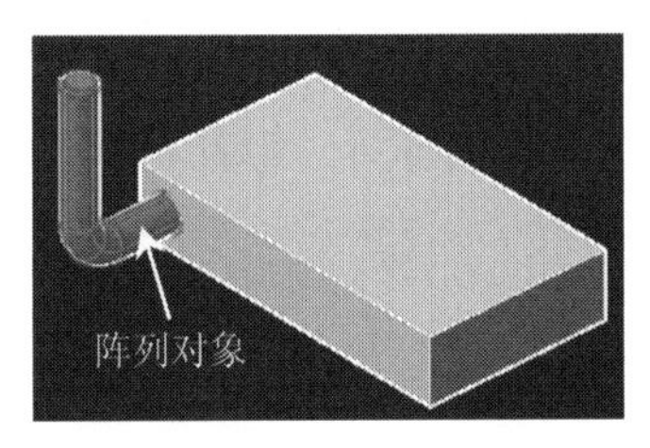

图 13.15　阵列对象

步骤4：定义阵列参数。在系统弹出的阵列创建功能选项卡“列”区域的文本框输入4（表示创建4列），在介于:文本框中输入30（表示每隔30mm创建一列）；在“行”区域的行数:文本框输入1（表示创建1行），其他参数采用系统默认。

步骤5：单击阵列创建功能选项卡下的按钮，完成矩形阵列的创建。

2．环形阵列

环形阵列是将源对象绕着一根轴线进行圆周规律的复制，从而得到源对象的多个副本。下面以如图13.16所示的模型为例，说明进行环形阵列的一般操作过程。

步骤1：打开文件。打开文件D:\AutoCAD2016\work\ch13.05\环形阵列-ex。

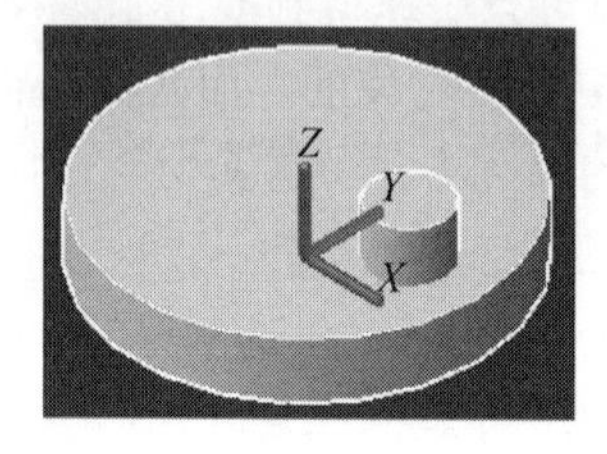

（a）阵列前

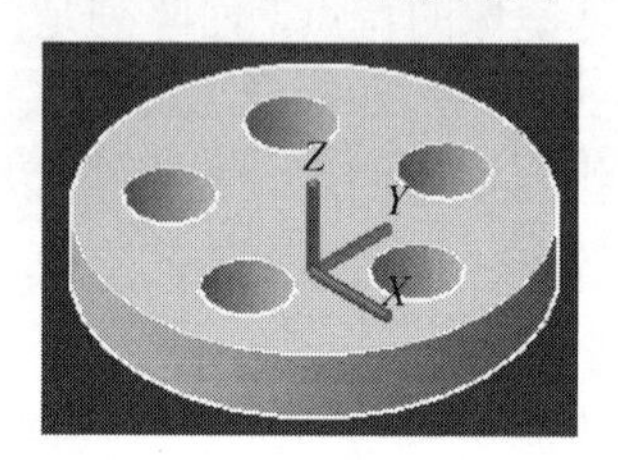

（b）阵列后

图13.16　环形阵列

步骤2：选择命令。选择“常用”功能选项卡“修改”区域中后的，在系统弹出的快捷菜单中选择“环形阵列”环形阵列命令。

步骤3：选择阵列源对象，在系统 ARRAYPOLAR 选择对象: 的提示下，选取如图13.16（a）所示的圆柱体作为阵列源对象并按Enter键确认。

步骤4：选择阵列中心轴，在系统 ARRAYPOLAR 指定阵列的中心点或 [基点(B) 旋转轴(A)]: 的提示下，输入0,0,0并按Enter键确认，系统会弹出“阵列创建”选项卡。

说明：系统默认绕着当前坐标系的Z轴进行环形阵列，如果用户想绕着其他轴进行环形阵列，则有以下两种方法。

方法一：创建用户坐标系，使坐标系的Z轴与阵列轴方向一致。

方法二：在命令行 ARRAYPOLAR 指定阵列的中心点或 [基点(B) 旋转轴(A)]: 的提示下，选择旋转轴(A)选项，在系统提示下，通过选取两个点定义新的旋转轴。

步骤5：选择环形阵列参数。在“阵列创建”选项卡“项目”区域的项目数:文本框中输入5（表示阵列5个），在填充:文本框中输入360（表示在360°范围内均匀排布）；在“行”区域的行数:文本框输入1（表示阵列1行），其他参数采用默认。

步骤6：单击阵列创建功能选项卡下的按钮，完成环形阵列的创建，如图13.17所示。

步骤7：分解阵列。选择“分解”命令，选取创建的阵列特征作为要分解的对象并按Enter键确认。

步骤8：创建布尔差集。选择“常用”功能选项卡“实体编辑”区域中的“差集”命令，在系统 SUBTRACT 选择对象：的提示下，选取如图 13.17 所示的体 1 作为目标体并按 Enter 键确认，在系统 SUBTRACT 选择对象：的提示下，选取另外 5 个圆柱体作为工具体并按 Enter 键确认，完成后的效果如图 13.18 所示。

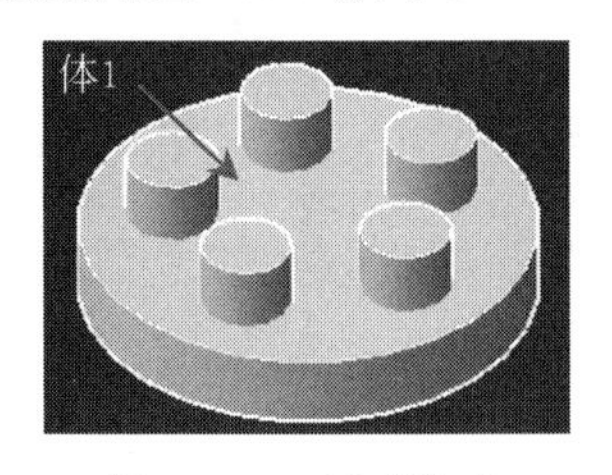

图 13.17　环形阵列

图 13.18　布尔求差

13.6　三维倒角

4min

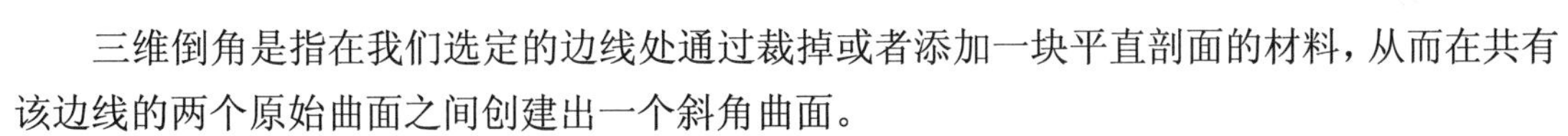

三维倒角是指在我们选定的边线处通过裁掉或者添加一块平直剖面的材料，从而在共有该边线的两个原始曲面之间创建出一个斜角曲面。

倒角特征的作用：提高模型的安全等级；提高模型的美观程度；方面装配。

下面以如图 13.19 所示的模型为例，说明进行三维倒角的一般操作过程。

（a）倒角前

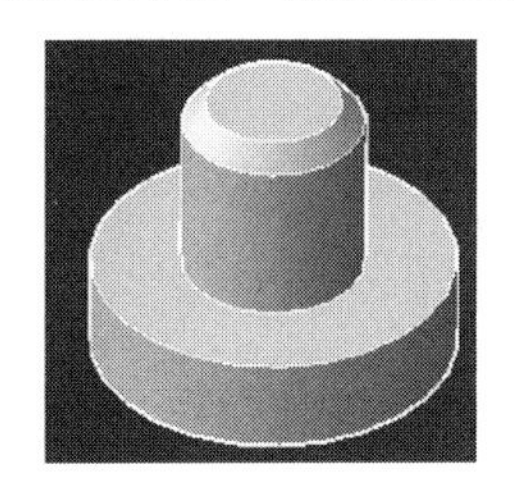

（b）倒角后

图 13.19　三维倒角

步骤 1：打开文件。打开文件 D:\AutoCAD2016\work\ch13.06\倒角-ex。

步骤 2：选择命令。选择“常用”功能选项卡“修改”区域中后的，在系统弹出的快捷菜单中选择“倒角”倒角命令。

步骤 3：选择倒角参考面。在系统“选择第 1 条直线”的提示下，选取如图 13.20 所示的边线，在系统 CHAMFER 输入曲面选择选项 [下一个(N) 当前(OK)] <当前(OK)>：的提示下，图形区会显示如图 13.21 所示的效果，直接按 Enter 键确认。

步骤 4：定义倒角距离。在系统 CHAMFER 指定基面倒角距离或 [表达式(E)]：的提示下，输入 5 并按 Enter 键确认，在系统 CHAMFER 指定其他曲面倒角距离或 [表达式(E)] <5.0000>：的提示下，直接按 Enter 键确认（表示倒角第二距离也为 5）。

步骤 5：选择倒角边线。在系统 CHAMFER 选择边或 [环(L)]的提示下，选取如图 13.20 所示的边线并按 Enter 键确认，效果如图 13.22 所示。

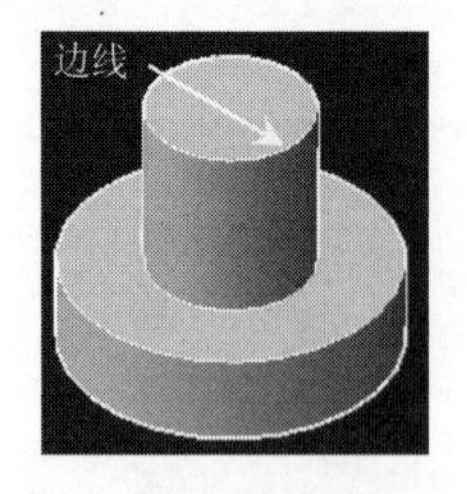

图 13.20　定义参考边

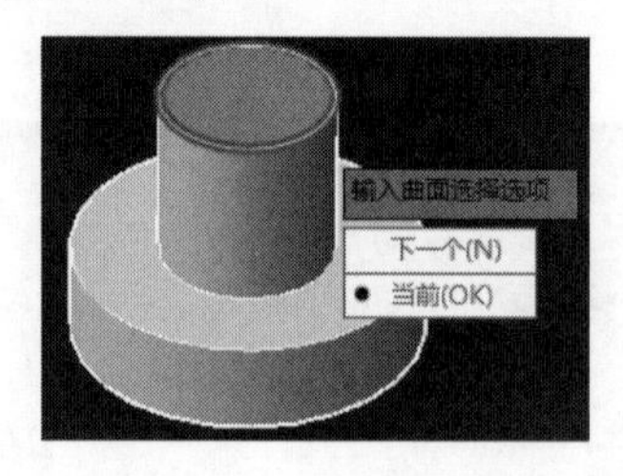

图 13.21　倒角参考面

图 13.22　倒角效果

13.7　三维圆角

三维圆角是指在我们选定的边线处通过裁掉或者添加一块圆弧剖面的材料，从而在共有该边线的两个原始曲面之间创建出一个圆弧曲面。

圆角特征的作用：提高模型的安全等级；提高模型的美观程度；方便装配；消除应力集中。

下面以如图 13.23 所示的模型为例，说明进行三维圆角的一般操作过程。

（a）圆角前

（b）圆角后

图 13.23　三维圆角

步骤 1：打开文件。打开文件 D:\AutoCAD2016\work\ch13.07\圆角-ex。

步骤 2：选择命令。选择“常用”功能选项卡“修改”区域中 后的 ，在系统弹出的快捷菜单中选择“圆角” 命令。

步骤 3：选择圆角对象。在系统“选择第 1 条直线”的提示下，选取如图 13.24 所示的边线。

步骤 4：定义圆角半径。在系统 FILLET 输入圆角半径或 [表达式(E)]：的提示下，输入 5 并按 Enter 键确认。

步骤 5：选择圆角边线。在系统 FILLET 选择边或 [链(C) 环(L) 半径(R)]：的提示下，直接按 Enter 键确认，效果如图 13.25 所示。

图 13.24　选择圆角对象

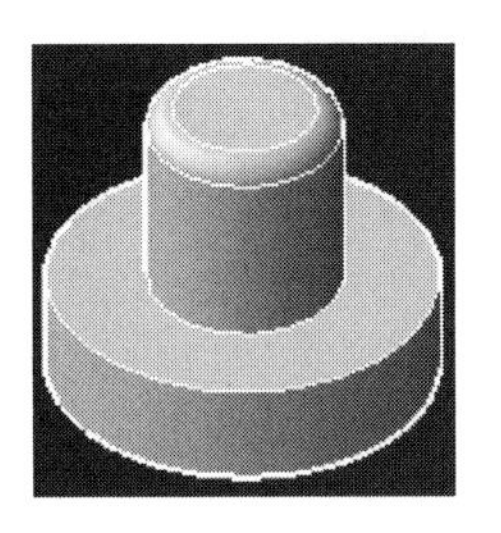

图 13.25　圆角效果

13.8　三维剖切

三维实体剖切功能可以将实体沿剖切平面完全切开，从而观察到实体内部的结构。剖切时，首先需要选择要剖切的三维对象，然后确定剖切平面的位置。当确定完剖切平面的位置后，还必须指明是否要将实体分割成的两部分保留。

下面以如图 13.26 所示的模型为例，说明进行三维剖切的一般操作过程。

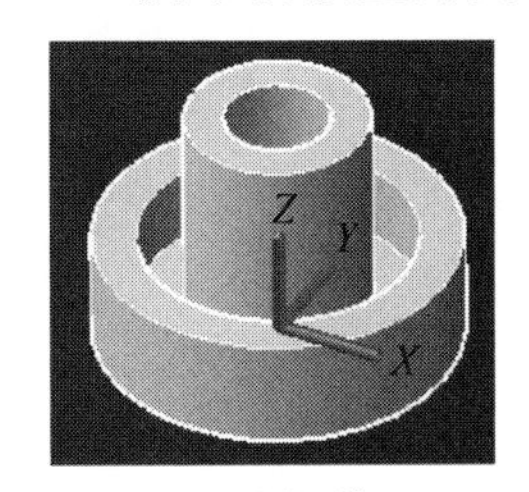

（a）剖切前

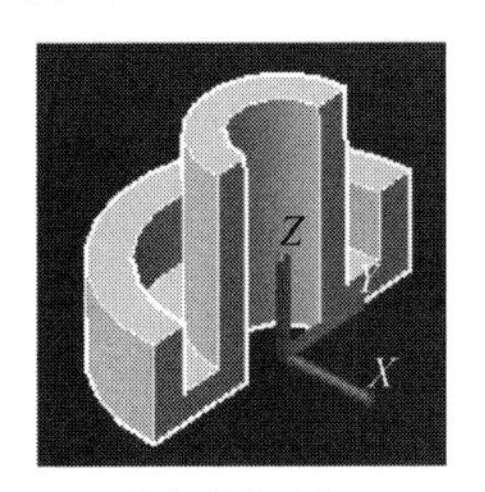

（b）剖切后

图 13.26　三维剖切

步骤 1：打开文件。打开文件 D:\AutoCAD2016\work\ch13.08\三维剖切-ex。

步骤 2：选择命令。选择“常用”功能选项卡“实体编辑”区域中“剖切”命令。

步骤 3：选择剖切对象。在系统 SLICE 选择要剖切的对象：的提示下，选取如图 13.26（a）所示的模型并按 Enter 键确认。

步骤 4：定义剖切面。在系统的提示下，选择 yz(YZ) 选项（表示使用 YZ 平面为剖切平面），在系统 SLICE 指定 YZ 平面上的点 <0,0,0>：的提示下，直接按 Enter 键。

步骤 5：定义保留侧。在系统 SLICE 在所需的侧面上指定点或 [保留两个侧面(B)] 的提示下，在 X 轴的负方向位置单击，效果如图 13.27 所示。

说明：在系统 SLICE 在所需的侧面上指定点或 [保留两个侧面(B)] 的提示下，如果选择 保留两个侧面(B) 选项，系统则将保留两侧，相当于用平面将实体分割为两个体，如图 13.28 所示。

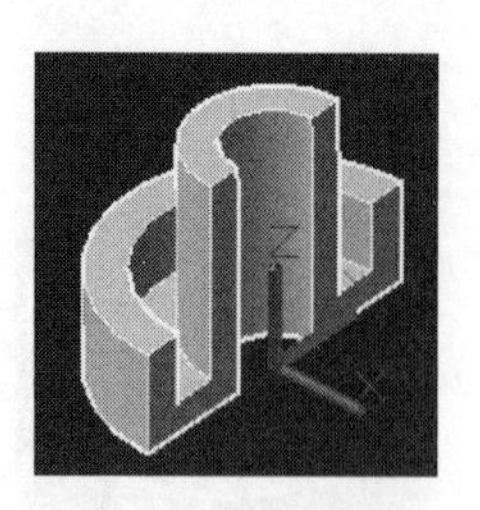

图 13.27　剖切效果

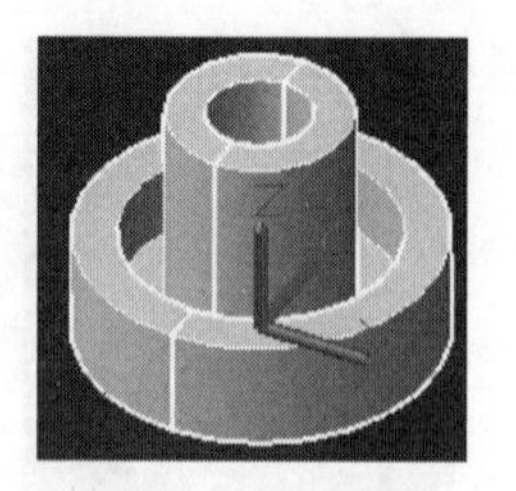

图 13.28　保留两侧

4min

13.9　抽壳

抽壳特征是指移除一个或者多个面，然后将其余所有的模型外表面向内或者向外偏移一定的距离而实现的一种效果。通过对概念的学习可以总结得到抽壳的主要作用是帮助我们快速得到箱体或者壳体效果。

下面以如图 13.29 所示的模型为例，说明创建抽壳的一般操作过程。

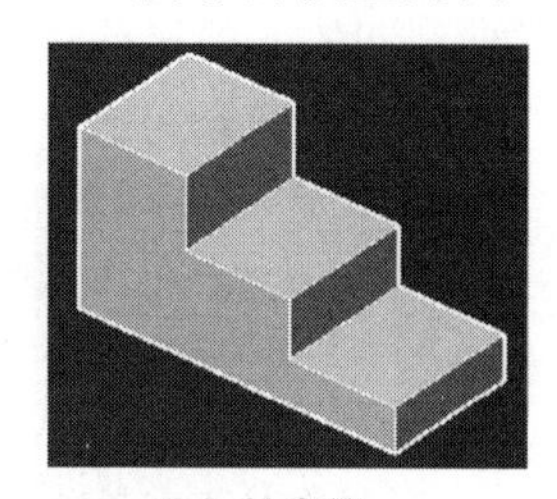

（a）抽壳前

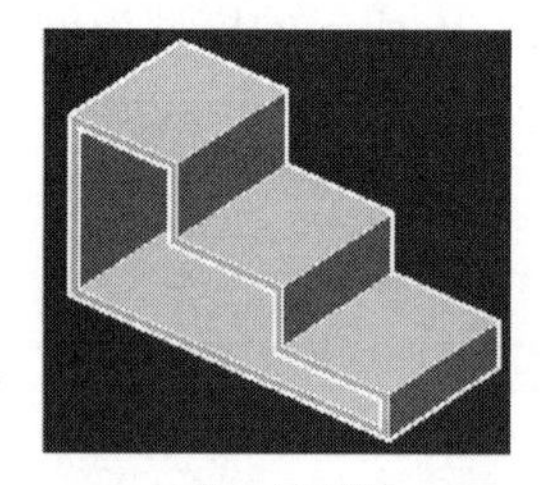

（b）抽壳后

图 13.29　抽壳

步骤 1：打开文件。打开文件 D:\AutoCAD2016\work\ch13.09\抽壳-ex。

步骤 2：选择命令。单击“常用”功能选项卡“实体编辑”区域中后的，在系统弹出的快捷菜单中选择“抽壳”抽壳命令。

步骤 3：选择抽壳实体。在系统 SOLIDEDIT 选择三维实体：的提示下，选取如图 13.29（a）所示的实体为要抽壳的实体。

步骤 4：选择删除面。在系统 SOLIDEDIT 删除面或 [放弃(U) 添加(A) 全部(ALL)]：的提示下，选取如图 13.30 所示的面作为删除面并按 Enter 键确认。

说明：删除面可以是一个也可以是多个，如图 13.31 所示。

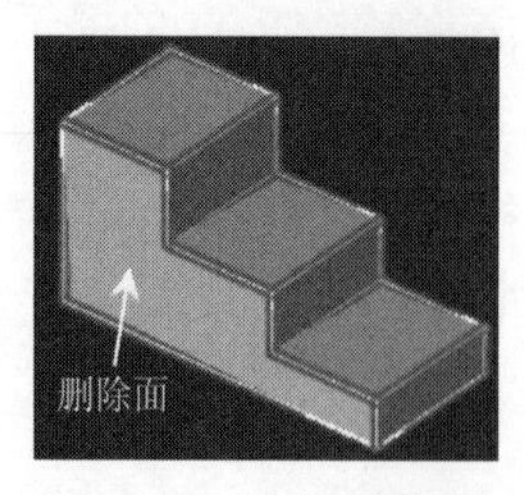

图 13.30　选择删除面

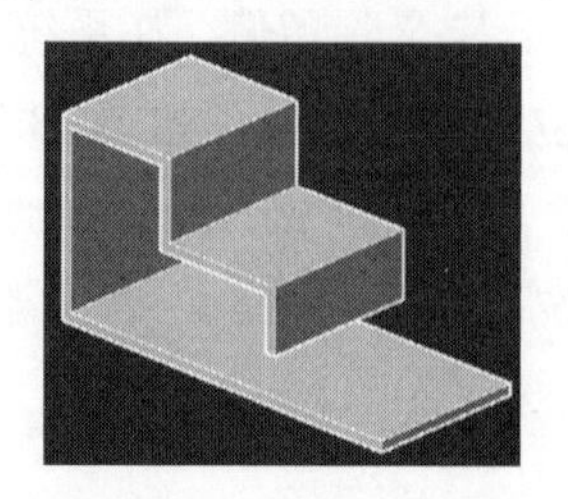

图 13.31　删除多个面

步骤 5：定义抽壳厚度。在系统 SOLIDEDIT 输入抽壳偏移距离：的提示下，输入厚度值 3 并按 Enter 键确认，效果如图 13.29（b）所示。

说明：当厚度值为正值时，系统将在保证整体尺寸不变的情况下，掏空实体；当厚度值为负值时，所有外表面将向外偏移，此时模型的整体尺寸会变大。

13.10　上机实操

上机实操案例 1 完成后如图 13.32 所示。上机实操案例 2 完成后如图 13.33 所示。

图 13.32　实操 1

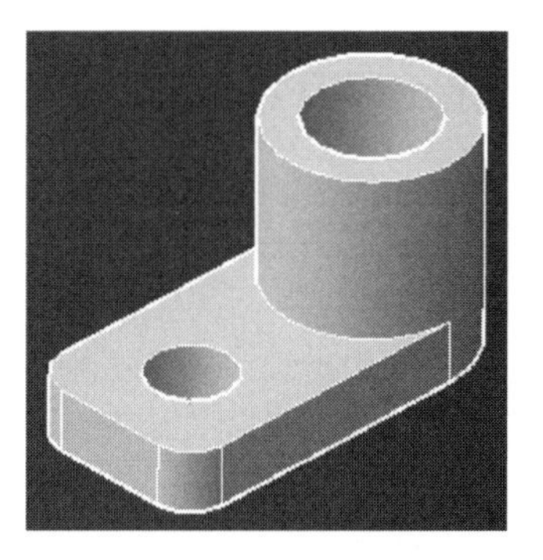

图 13.33　实操 2

上机实操案例 3 完成后如图 13.34 所示。上机实操案例 4 完成后如图 13.35 所示。

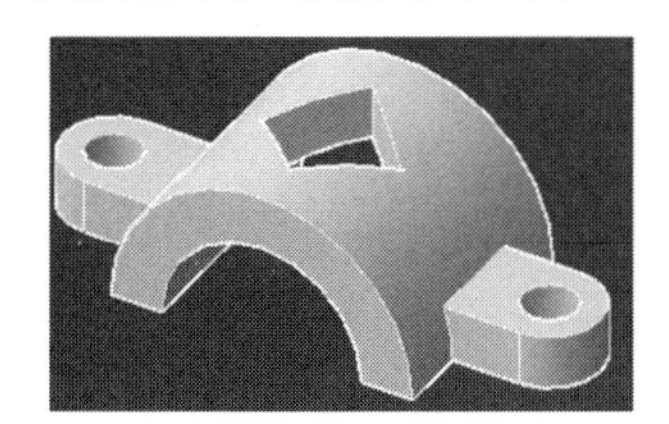

图 13.34　实操 3

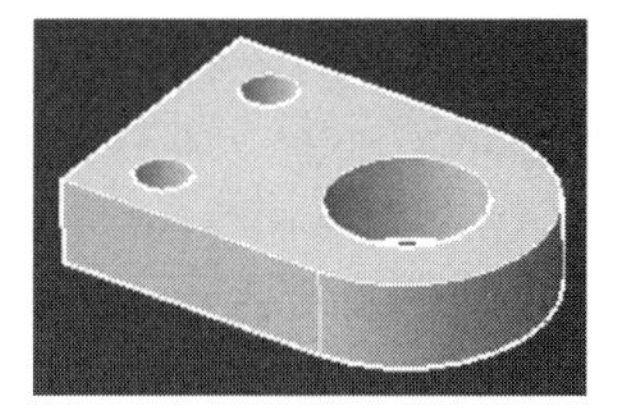

图 13.35　实操 4

上机实操案例 5 完成后如图 13.36 所示。上机实操案例 6 完成后如图 13.37 所示。

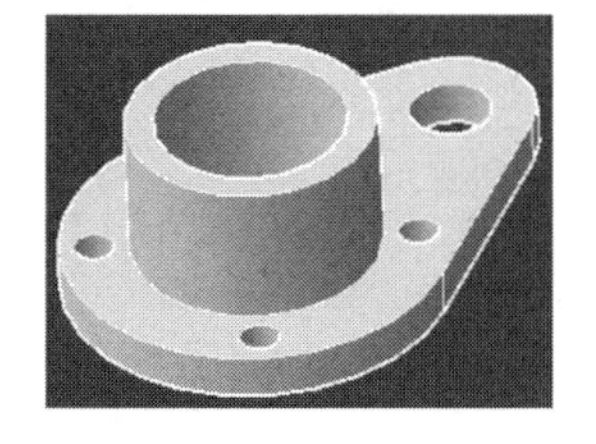

图 13.36　实操 5

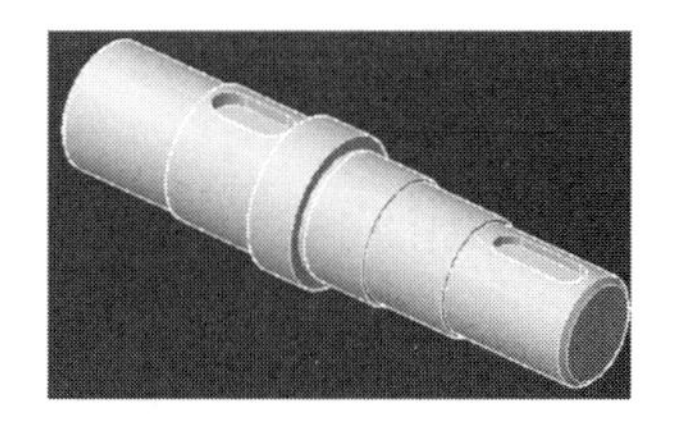

图 13.37　实操 6

第 14 章

由三维图形制作二维工程图

14.1 基本概述

工程图是指以投影原理为基础，用多个视图清晰详尽地表达出设计产品的几何形状、结构及加工参数的图纸。工程图严格遵守国标的要求，它实现了设计者与制造者之间的有效沟通，使设计者的设计意图能够简单明了地展现在图样上。从某种意义上讲，工程图是一门使设计者与制造者进行沟通的语言，在现代制造业中占据着极其重要的位置。

工程图的重要性：

（1）立体模型（3D“图纸”）无法像 2D 工程图那样可以标注完整的加工参数，如尺寸、几何公差、加工精度、基准、表面粗糙度符号和焊缝符号等。

（2）不是所有零件都需要采用 CNC 或 NC 等数控机床加工，因而需要出示工程图，以便在普通机床上进行传统加工。

（3）立体模型（3D“图纸”）仍然存在无法表达清楚的局部结构，如零件中的斜槽和凹孔等，这时可以在 2D 工程图中通过不同方位的视图来表达局部细节。

（4）通常把零件交给第三方厂家加工生产时，需要出示工程图。

10min

14.2 基本视图

通过投影法可以直接投影得到的视图就是基本视图，基本视图在 AutoCAD 中主要包括主视图、投影视图和轴测图等，下面分别进行介绍。

1. 创建主视图

下面以创建如图 14.1 所示的主视图为例，介绍创建主视图的一般操作过程。

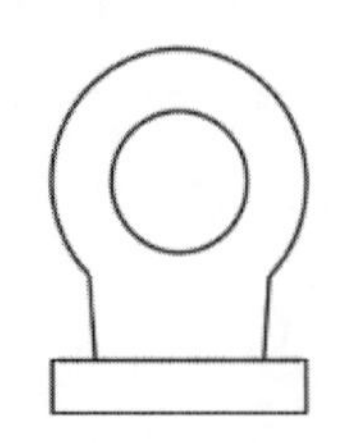

图 14.1 主视图

步骤 1：打开文件。打开文件 D:\AutoCAD2016\work\ch14.02\基本视图-ex。

步骤 2：新建图纸。

（1）在状态栏中选中“布局 1”，系统会切换到布局窗口，在布局窗口删除现有的视图。

（2）在“状态栏”中右击“布局 1”，在系统弹出的快捷菜单中选择 页面设置管理器(G)... 命令，系统会弹出“页面设置管理器”对话框。

（3）在“页面设置管理器”对话框中选择 修改(M)... 命令，系统会弹出“页面设置-布局 1”对话框。

（4）在“页面设置-布局 1”对话框中的 图纸尺寸(Z) 下拉列表中选择“ISO A3（420.00×297.00 毫米）”，其他采用默认。

（5）依次单击 确定 与 关闭(C) 按钮，完成操作。

步骤 3：新建视图。

（1）选择命令。单击“布局”功能选项卡“创建视图”区域中 （基点）下的 按钮，在系统弹出的快捷菜单中选择 从模型空间 （从模型空间）命令。

（2）定义视图方向。在“工程视图创建”功能选项卡“方向”区域中选择“前视”。

（3）定义视图显示样式。在“工程视图创建”功能选项卡“外观”区域的显示样式下拉列表中选择“可见线”。

（4）定义视图比例。在“工程视图创建”功能选项卡“外观”区域的“比例”下拉列表中选择“1∶2”。

（5）在系统默认位置放置视图。

说明：如果系统默认位置不合适，用户则可以通过选择“工程视图创建”功能选项卡“修改”区域中的“移动” 命令调整位置。

（6）单击“工程视图创建”功能选项卡“创建”区域中的 按钮，然后在图形区按右键即可完成创建。

2. 创建投影视图

投影视图包括仰视图、俯视图、右视图和左视图。下面以如图 14.2 所示的视图为例，说明创建投影视图的一般操作过程。

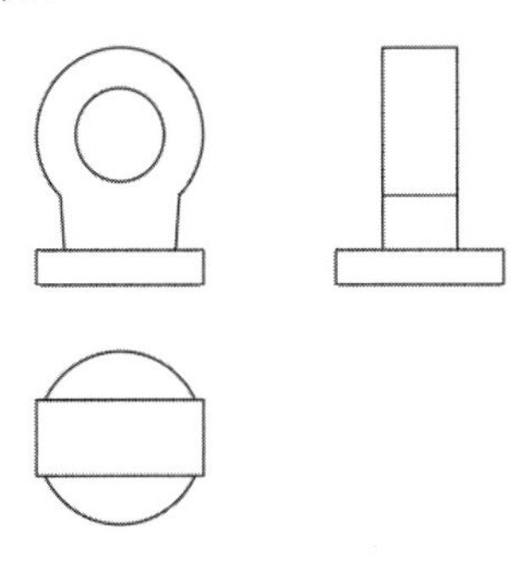

图 14.2　投影视图

步骤 1：选择命令。单击“布局”功能选项卡“创建视图”区域中 （投影）命令。

步骤 2：选择俯视图。在系统 **VIEWPROJ 选择俯视图：** 的提示下，选取如图 14.3 所示的俯视图。

步骤 3：放置视图。在主视图的右侧单击，生成左视图，在主视图下方单击，生成俯视图，在空白区域右击并选择 确认(E) 命令完成投影视图的创建，如图 14.4 所示。

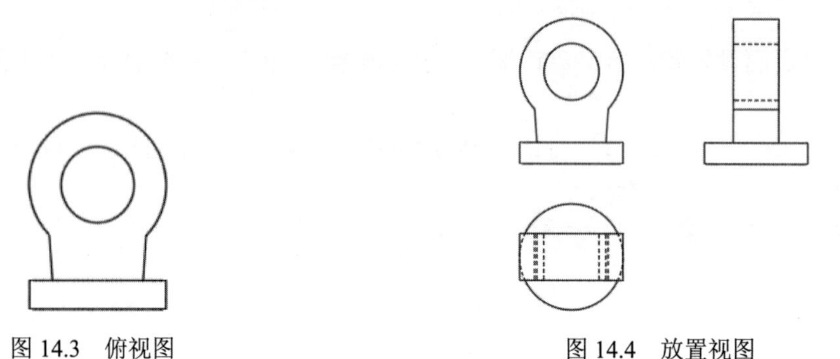

图 14.3　俯视图　　　　图 14.4　放置视图

步骤 4：设置左视图的显示样式。在"布局"功能选项卡"修改视图"区域中选择"编辑视图"（ ）命令，在系统 **VIEWEDIT 选择视图：** 的提示下，选取步骤 3 创建的左视图，然后在"工程视图编辑器"功能选项卡"外观"区域的"显示样式"下拉列表中选择"可见线"，单击 按钮完成操作。

步骤 5：参考步骤 4 的操作将俯视图的视图显示样式设置为"可见线"，完成后的效果如图 14.2 所示。

3. 等轴测视图

下面以如图 14.5 所示的轴测图为例，说明创建轴测图的一般操作过程。

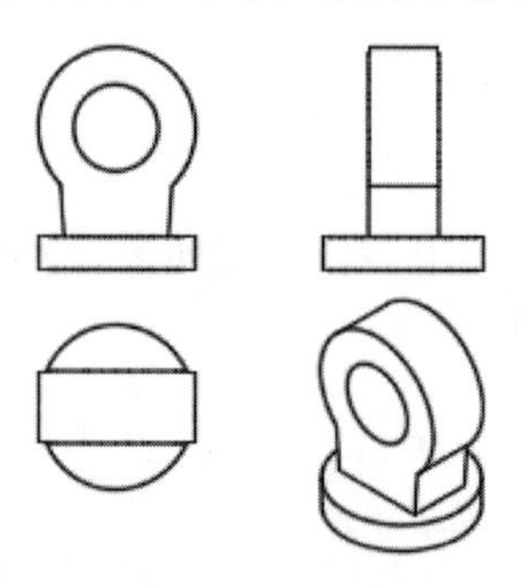

图 14.5　轴测图

步骤 1：选择命令。单击"布局"功能选项卡"创建视图"区域中 （基点）下的 按钮，在系统弹出的快捷菜单中选择 从模型空间 命令。

步骤 2：定义视图方向。在"工程视图创建"功能选项卡"方向"区域中选择"东北等轴测"。

步骤 3：定义视图显示样式。在"工程视图创建"功能选项卡"外观"区域的显示样式下拉列表中选择“可见线”。

步骤 4：定义视图比例。在“工程视图创建”功能选项卡“外观”区域的“比例”下拉列表中选择“1∶2”。

步骤 5：放置视图。将光标放在图形区，会出现视图的预览，选择合适的放置位置单击，以生成等轴测视图。

步骤 6：单击“工程视图创建”功能选项卡“创建”区域中的按钮，然后在图形区按右键即可完成创建。

14.3　全剖视图

全剖视图是用剖切面完全地剖开零件得到的剖视图。全剖视图主要用于表达内部形状比较复杂的不对称机件。下面以创建如图 14.6 所示的全剖视图为例，介绍创建全剖视图的一般操作过程。

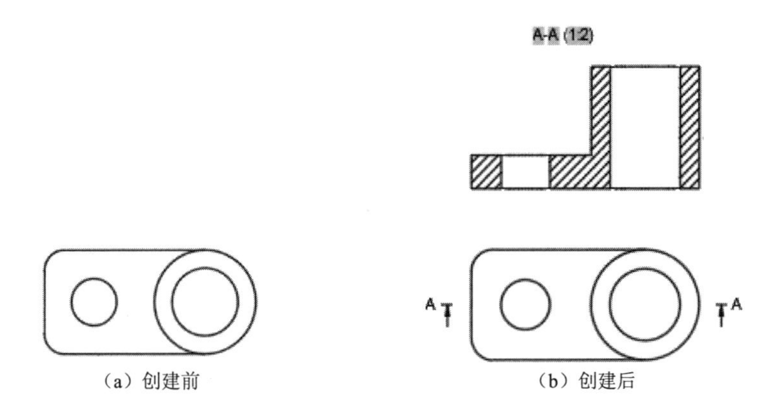

（a）创建前　　（b）创建后

图 14.6　全剖视图

步骤 1：打开文件。打开文件 D:\AutoCAD2016\work\ch14.03\全剖视图-ex。

步骤 2：选择命令。单击“布局”功能选项卡“创建视图”区域中（截面）下的按钮，在系统弹出的快捷菜单中选择全剖（全剖）命令。

步骤 3：选择俯视图。在系统 VIEWSECTION 选择俯视图：的提示下，选取如图 14.6（a）所示的视图作为俯视图。

步骤 4：定义剖切面位置。在系统 VIEWSECTION 指定起点：的提示下，选取图 14.6（a）中与最左侧竖直线的中点成水平关系且向左有一定间距的点作为起点，在系统 VIEWSECTION 指定下一个点或 [放弃(U)]：的提示下，选取与最右侧圆的右侧象限点成水平关系且向右有一定间距的点作为第二点。

步骤 5：放置视图。在主视图上方的合适位置单击放置，然后单击按钮，完成视图的创建。

4min

14.4 半剖视图

当机件具有对称平面时，以对称平面为界，在垂直于对称平面的投影面上投影得到的由半个剖视图和半个视图合并组成的图形称为半剖视图。半剖视图既充分地表达了机件的内部结构，又保留了机件的外部形状，因此它具有内外兼顾的特点。半剖视图只适宜于表达对称的或基本对称的机件。下面以创建如图 14.7 所示的半剖视图为例，介绍创建半剖视图的一般操作过程。

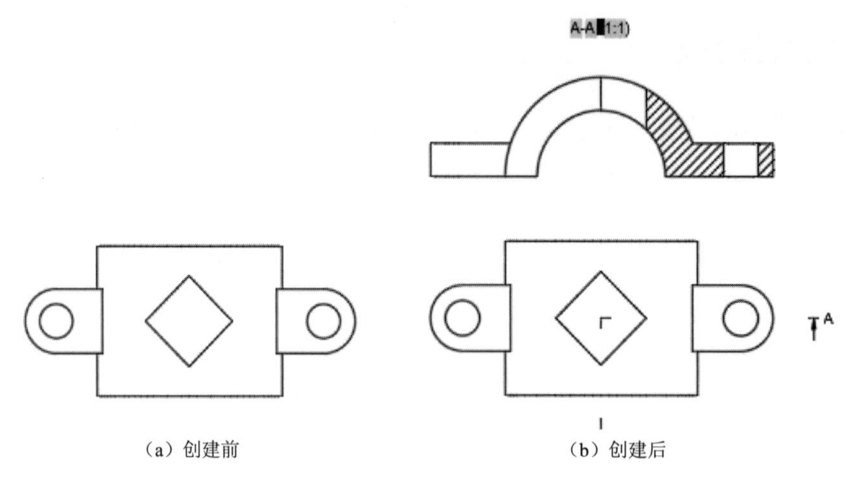

（a）创建前　　（b）创建后

图 14.7　半剖视图

步骤 1：打开文件。打开文件 D:\AutoCAD2016\work\ch14.04\半剖视图-ex。

步骤 2：选择命令。单击“布局”功能选项卡“创建视图”区域中（截面）下的按钮，在系统弹出的快捷菜单中选择半剖命令。

步骤 3：选择俯视图。在系统 **VIEWSECTION 选择俯视图:** 的提示下，选取如图 14.7（a）所示的视图作为俯视图。

步骤 4：定义剖切面位置。在系统 **VIEWSECTION 指定起点:** 的提示下，选取如图 14.8 所示的点 1（点 1 与最右侧圆弧的右侧象限点是水平关系），在系统“指定下一点”的提示下，选取如图 14.8 所示的点 2（点 2 为中间方形的中心位置），在系统“指定下一点”的提示下，选取如图 14.8 所示的点 3（点 3 与点 2 为竖直关系）。

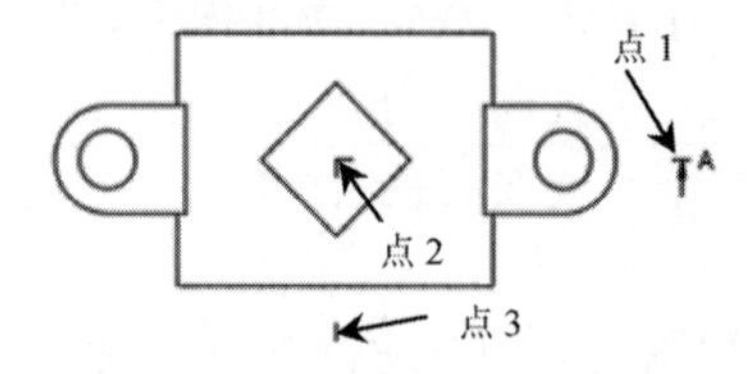

图 14.8　定义剖切面位置

步骤 5：放置视图。在主视图上方的合适位置单击放置，然后单击按钮，完成视图的创建。

14.5　旋转剖视图

用两个相交的剖切平面（交线垂直于某一基本投影面）剖开机件的方法称为旋转剖，所画出的剖视图称为旋转剖视图。下面以创建如图 14.9 所示的旋转剖视图为例，介绍创建旋转剖视图的一般操作过程。

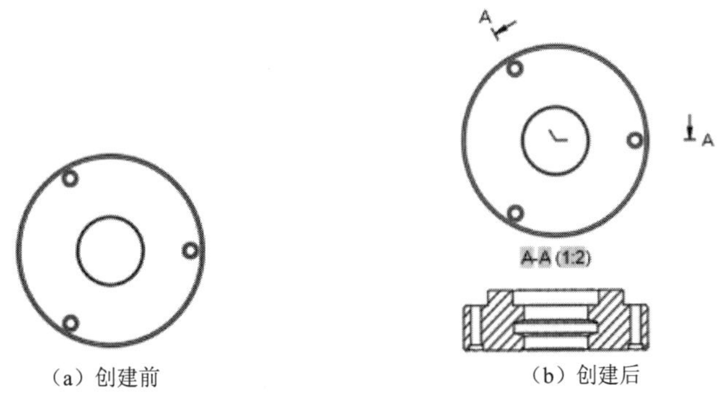

（a）创建前　　（b）创建后

图 14.9　旋转剖视图

步骤 1：打开文件。打开文件 D:\AutoCAD2016\work\ch14.05\旋转剖视图-ex。

步骤 2：绘制剖切辅助线。选择直线命令，绘制如图 14.10 所示的两条直线（两条直线通过两个圆的圆心）。

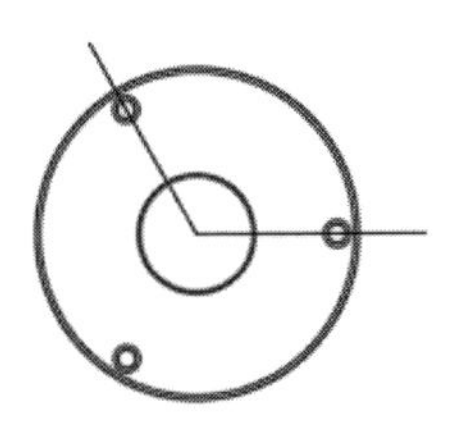

图 14.10　绘制剖切辅助线

步骤 3：选择命令。单击“布局”功能选项卡“创建视图”区域中（截面）下的按钮，在系统弹出的快捷菜单中选择旋转剖命令。

步骤 4：选择俯视图。在系统 **VIEWSECTION 选择俯视图:** 的提示下，选取如图 14.9（a）所示的视图作为俯视图。

步骤 5：定义剖切面位置。在系统 **VIEWSECTION 指定起点:** 的提示下，选取如图 14.11 所示的点 1，在系统“指定下一点”的提示下，选取如图 14.11 所示的点 2，在系统“指定下一点”的提示下，选取如图 14.11 所示的点 3，然后按 Enter 键确认。

步骤 6：放置视图。在主视图下方的合适位置单击放置，然后单击按钮，完成视图的创建，如图 14.12 所示。

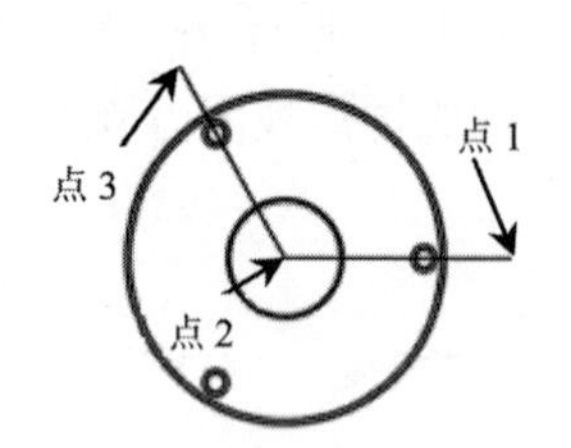

图 14.11　定义剖切面位置

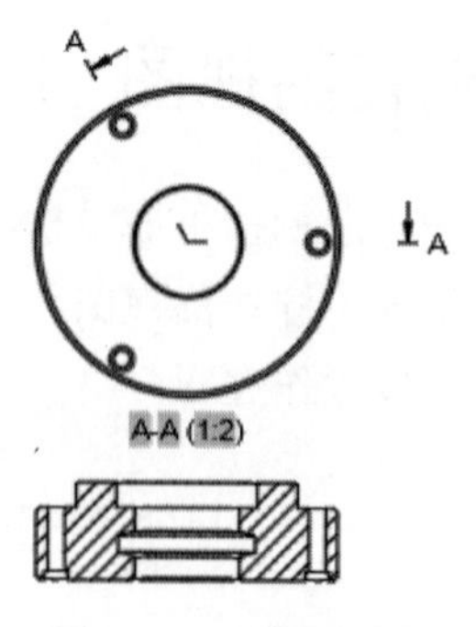

图 14.12　放置视图

4min

14.6　阶梯剖视图

用两个或多个互相平行的剖切平面把机件剖开的方法称为阶梯剖，所画出的剖视图称为阶梯剖视图。它适宜于表达机件内部结构的中心线排列在两个或多个互相平行的平面内的情况。下面以创建如图 14.13 所示的阶梯剖视图为例，介绍创建阶梯剖视图的一般操作过程。

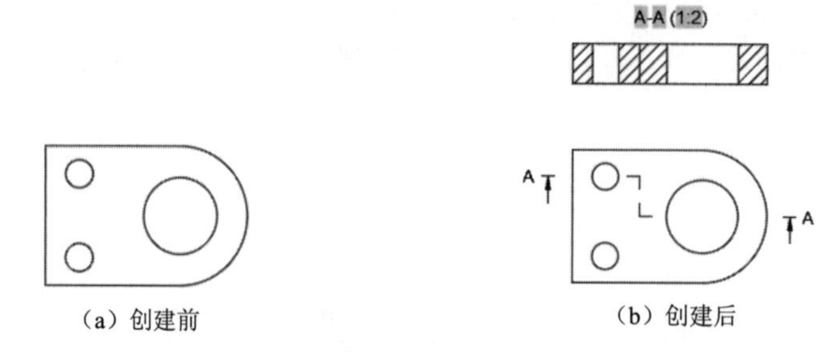

（a）创建前　　（b）创建后

图 14.13　阶梯剖视图

步骤 1：打开文件。打开文件 D:\AutoCAD2016\work\ch14.06\阶梯剖视图-ex。

步骤 2：选择命令。单击“布局”功能选项卡“创建视图”区域中（截面）下的按钮，在系统弹出的快捷菜单中选择阶梯剖命令。

步骤 3：选择俯视图。在系统 **VIEWSECTION 选择俯视图：** 的提示下，选取如图 14.13（a）所示的视图作为俯视图。

步骤 4：定义剖切面位置。在系统 **VIEWSECTION 指定起点：** 的提示下，选取如图 14.14 所示的点 1（点 1 与最右侧圆弧的右侧象限点是水平关系），在系统“指定下一点”的提示下，选取如图 14.14 所示的点 2（点 2 与点 1 为水平关系），在系统“指定下一点”的提示下，选取如图 14.14 所示的点 3（点 3 与点 2 为竖直关系），在系统“指定下一点”的提示下，选取如图 14.14 所示的点 4（点 4 与点 3 为水平关系，并且点 3 与点 4 的连线经过圆的圆心），然后按 Enter 键确认。

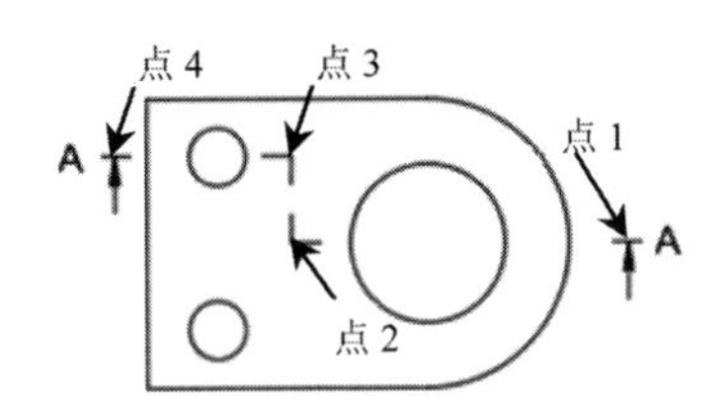

图 14.14　定义剖切面位置

步骤 5：放置视图。在主视图上方的合适位置单击放置，然后单击按钮，完成视图的创建。

14.7　局部放大图

当机件上某些细小结构在视图中表达得还不够清楚或不便于标注尺寸时，可将这些部分用大于原图形所采用的比例画出，这种图称为局部放大图。下面以创建如图 14.15 所示的局部放大图为例，介绍创建局部放大图的一般操作过程。

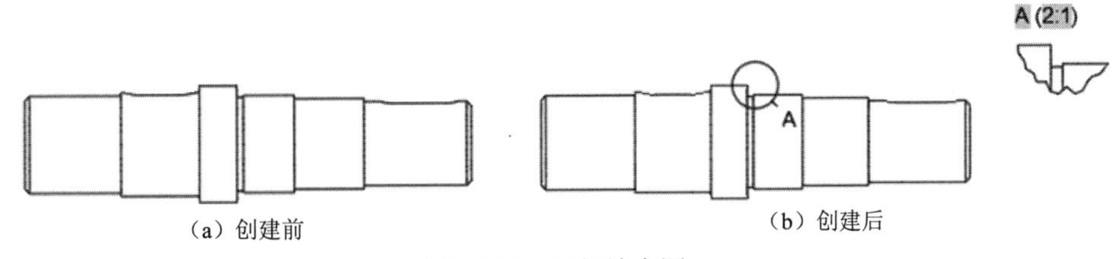

（a）创建前　　（b）创建后

图 14.15　局部放大图

步骤 1：打开文件。打开文件 D:\AutoCAD2016\work\ch14.07\局部放大图-ex。

步骤 2：选择命令。单击“布局”功能选项卡“创建视图”区域中“局部”下的按钮，在系统弹出的快捷菜单中选择“圆形局部视图”圆形命令。

步骤 3：选择俯视图。在系统 **VIEWDETAIL 选择俯视图：** 的提示下，选取如图 14.15（a）所示的视图作为俯视图。

步骤 4：定义放大区域。在系统提示下绘制如图 14.16 所示的圆为放大区域。

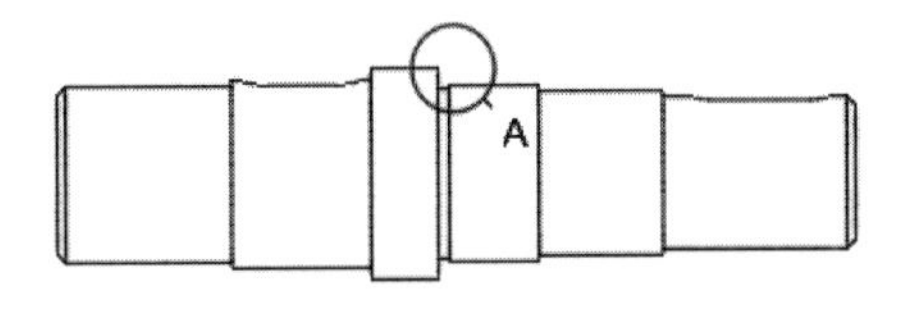

图 14.16　放大区域

步骤 5：定义视图信息。在“局部视图创建”功能选项卡“外观”区域的“比例”下拉列表中选择“2∶1”，在“模型边”区域中选中“锯齿状”类型，其他参数采用默认。

步骤 6：放置视图。在主视图右上方的合适位置单击放置，生成局部放大视图。

步骤 7：在图形区右击，在系统弹出的快捷菜单中选择 确认(E) 选项，完成视图的创建。

2min

14.8 视图与模型的关联更新

在设计过程中，如果修改了零件模型的形状和尺寸，则相对应的工程图视图也会自动发生变化。下面以如图 14.17 所示的视图为例，来验证视图是否可以自动关联更新。

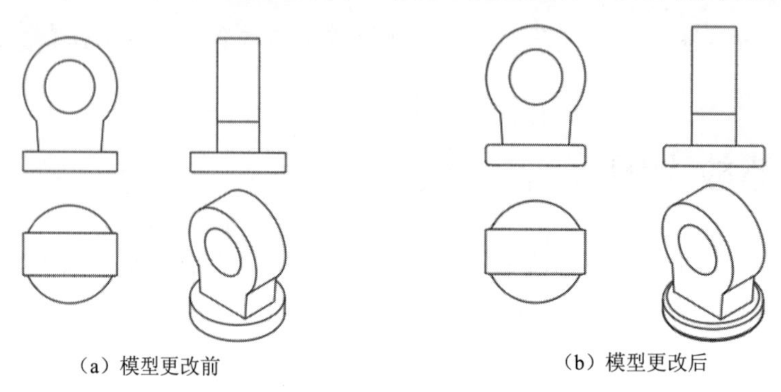

（a）模型更改前　　（b）模型更改后

图 14.17　视图与模型的关联更新

步骤 1：打开文件。打开文件 D:\AutoCAD2016\work\ch14.08\关联更新-ex。

步骤 2：将环境切换到模型环境。在“状态栏”中单击 模型 按钮，进入模型环境。

步骤 3：创建倒圆角。选择 命令，选取圆柱底座的上下圆形边线作为倒圆对象，半径值为 6，完成后的效果如图 14.18 所示。

图 14.18　创建倒圆角

步骤 4：将环境切换到布局环境。在“状态栏”中单击 布局1 按钮，进入布局环境。

步骤 5：在布局环境中工程图视图自动更新后会带有圆角的效果，如图 14.17（b）所示。

6min

14.9 尺寸标注

在工程图中，标注的重要性是不言而喻的。工程图作为设计者与制造者之间交流的语言，重在向其用户反映零部件的各种信息，这些信息中的绝大部分是通过工程图中的标注来反映的，因此一张高质量的工程图必须具备完整、合理的标注。

在工程图的各种标注中，尺寸标注是最重要的一种，它有着自身的特点与要求。首先尺寸是反映零件几何形状的重要信息（对于装配体，尺寸是反映连接配合部分、关键零部件尺寸等的重要信息）。在具体的工程图尺寸标注中，应力求尺寸能全面地反映零件的几何形状，不能有遗漏的尺寸，也不能有重复的尺寸（在本书中，为了便于介绍某些尺寸的操作，并未标注出能全面反映零件几何形状的全部尺寸）；其次，工程图中的尺寸标注是与模型相关联的，而且模型中的变更会反映到工程图中，在工程图中改变尺寸也会改变模型。最后由于尺寸标注属于机械制图的一个必不可少的部分，因此标注应符合制图标准中的相关要求。

下面以标注如图 14.19 所示的尺寸为例，介绍尺寸标注的一般操作过程。

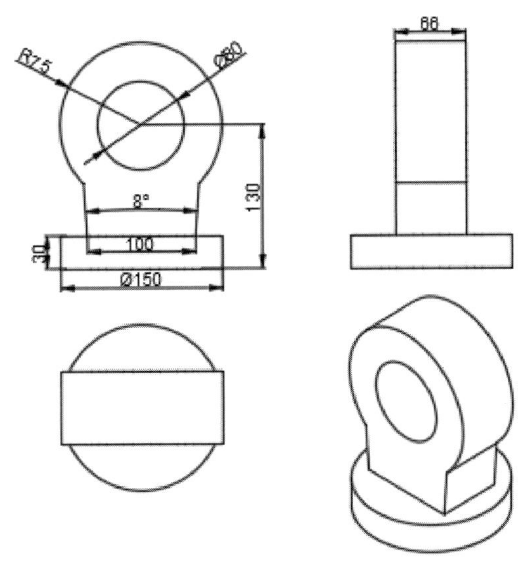

图 14.19　标注尺寸

步骤 1：打开文件。打开文件 D:\AutoCAD2016\work\ch14.09\尺寸标注-ex。

步骤 2：标注线性尺寸。选择“注释”功能选项卡“标注”区域中的 线性 命令，标注如图 14.20 所示的尺寸。

步骤 3：标注其他线性尺寸。参考步骤 2 标注其他线性尺寸，完成后如图 14.21 所示。

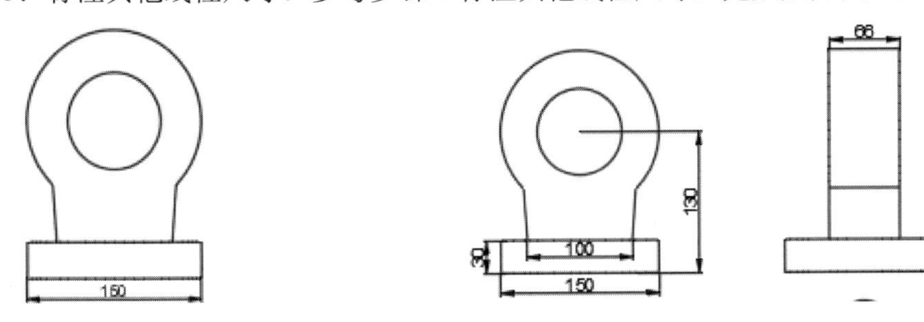

图 14.20　标注线性尺寸　　　图 14.21　标注其他线性尺寸

步骤 4：标注半径尺寸。选择“注释”功能选项卡“标注”区域中的 半径 命令，标注如图 14.22 所示的尺寸。

步骤 5：标注直径尺寸。选择“注释”功能选项卡“标注”区域中的 直径 命令，标注如图 14.23 所示的尺寸。

步骤 6：标注角度尺寸。选择“注释”功能选项卡“标注”区域中的 角度 命令，标注如图 14.24 所示的尺寸。

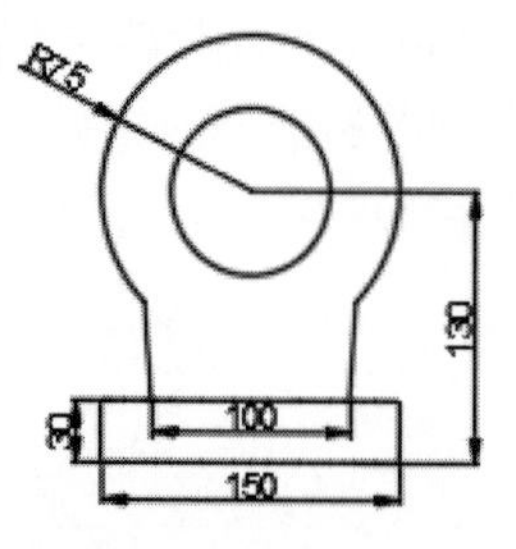

图 14.22　标注半径尺寸

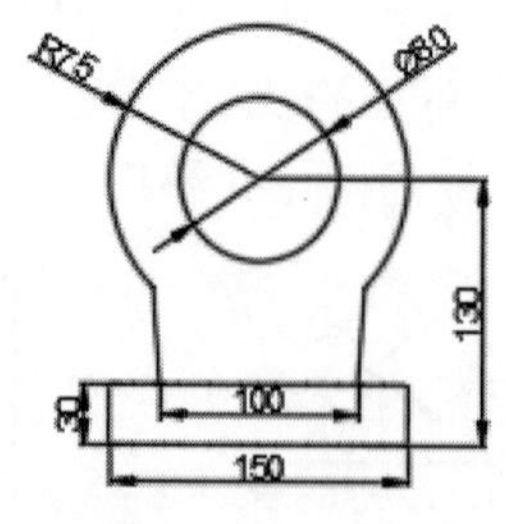

图 14.23　标注直径尺寸

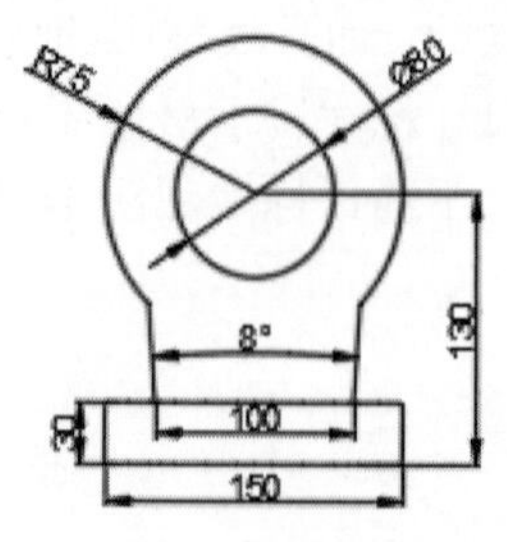

图 14.24　标注角度尺寸

步骤 7：添加直径符号。双击图中的尺寸 150，在“文字编辑器”功能选项卡“插入”区域的“符号”下拉列表中选择 直径 %%c ，完成后的效果如图 14.25 所示。

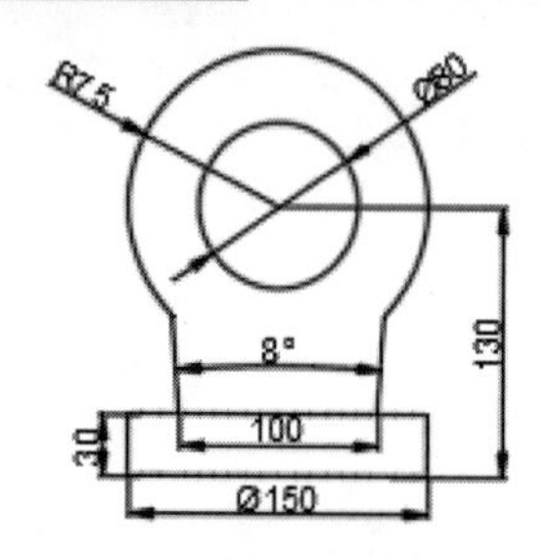

图 14.25　添加直径符号

14.10　上机实操

上机实操案例 1 完成后如图 14.26 所示。上机实操案例 2 完成后如图 14.27 所示。

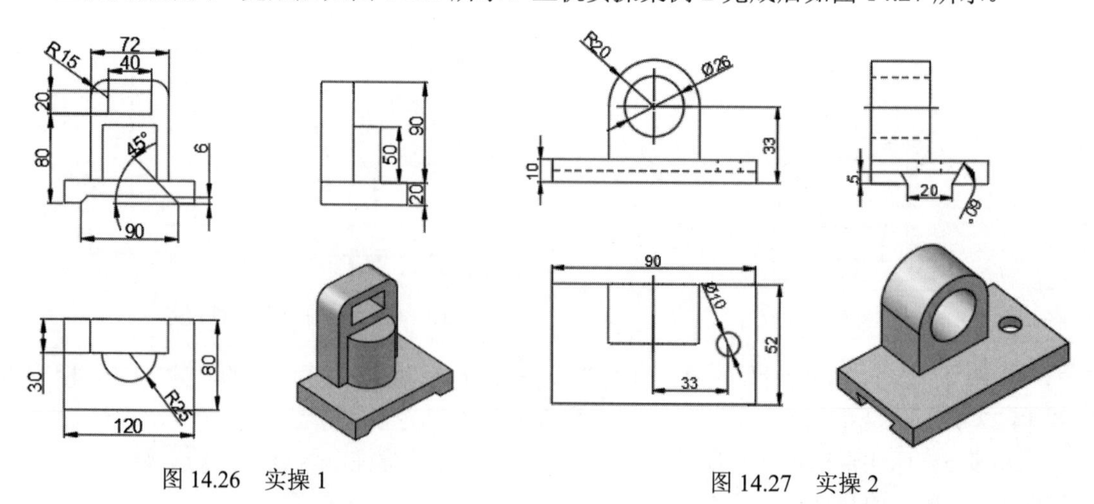

图 14.26　实操 1

图 14.27　实操 2

第 15 章

综合应用案例

15.1 二维图形绘制综合应用案例 1（抖音标志）

12min

案例概述：

本案例介绍抖音标志的创建过程，主要使用直线的绘制、圆的绘制、矩形的绘制、构造线的绘制、图形的复制、图案填充等，本案例的创建相对比较简单，希望读者通过对该案例的学习掌握创建二维图形的一般方法，熟练掌握常用的绘图与编辑工具。该图形如图 15.1 所示。

图 15.1 抖音标志

步骤 1：新建文件。选择下拉菜单"文件"→"新建"命令，在"选择样板"对话框中选取 acadiso 的样板文件，单击 打开(O) ▾ 按钮，完成新建操作。

步骤 2：绘制圆 1。选择 圆心，直径 命令，在（0,0）位置绘制直径为 40 的圆，完成后如图 15.2 所示。

步骤 3：绘制圆 2。选择 圆心，直径 命令，捕捉步骤 2 绘制的圆的圆心位置，绘制直径为 80 的圆，完成后如图 15.3 所示。

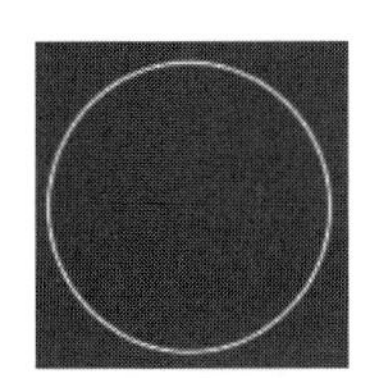

图 15.2 绘制圆 1

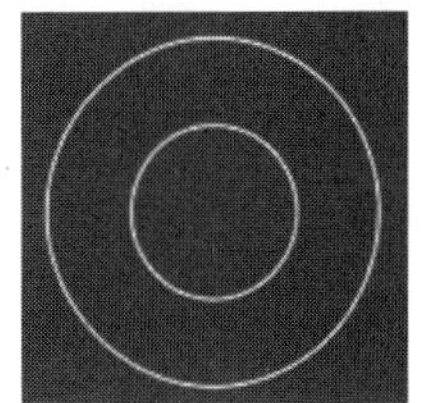

图 15.3 绘制圆 2

步骤 4：绘制直线。选择命令，绘制长度为 100 与 20 的竖直水平直线，直线起点为直径 40 右侧的象限点，完成后如图 15.4 所示。

步骤 5：绘制圆 3。选择圆心，半径命令，绘制半径为 40 的圆（圆心与长度为 20 的水平直线为水平关系），完成后如图 15.5 所示。

步骤 6：绘制圆 4。选择圆心，半径命令，捕捉步骤 5 绘制的圆的圆心位置，绘制半径为 60 的圆，完成后如图 15.6 所示。

步骤 7：绘制直线。选择命令，绘制如图 15.7 所示的 3 根竖直直线。

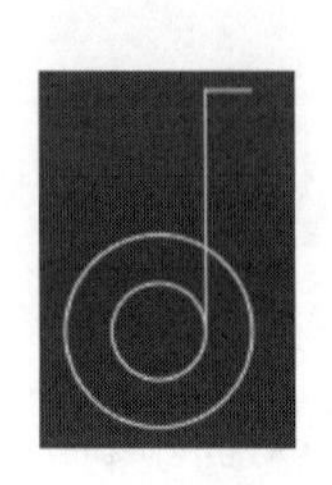

图 15.4　绘制直线 1

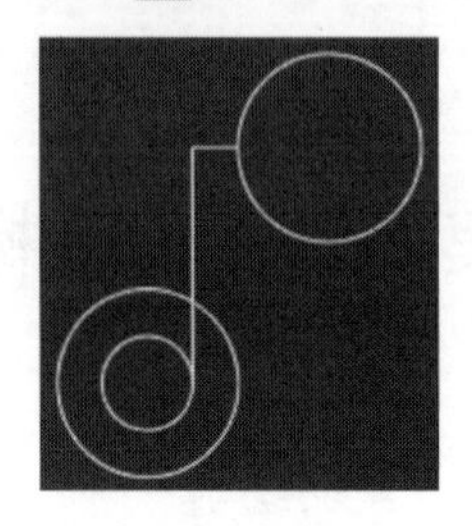

图 15.5　绘制圆 3

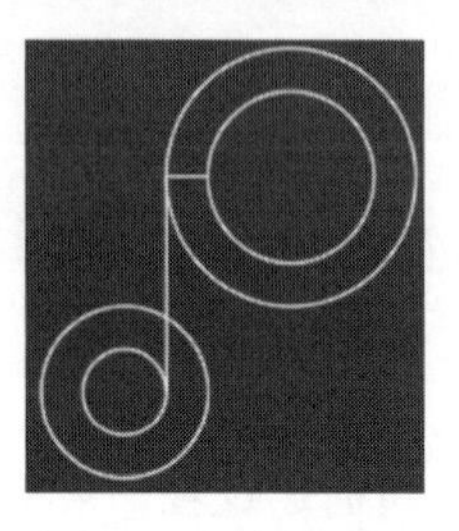

图 15.6　绘制圆 4

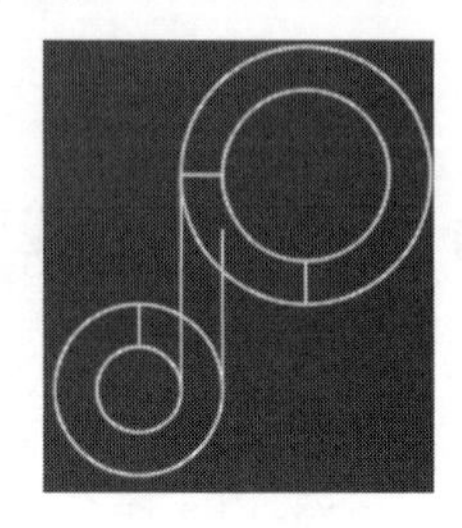

图 15.7　绘制直线 2

步骤 8：修剪对象。选择命令，修剪掉图形区多余的对象，完成后如图 15.8 所示。

步骤 9：复制对象。选择命令，选取如图 15.8 所示的所有对象作为要复制的对象并按 Enter 键确认，在系统 COPY 指定基点或 [位移(D) 模式(O)] <位移>: 的提示下，选择位移(D)选项，在系统 COPY 指定位移 <0.0000, 0.0000, 0.0000>: 的提示下，输入-6，6（说明：将对象沿着 *X* 负方向移动-6，沿着 *Y* 轴正反向移动 6）并按 Enter 键确认，完成后如图 15.9 所示。

步骤 10：绘制构造线。选择命令，绘制如图 15.10 所示的两条水平构造线（图形最上与最下位置）与两条竖直构造线（图形最左与最右位置）。

步骤 11：偏移构造线。选择命令，将步骤 10 创建的两条水平构造线向外偏移 20；将步骤 10 创建的两条竖直构造线向外偏移 40，完成后如图 15.11 所示。

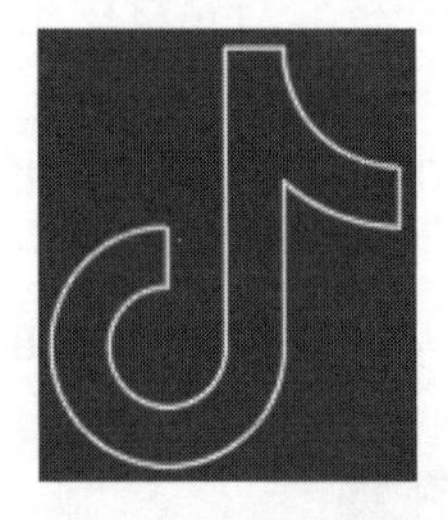

图 15.8　修剪对象

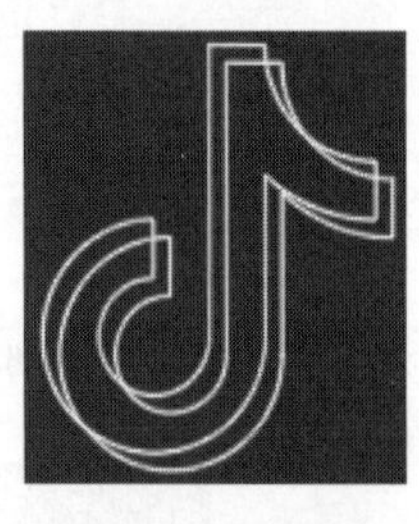

图 15.9　复制对象

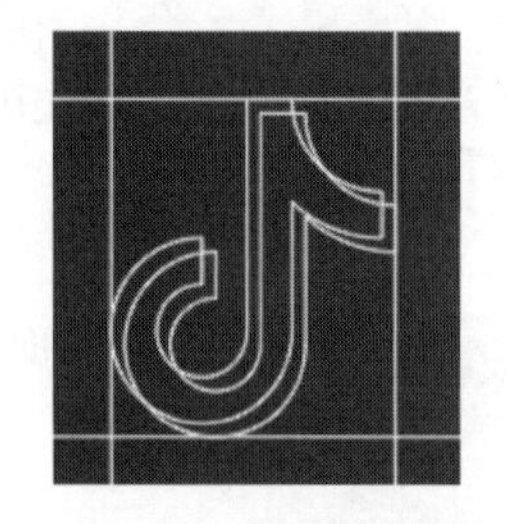

图 15.10　绘制构造线

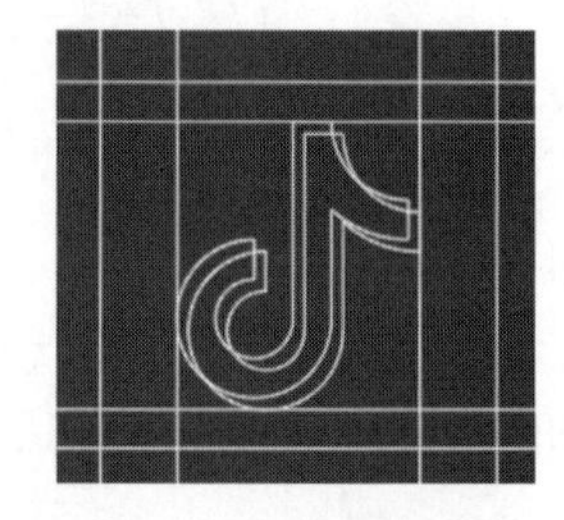

图 15.11　偏移构造线

步骤 12：删除构造线。选择命令，将步骤 10 绘制的构造线删除，完成后如图 15.12 所示。

步骤 13：绘制圆角矩形。选择命令，在系统 RECTANG 指定第一个角点或 [倒角(C) 标高(E) 圆角(F) 厚度(T) 宽度(W)]: 的提示下，选择圆角(F)选项，在系统 RECTANG 指定矩形的圆角半径 <0.0000>: 的提示下，输入圆角半径值 50 并按 Enter 键确认，在系统提示下依次选取如图 15.13 所示的点 1 与点 2 作为矩形的两个角点，绘制完成后如图 15.13 所示。

步骤 14：删除构造线。选择命令，将步骤 11 绘制的构造线删除，完成后如图 15.14 所示。

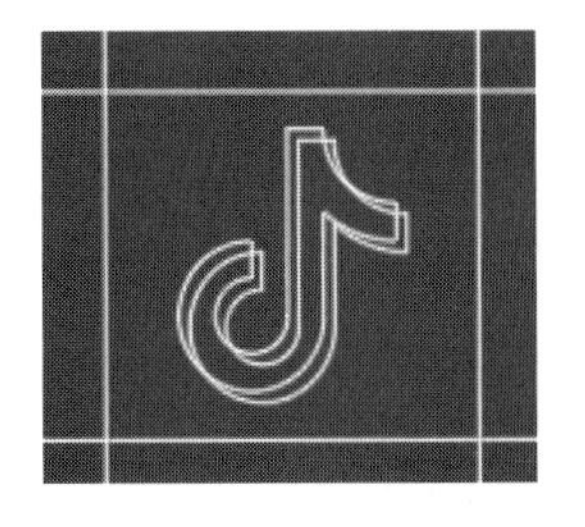

图 15.12 删除构造线 1

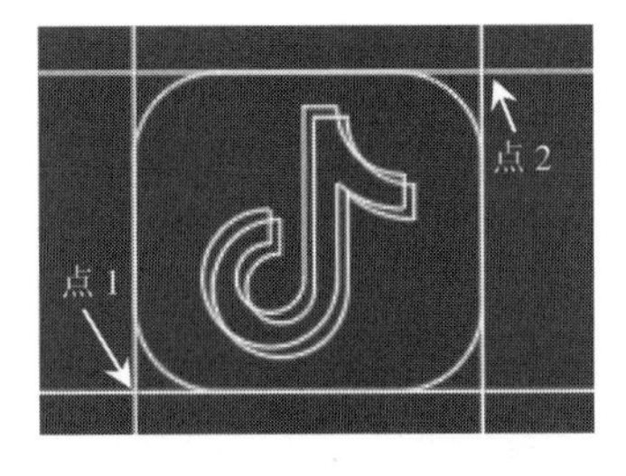

图 15.13 绘制圆角矩形

图 15.14 删除构造线 2

步骤 15：图案填充颜色（青色）。选择命令，在“图案填充创建”功能选项卡“图案”区域中选择 solid，在“特性”区域的“颜色”下拉列表中选择（青色），选取如图 15.15 所示的 3 个区域作为要填充颜色的区域，单击按钮，完成后如图 15.15 所示。

步骤 16：创建其他图案填充颜色。参考步骤 15 的操作，填充如图 15.16 所示的白色区域、红色区域与黑色区域。

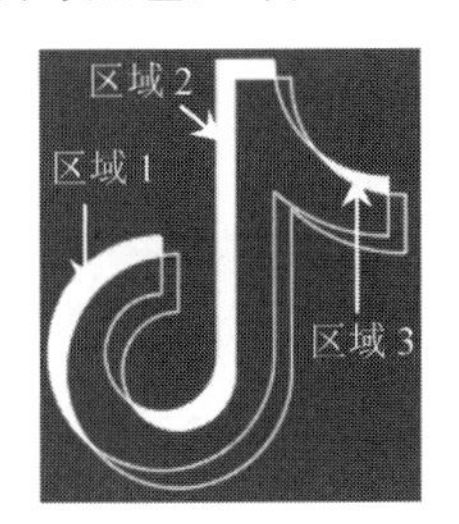

图 15.15 图案填充颜色（青色）

图 15.16 创建其他图案填充

15.2 二维图形绘制综合应用案例 2（支撑座三视图）

25min

案例概述：

本案例介绍支撑座三视图的创建过程，主要使用直线的绘制、圆的绘制、矩形的绘制、构造线的绘制、镜像复制、尺寸标注等，希望读者通过该案例的学习掌握绘制三视图的一般方法。绘制完成后该图形如图 15.17 所示。

步骤 1：新建文件。选择下拉菜单“文件”→“新建”命令，在“选择样板”对话框中选取“格宸教育 A3”的样板文件，单击 打开(O) ▾ 按钮，完成新建操作。

步骤 2：绘制主视图。

（1）切换图层。将图层切换到“轮廓线”层。

（2）绘制直线。选择命令，绘制长度分别为 56、39、8、31、48 且封闭的水平竖直直线，完成后的效果如图 15.18 所示。

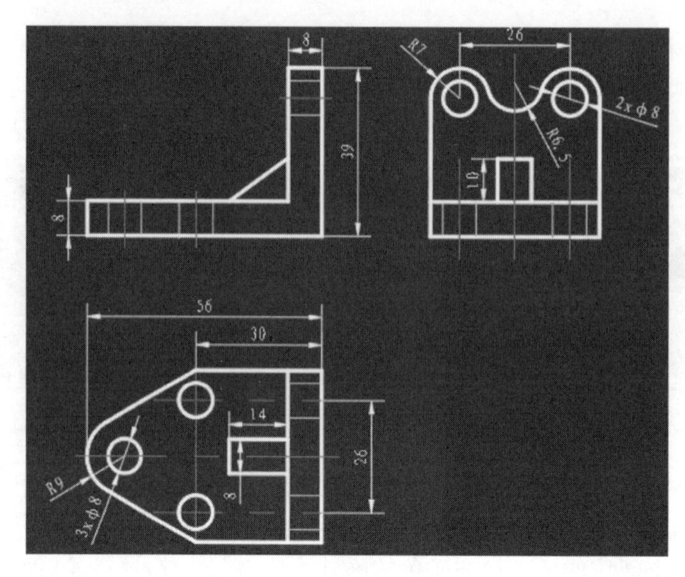

图 15.17　支撑座三视图

（3）偏移直线。选择命令，将如图 15.18 所示的直线 1 向左偏移 14，将直线 2 向上偏移 10，完成后如图 15.19 所示。

（4）绘制直线。选择命令，绘制如图 15.20 所示的直线。

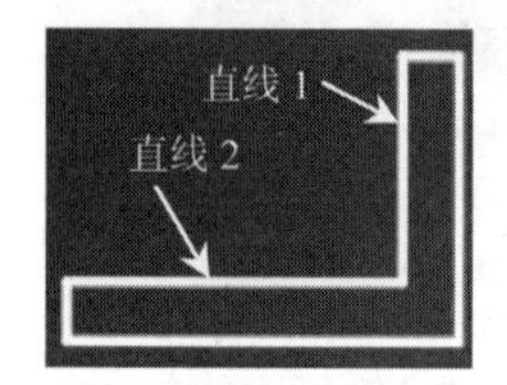

图 15.18　绘制直线 1

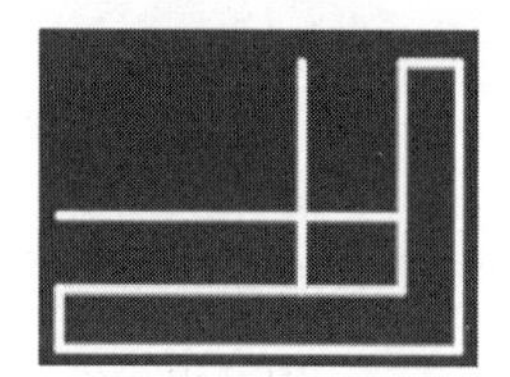

图 15.19　偏移直线

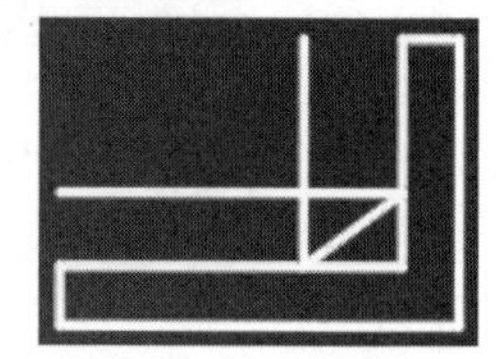

图 15.20　绘制直线 2

（5）删除直线。选择命令，删除步骤（3）偏移的直线，完成后如图 15.21 所示。

（6）切换图层。将图层切换到“中心线”层。

（7）绘制中心线。选择命令，绘制一条水平中心线（中心线距离最上方直线间距为 7）和两条竖直中心线（左侧竖直中心线距离最左侧直线间距为 9，两条竖直中心线的间距为 17），完成后如图 15.22 所示。

（8）偏移中心线。选择命令，将步骤（7）绘制的 3 根中心线向两侧分别偏移 4mm，完成后如图 15.23 所示。

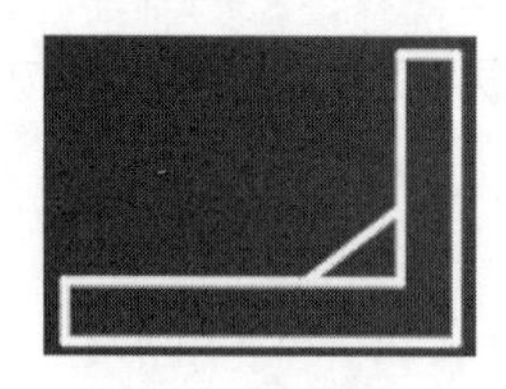

图 15.21　删除直线

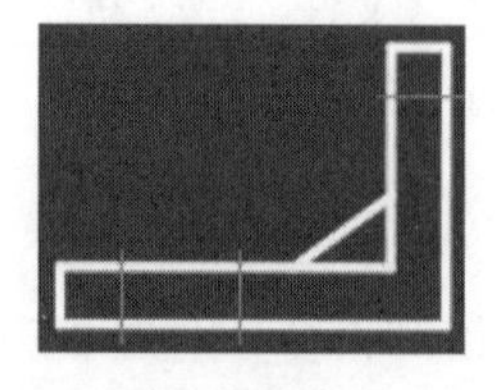

图 15.22　绘制中心线

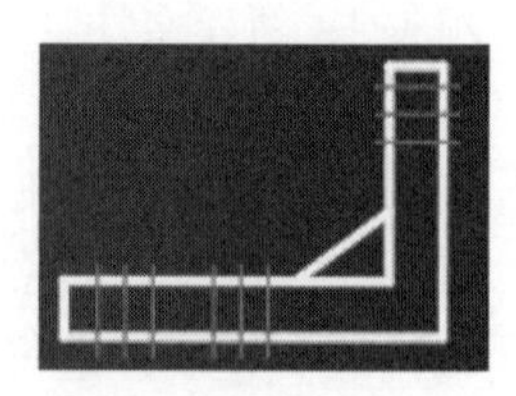

图 15.23　偏移中心线

（9）调整对象所在的图层。选中步骤（8）偏移后的中心线，然后在“默认”功能选项卡“图层”区域的图层控制下拉列表框中选择“虚线”，按下键盘上的Esc键结束操作，完成后如图15.24所示。

（10）修剪多余对象。选择命令，对图形中所有无用的对象进行修剪，完成后如图15.25所示。

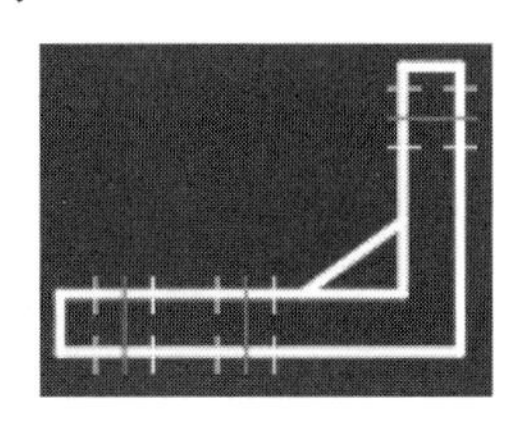

图15.24　调整图层

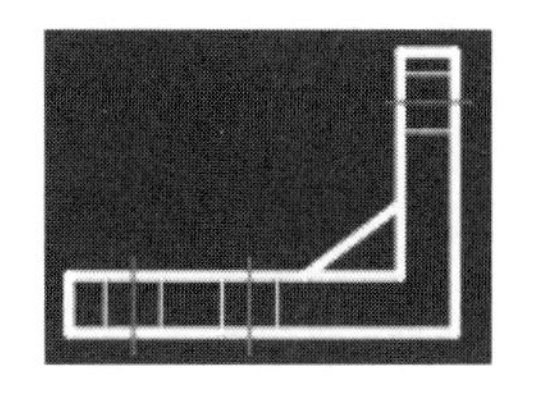

图15.25　修剪多余对象

步骤3：绘制俯视图。

（1）切换图层。将图层切换到“轮廓线”层。

（2）绘制直线。选择命令，绘制长度分别为30、40与30的水平竖直直线（竖直直线与主视图的最右侧边线竖直对齐），完成后的效果如图15.26所示。

（3）绘制圆。选择命令，绘制如图15.27所示的半径为9的圆（圆心与图15.24中最左侧竖直的中心线竖直对齐，与图15.26竖直直线的中点水平对齐）。

（4）绘制相切直线。选择命令，绘制如图15.28所示的相切直线。

图15.26　绘制直线

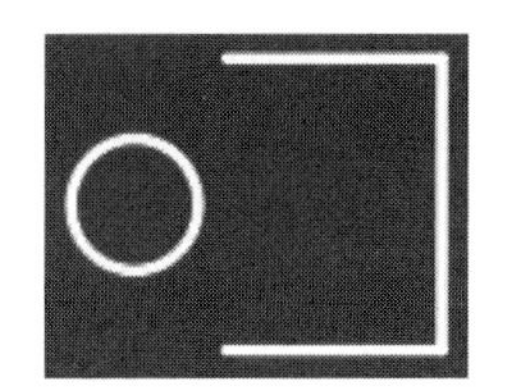

图15.27　绘制圆

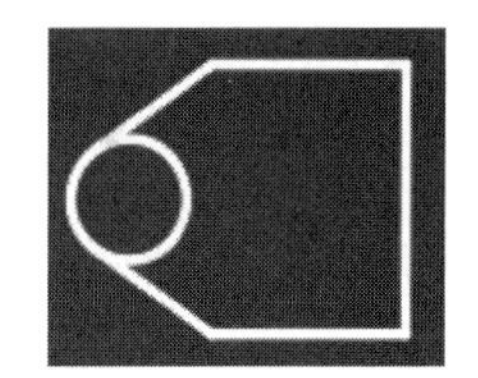

图15.28　绘制相切直线

（5）绘制圆。选择命令，绘制如图15.29所示的半径为4的圆（与步骤（3）绘制的圆为同心圆）。

（6）切换图层。将图层切换到“中心线”层。

（7）绘制中心线。选择命令，绘制如图15.30所示的中心线。

（8）偏移中心线。选择命令，将步骤（7）绘制的水平中心线向两侧分别偏移4mm与13mm，完成后如图15.31所示。

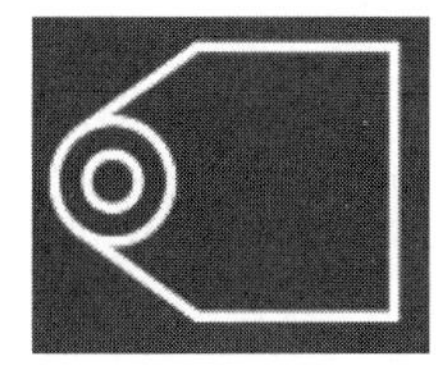

图15.29　绘制圆

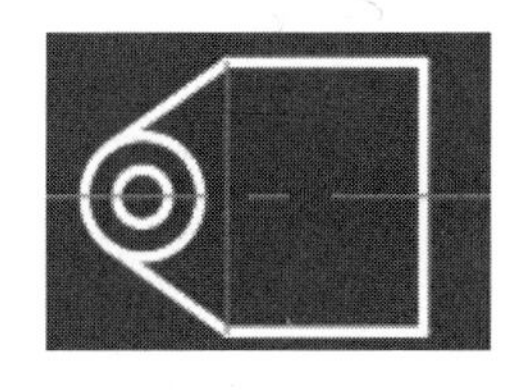

图15.30　绘制中心线

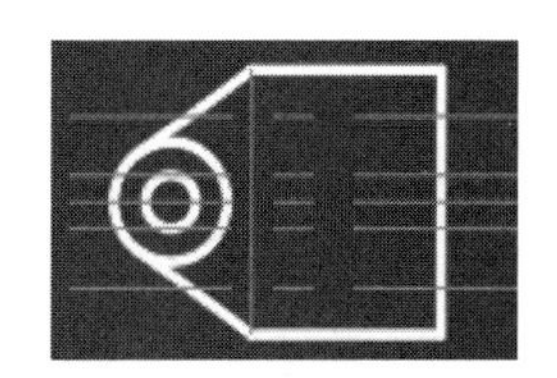

图15.31　偏移中心线

（9）偏移竖直直线。选择命令，将如图 15.32 所示的直线 1 向左偏移 8mm 与 22mm，完成后如图 15.32 所示。

（10）修剪对象。选择命令，对图形中所有无用的对象进行修剪，完成后如图 15.33 所示。

（11）切换图层。将图层切换到“轮廓线”层。

（12）绘制圆。选择命令，绘制如图 15.34 所示的半径为 4 的圆。

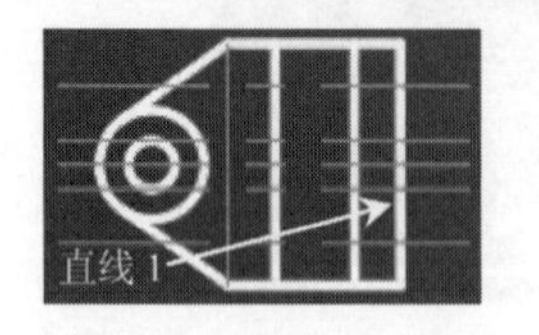

图 15.32 偏移竖直直线

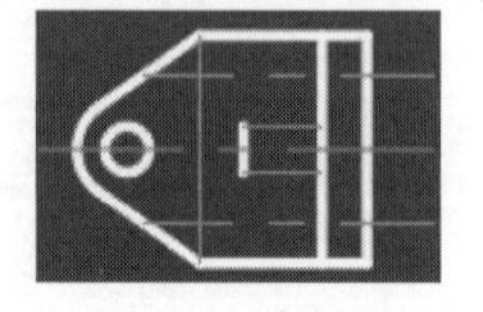

图 15.33 修剪对象

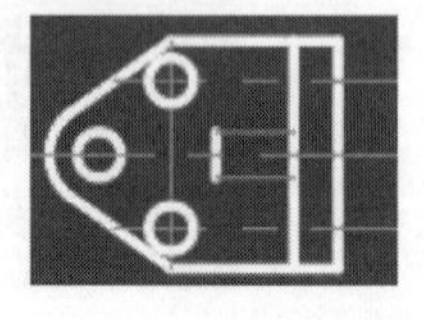

图 15.34 绘制圆

（13）偏移中心线。选择命令，将如图 15.35 所示的中心线向两侧分别偏移 4mm，完成后如图 15.35 所示。

（14）修剪对象。选择命令，对图形中所有无用的对象进行修剪，完成后如图 15.36 所示。

（15）修改对象所在的图层。选中步骤（14）偏移后的中心线，然后在“默认”功能选项卡“图层”区域的图层控制下拉列表框中选择“虚线”，按下键盘上的 Esc 键结束操作，完成后如图 15.37 所示。

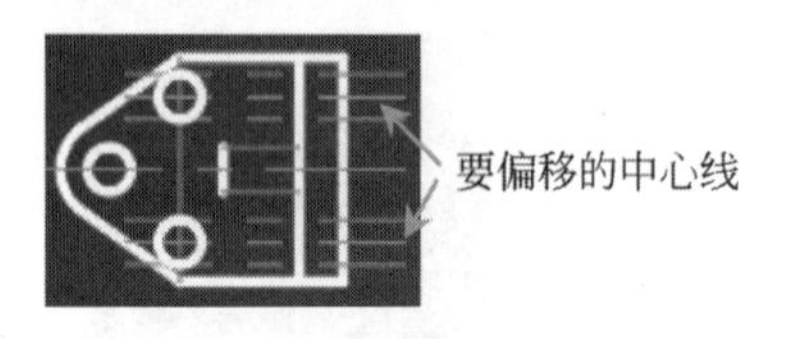

图 15.35 偏移中心线

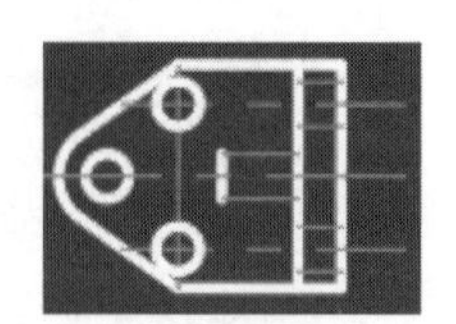

图 15.36 修剪对象

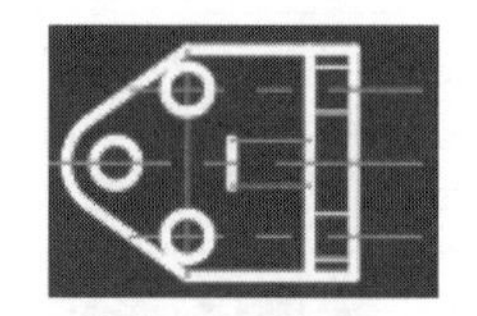

图 15.37 修改对象图层

（16）调整对象所在的图层。选中如图 15.38（a）所示的对象 1 与对象 2，然后在“默认”功能选项卡“图层”区域的图层控制下拉列表框中选择“轮廓线”，按下键盘上的 Esc 键结束操作，完成后如图 15.38（b）所示。

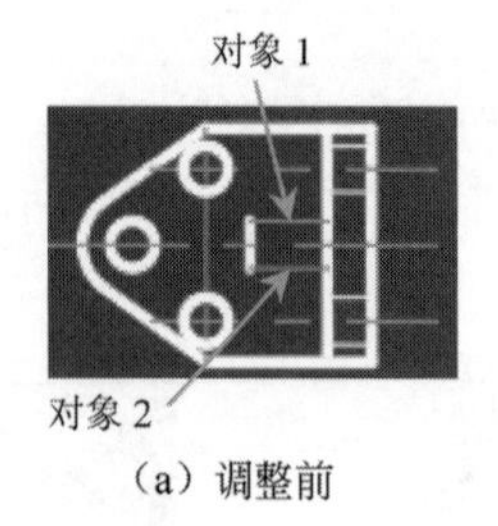

（a）调整前

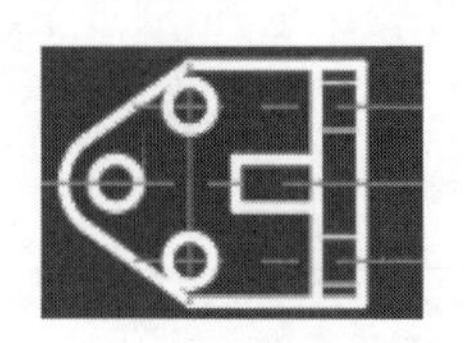

（b）调整后

图 15.38 调整对象图层

步骤 4：绘制左视图。

（1）绘制直线。选择命令，绘制长度分别为 32、40 与 32 的水平竖直直线（水平直线与主视图的最下侧边线水平对齐），完成后的效果如图 15.39 所示。

（2）绘制圆。选择命令，绘制如图 15.40 所示的半径为 7 的两个圆（位置参考图 15.41 所示的尺寸）。

图 15.39　绘制直线

图 15.40　绘制圆 1

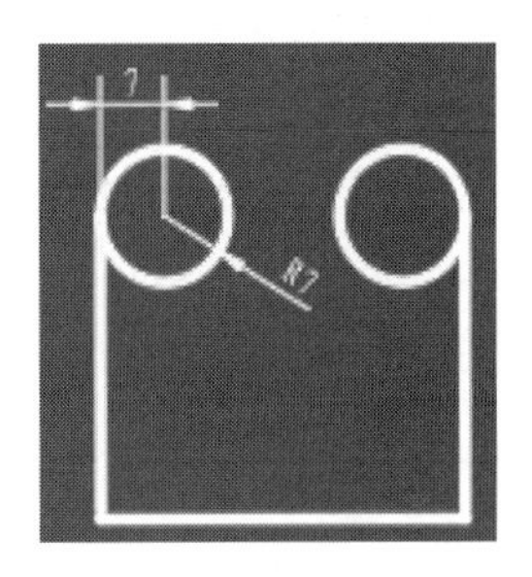

图 15.41　位置尺寸参考

（3）绘制相切圆。选择命令，绘制与步骤（2）两个圆相切并且半径为 6.5 的圆（选取相切位置时靠近圆弧上方选取），绘制完成后如图 15.42 所示。

（4）绘制圆。选择命令，绘制与（2）两个圆同心，半径为 4 的圆，完成后如图 15.43 所示。

（5）偏移直线。选择命令，将如图 15.44 所示的水平直线向上分别偏移 8mm 与 18mm，完成后如图 15.44 所示。

图 15.42　绘制相切圆

图 15.43　绘制圆 2

图 15.44　偏移直线

（6）切换图层。将图层切换到“中心线”层。

（7）绘制中心线。选择命令，绘制如图 15.45 所示的中心线。

（8）偏移中心线。选择命令，将步骤（7）创建的竖直中心线向两侧分别偏移 13mm 与 4mm，完成后如图 15.46 所示。

（9）修剪对象。选择命令，对图形中所有无用的对象进行修剪，完成后如图 15.47 所示。

（10）偏移中心线。选择命令，将图 15.47 中最左侧与最右侧的中心线两侧分别偏移 4mm，完成后如图 15.48 所示。

（11）修剪对象。选择命令，对图形中所有无用的对象进行修剪，完成后如图 15.49 所示。

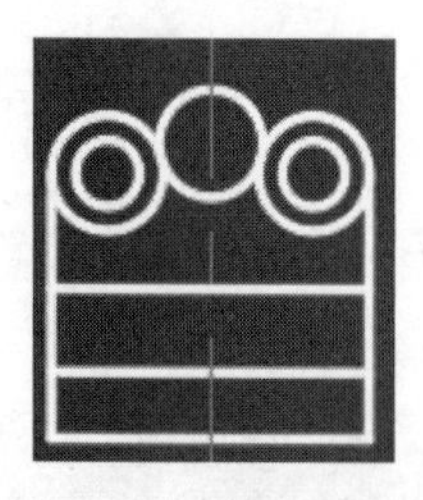

图 15.45　绘制中心线

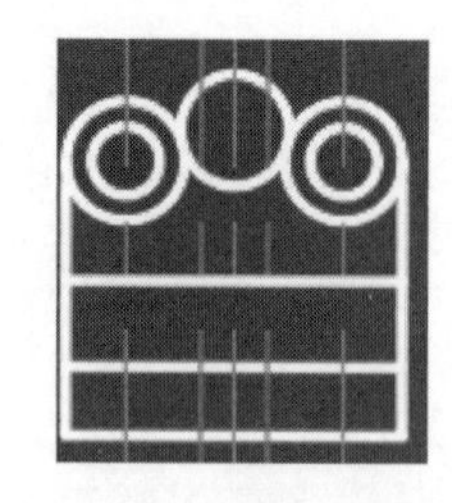

图 15.46　偏移中心线

图 15.47　修剪对象

（12）修改对象所在的图层。选中步骤（10）偏移后的中心线，然后在“默认”功能选项卡“图层”区域的图层控制下拉列表框中选择“虚线”，按下键盘上的 Esc 键结束操作，完成后如图 15.50 所示。

图 15.48　偏移中心线

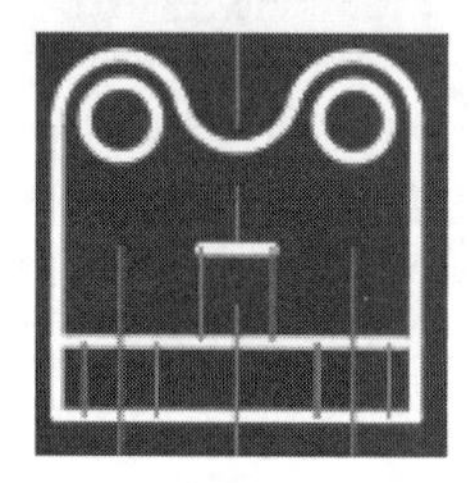

图 15.49　修剪对象

图 15.50　修改对象图层

（13）调整对象所在的图层。选中如图 15.51（a）所示的对象 1 与对象 2，然后在“默认”功能选项卡“图层”区域的图层控制下拉列表框中选择“轮廓线”，按下键盘上的 Esc 键结束操作，完成后如图 15.51（b）所示。

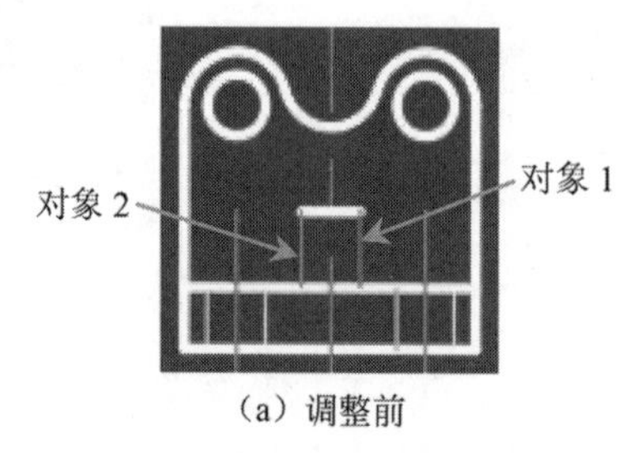

（a）调整前

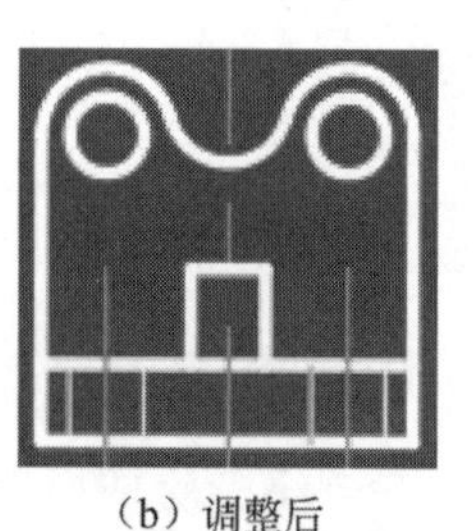

（b）调整后

图 15.51　调整对象图层

步骤 5：标注尺寸。

（1）切换图层。将图层切换到“尺寸标注”层。

（2）标注线性尺寸。选择 线性 命令，标注如图 15.52 所示的线性尺寸。

（3）标注半径尺寸。选择 半径 命令，标注如图 15.53 所示的半径尺寸。

（4）标注直径尺寸。选择 直径 命令，标注如图 15.54 所示的直径尺寸。

（5）添加直径前缀。双击步骤（3）创建的直径尺寸，分别添加前缀 3x 与 2x，完成后的效果如图 15.55 所示。

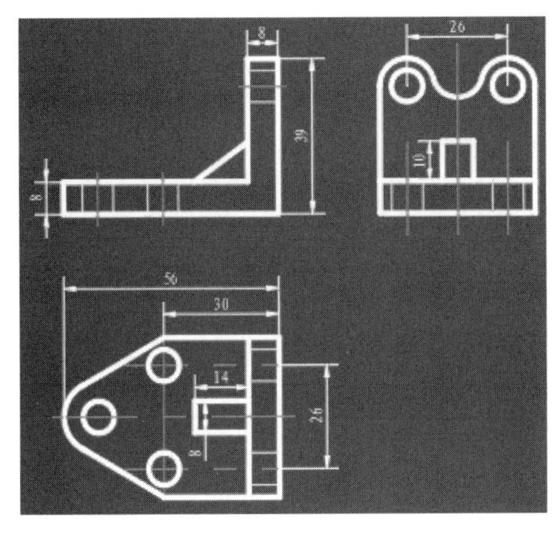

图 15.52　标注线性尺寸

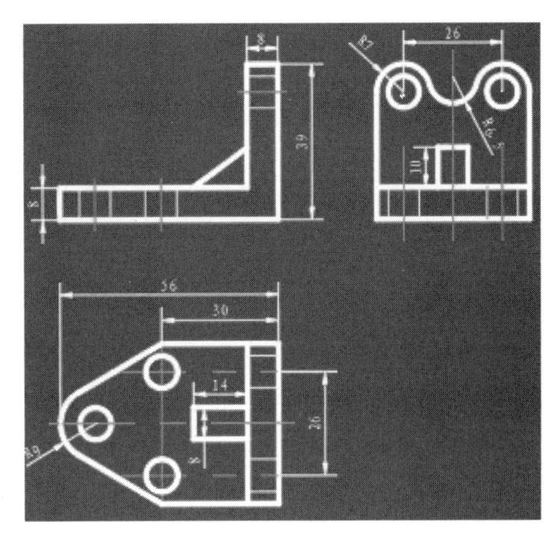

图 15.53　标注半径尺寸

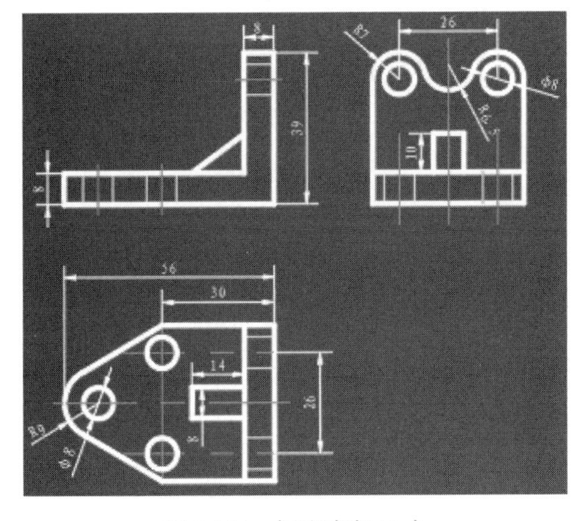

图 15.54　标注直径尺寸

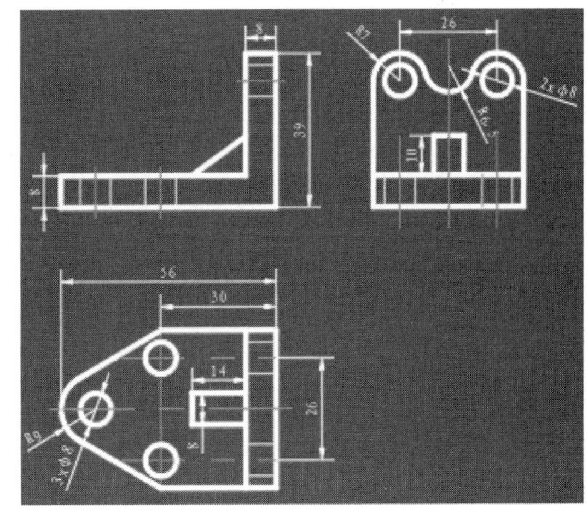

图 15.55　添加直径前缀

15.3　三维图形绘制综合应用案例 1（支架零件）

案例概述：

本案例介绍一个支架零件的创建过程，主要使用直线的绘制、圆的绘制、矩形的绘制、合并对象、用户坐标系、拉伸特征、布尔运算与圆角特征等，本案例的创建相对比较简单，希望读者通过对该案例的学习掌握创建三维实体模型的一般方法，熟练掌握常用的绘图与编辑工具。绘制完成后该图形如图 15.56 所示。

步骤 1：新建文件。选择下拉菜单“文件”→“新建”命令，在“选择样板”对话框中选取 acadiso 的样板文件，单击 打开(O) 按钮，完成新建操作。

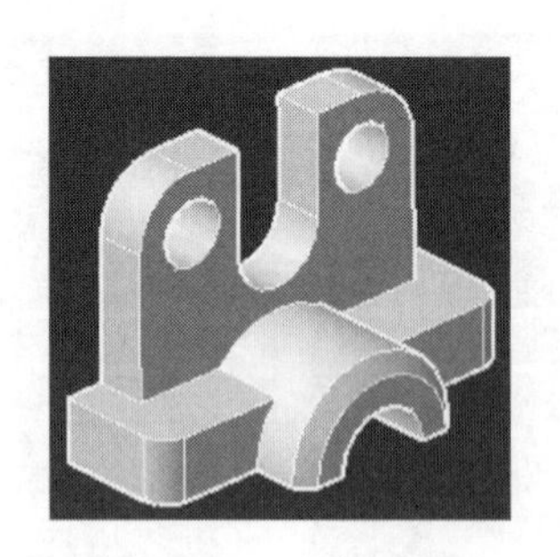

图 15.56　支架零件

步骤 2：将工作空间切换到“三维建模”。

步骤 3：绘制拉伸草图 1。选择命令，以原点为矩形的第 1 个角点，绘制长度为 30，宽度为 100 的矩形，完成后的效果如图 15.57 所示。

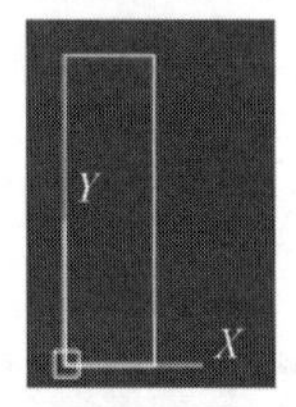

（a）平面方位

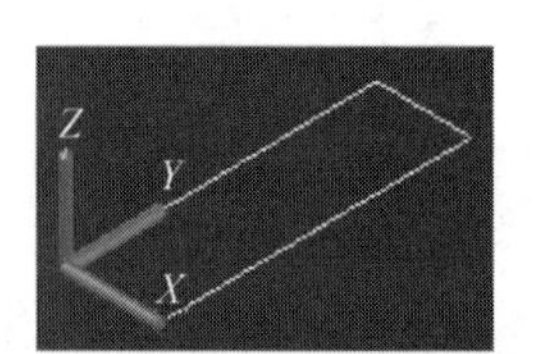

（b）轴测方位

图 15.57　拉伸草图 1

步骤 4：创建拉伸特征 1。选择 拉伸 命令，在系统提示下选取步骤 3 绘制的矩形对象，沿着 Z 轴正方向拉伸 15mm，完成后如图 15.58 所示。

步骤 5：创建用户坐标系。选择下拉菜单 工具(T) → 新建 UCS(W) → 三点(3) 命令，创建如图 15.59 所示的用户坐标系。

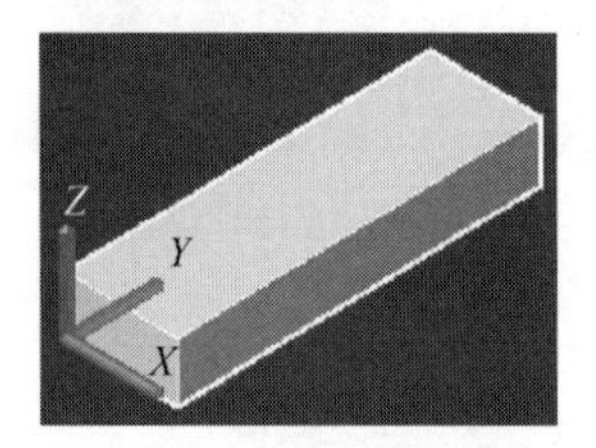

图 15.58　拉伸特征 1

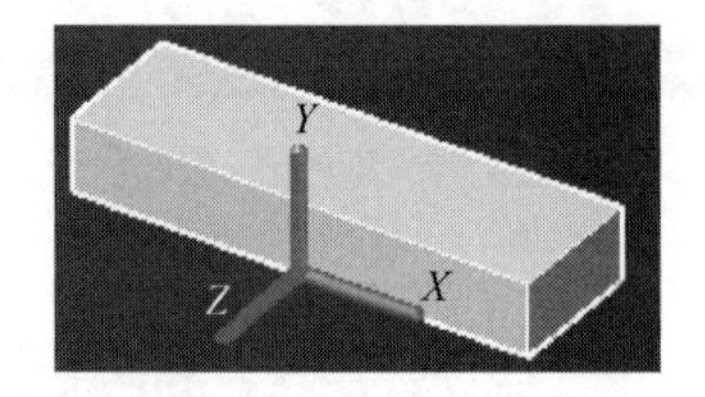

图 15.59　用户坐标系

步骤 6：绘制拉伸草图 2。通过矩形与圆角命令，绘制如图 15.60 所示的图形（图形尺寸参考如图 15.60（a）所示，图像整体关于 Y 轴对称）。

步骤 7：创建拉伸特征 2。选择 拉伸 命令，在系统提示下选取步骤 6 绘制的图形对象，沿着 Z 轴方向拉伸−12mm（代表沿着负方向拉伸），完成后如图 15.61 所示。

步骤 8：创建布尔并集。选择下拉菜单 修改(M) → 实体编辑(N) → 并集(U) 命令，在系统提示下，选取步骤 4 创建的拉伸 1 与步骤 7 创建的拉伸 2 为要合并的对象。

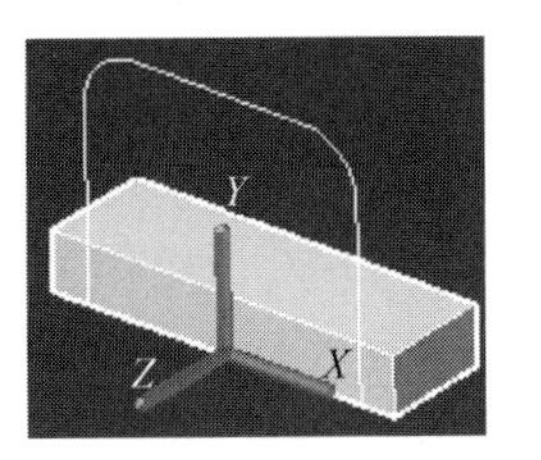

（a）平面方位

（b）轴测方位

图 15.60　拉伸草图 2

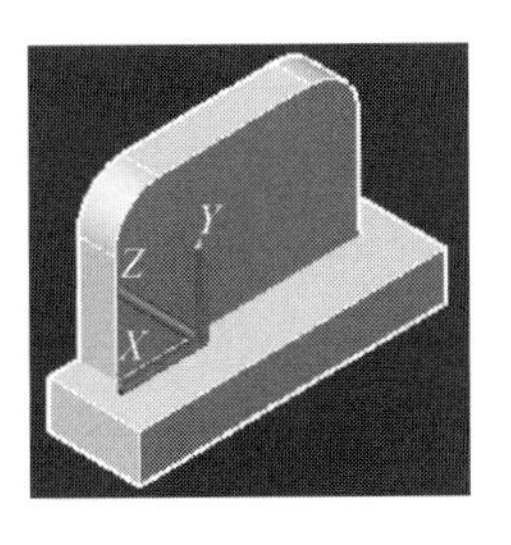

图 15.61　拉伸特征 2

步骤 9：绘制拉伸草图 3。通过圆与直线命令，绘制如图 15.62 所示的图形（图形尺寸参考如图 15.62（a）所示，图像整体关于 Y 轴对称）。

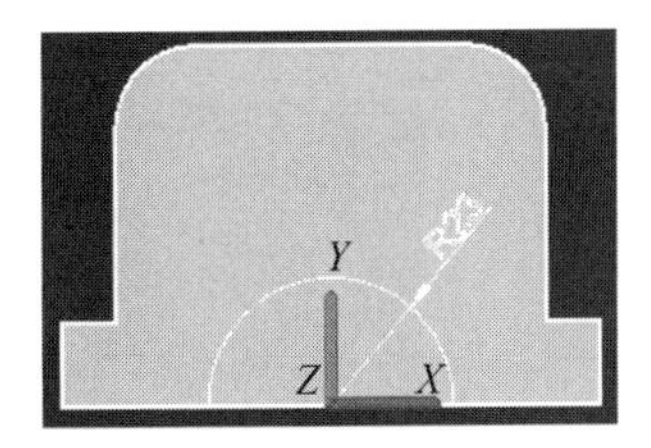

（a）平面方位

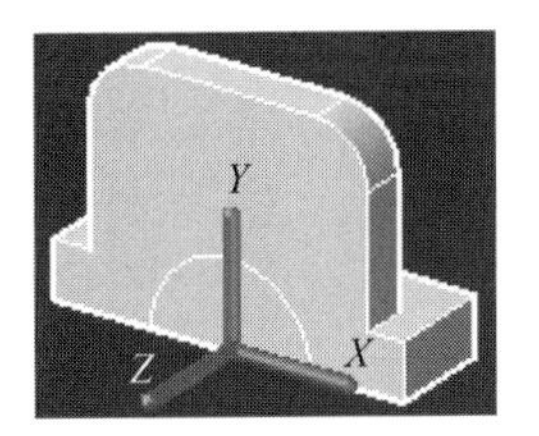

（b）轴测方位

图 15.62　拉伸草图 3

步骤 10：合并对象。选择 合并(J)命令，将步骤 9 绘制的圆弧与直线合并为一个整体对象。

步骤 11：创建拉伸特征 3。选择 拉伸命令，在系统提示下选取步骤 10 创建的对象，沿着 Z 轴方向拉伸−45mm（代表沿着负方向拉伸），完成后如图 15.63 所示。

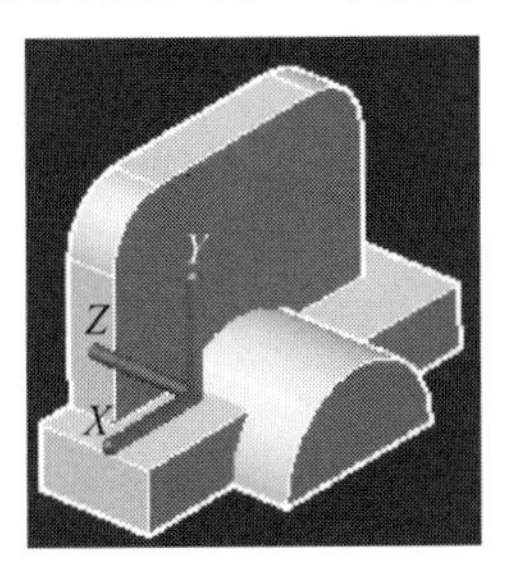

图 15.63　拉伸特征 3

步骤 12：创建布尔并集。选择下拉菜单 修改(M) → 实体编辑(N) → 并集(U) 命令，在系统提示下，选取步骤 11 创建的拉伸 3 与步骤 10 创建的实体为要合并的对象。

步骤 13：绘制拉伸草图 4。通过圆与直线命令，绘制如图 15.64 所示的图形（图形尺寸参考图 15.64（a）所示，图像整体关于 *Y* 轴对称）。

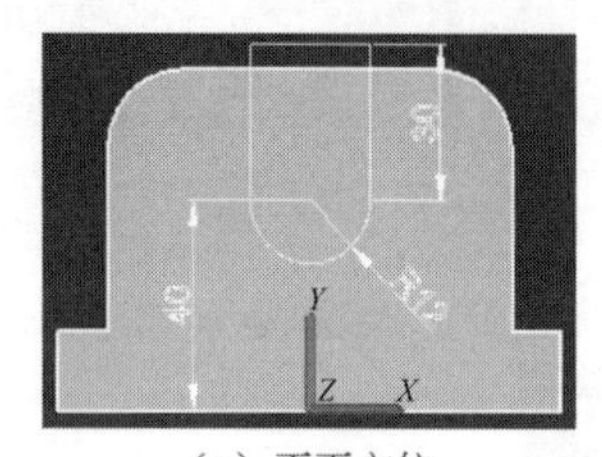

（a）平面方位

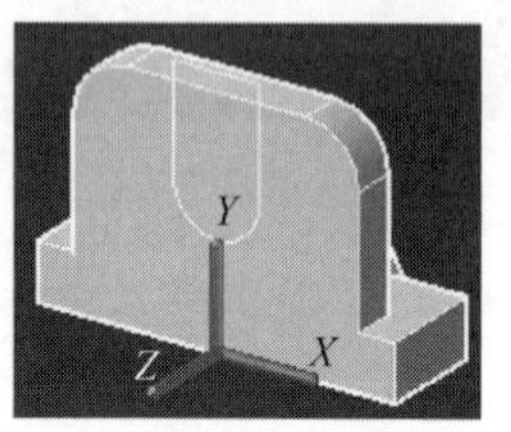

（b）轴测方位

图 15.64　拉伸草图 4

步骤 14：合并对象。选择 合并(J) 命令，将步骤 13 绘制的圆弧与直线合并为一个整体对象。

步骤 15：创建拉伸特征 4。选择 拉伸 命令，在系统提示下选取步骤 14 创建的对象，沿着 *Z* 轴方向拉伸−15mm（代表沿着负方向拉伸），完成后如图 15.65 所示。

步骤 16：创建布尔差集。选择下拉菜单 修改(M) → 实体编辑(N) → 差集(S) 命令，在系统提示下，选取步骤 12 创建的实体作为目标体，选取步骤 15 创建的实体作为工具体，完成后的效果如图 15.66 所示。

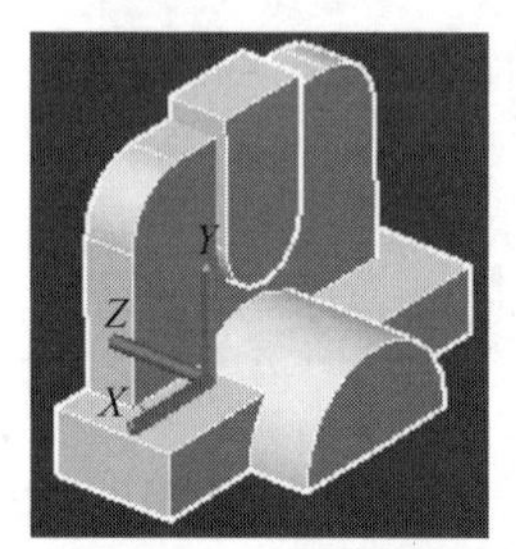

图 15.65　拉伸特征 4

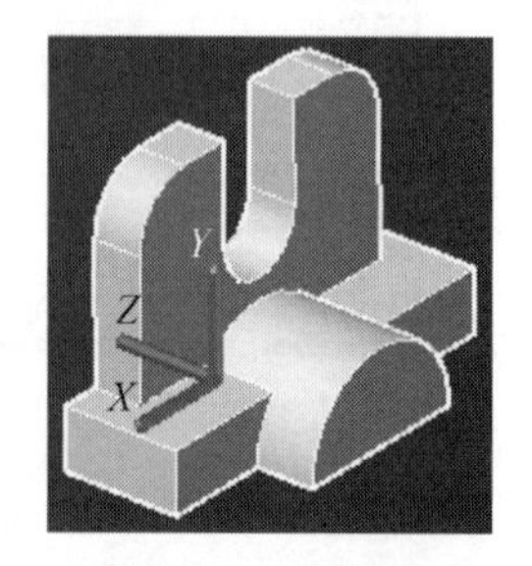

图 15.66　布尔差集

步骤 17：绘制拉伸草图 5。通过圆命令，绘制如图 15.67 所示的半径为 12 的圆。

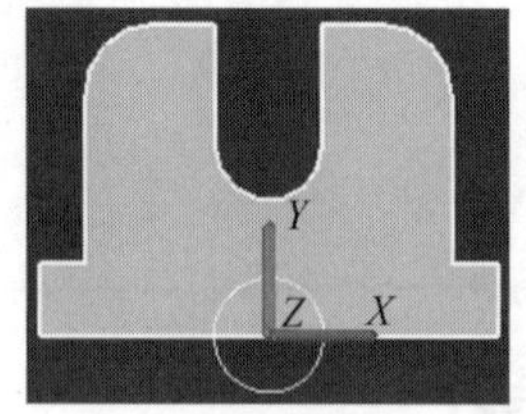

（a）平面方位

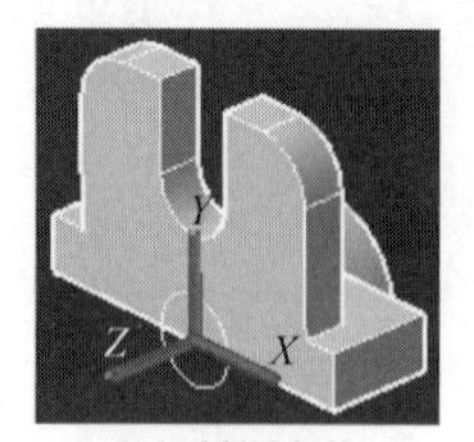

（b）轴测方位

图 15.67　拉伸草图 5

步骤 18：创建拉伸特征 5。选择 拉伸 命令，在系统提示下选取步骤 17 绘制的图形对象，沿着 Z 轴方向拉伸−50mm（代表沿着负方向拉伸），完成后如图 15.68 所示。

步骤 19：创建布尔差集。选择下拉菜单 修改(M) → 实体编辑(N) → 差集(S) 命令，在系统提示下，选取步骤 16 创建的实体作为目标体，选取步骤 18 创建的实体作为工具体，完成后的效果如图 15.69 所示。

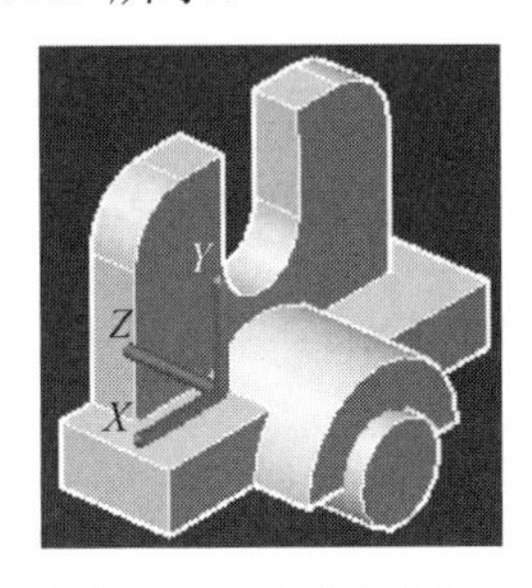

图 15.68　拉伸特征 5

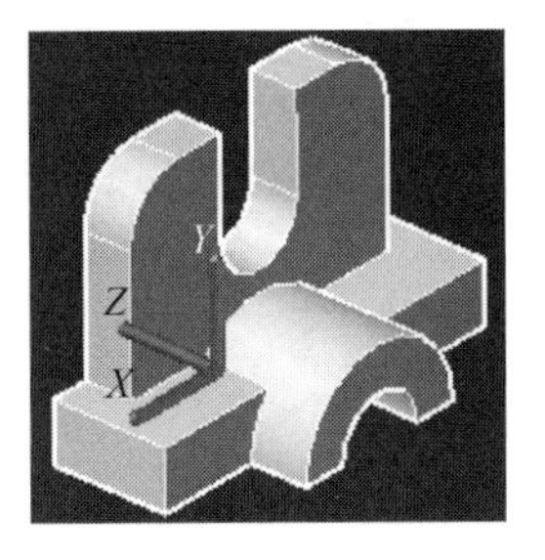

图 15.69　布尔差集

步骤 20：绘制拉伸草图 6。通过圆命令，绘制如图 15.70 所示的半径为 8 的两个圆。

（a）平面方位

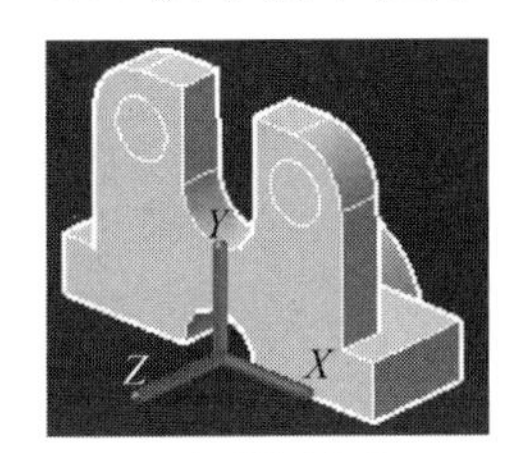

（b）轴测方位

图 15.70　拉伸草图 6

步骤 21：创建拉伸特征 6。选择 拉伸 命令，在系统提示下选取步骤 20 绘制的图形对象，沿着 Z 轴方向拉伸−20mm（代表沿着负方向拉伸），完成后如图 15.71 所示。

步骤 22：创建布尔差集。选择下拉菜单 修改(M) → 实体编辑(N) → 差集(S) 命令，在系统提示下，选取步骤 19 创建的实体作为目标体，选取步骤 21 创建的实体作为工具体，完成后的效果如图 15.72 所示。

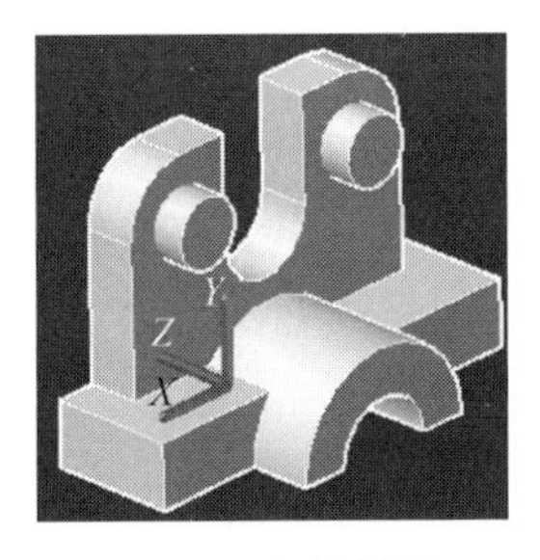

图 15.71　拉伸特征 6

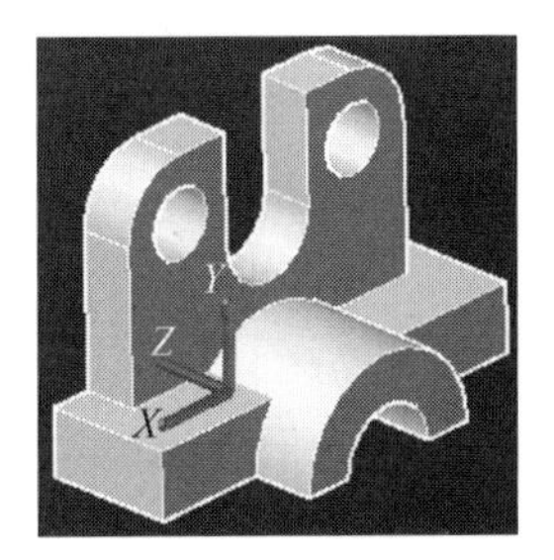

图 15.72　布尔差集

步骤 23：创建倒角特征。选择 倒角 命令，创建如图 15.73 所示的 C4 倒角特征。

步骤 24：创建圆角特征。选择圆角命令，创建如图 15.74 所示的 R6 倒角特征。

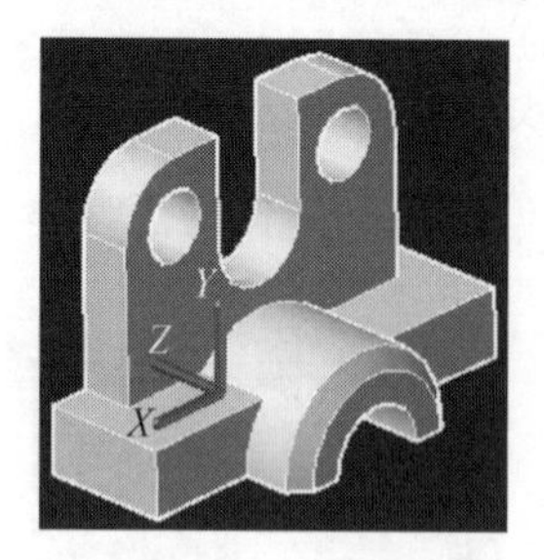

图 15.73 倒角特征

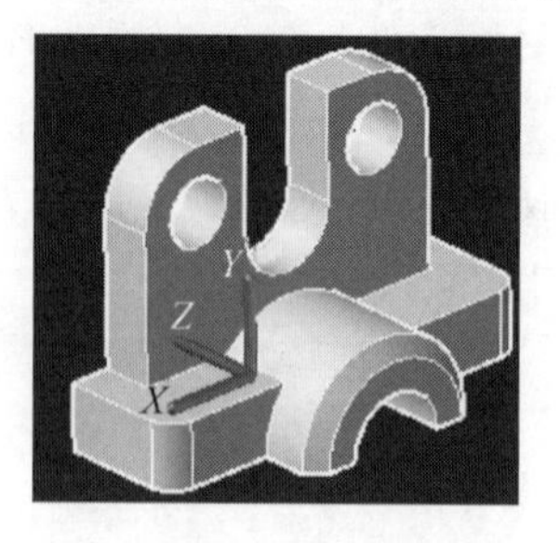

图 15.74 圆角特征

步骤 25：保存文件。

13min

15.4 三维图形绘制综合应用案例 2（基座零件）

案例概述：

本案例介绍一个基座零件的创建过程，主要使用直线的绘制、圆的绘制、矩形的绘制、合并对象、用户坐标系、拉伸特征、布尔运算、镜像特征与圆角特征等。绘制完成后该图形如图 15.75 所示。

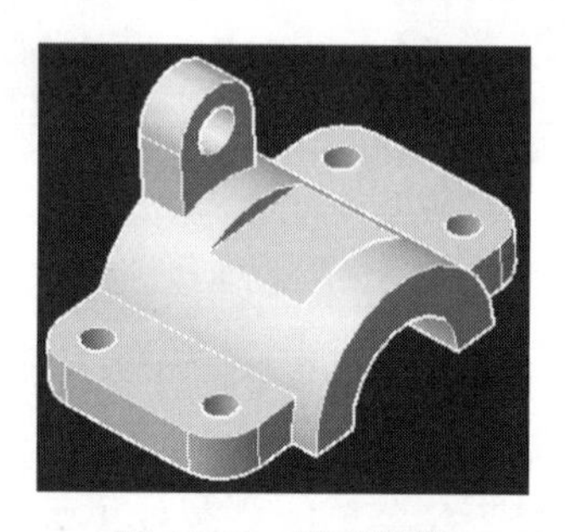
图 15.75 基座零件

步骤 1：新建文件。选择下拉菜单“文件”→“新建”命令，在“选择样板”对话框中选取 acadiso 的样板文件，单击 打开(O) 按钮，完成新建操作。

步骤 2：将当前工作空间确认为“三维建模”。

步骤 3：绘制拉伸草图 1。选择命令，以原点为矩形的第 1 个角点，绘制长度为 80、宽度为 140 的矩形，完成后的效果如图 15.76 所示。

步骤 4：创建拉伸特征 1。选择拉伸命令，在系统提示下选取步骤 3 绘制的矩形对象，沿着 Z 轴正方向拉伸 15mm，完成后如图 15.77 所示。

步骤 5：创建用户坐标系。选择下拉菜单 工具(T) → 新建 UCS(W) → 三点(3) 命令，创建如图 15.78 所示的用户坐标系。

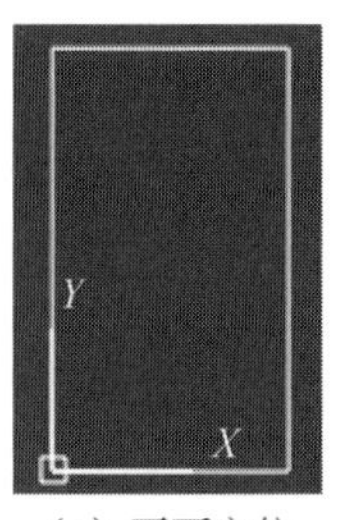

（a）平面方位

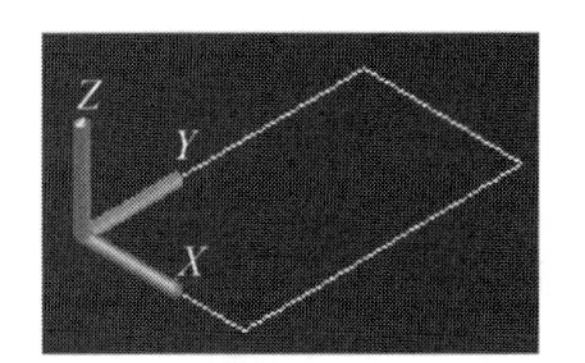

（b）轴测方位

图 15.76 拉伸草图 1

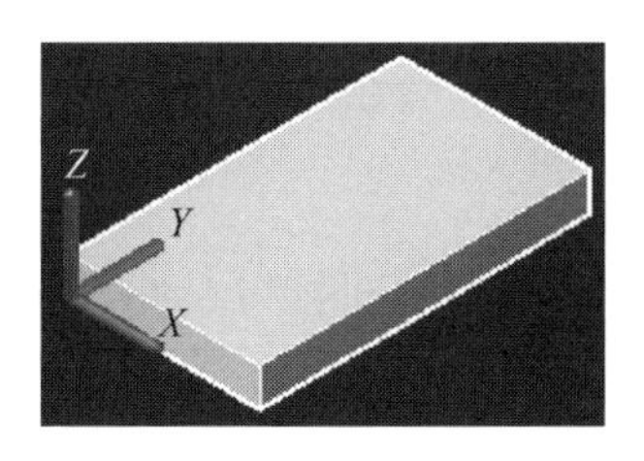

图 15.77　拉伸特征 1

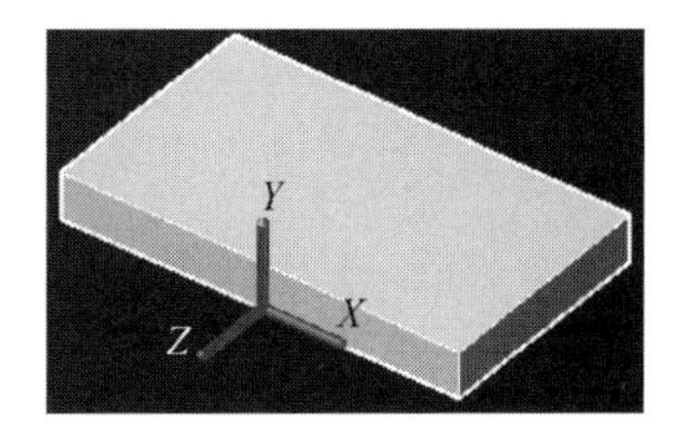

图 15.78　用户坐标系

步骤 6：绘制拉伸草图 2。通过圆与直线命令，绘制如图 15.79 所示的图形（图形尺寸参考如图 15.79（a）所示，图像整体关于 *Y* 轴对称）。

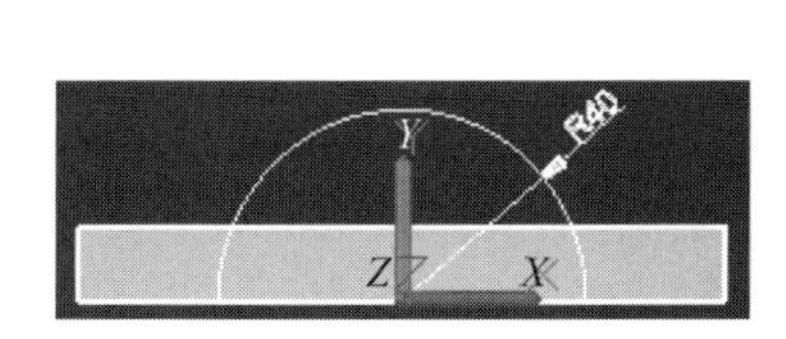

（a）平面方位

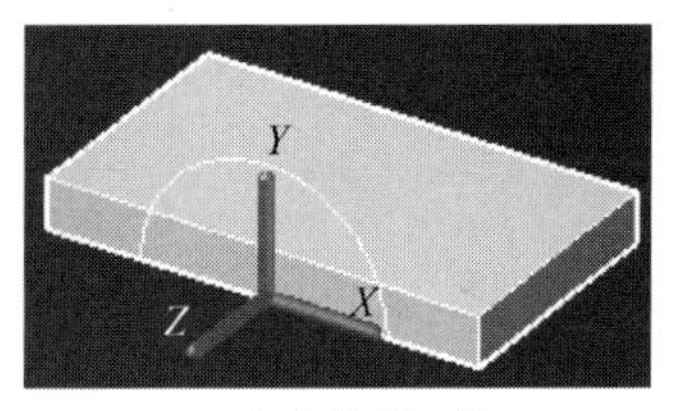

（b）轴测方位

图 15.79　拉伸草图 2

步骤 7：合并对象。选择 合并(J) 命令，将步骤 6 绘制的圆弧与直线合并为一个整体对象。

步骤 8：创建拉伸特征 2。选择 拉伸 命令，在系统提示下选取步骤 7 创建的对象，沿着 *Z* 轴方向拉伸−90mm（代表沿着负方向拉伸），完成后如图 15.80 所示。

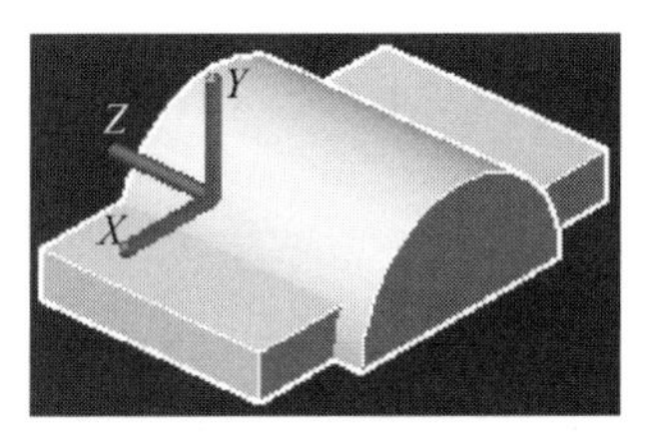

图 15.80　拉伸特征 2

步骤 9：创建布尔并集。选择下拉菜单 修改(M) → 实体编辑(N) → 并集(U) 命令，在系统提示下，选取步骤 4 创建的拉伸特征 1 与步骤 8 创建的拉伸特征 2 为要合并的对象。

步骤 10：绘制拉伸草图 3。通过圆与直线命令，绘制如图 15.81 所示的图形（图形尺寸参考如图 15.81（a）所示，图像整体关于 *Y* 轴对称）。

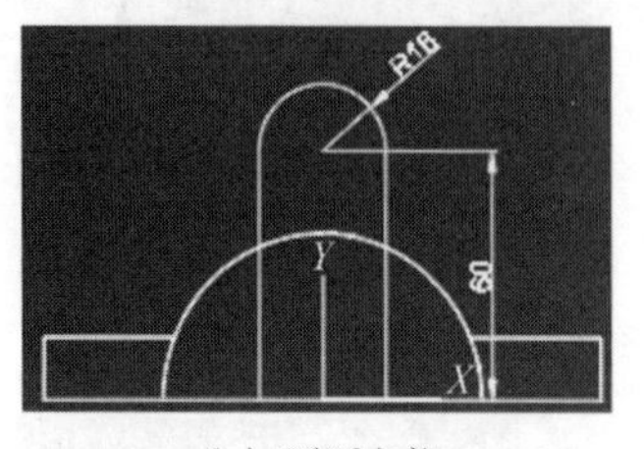

（a）平面方位

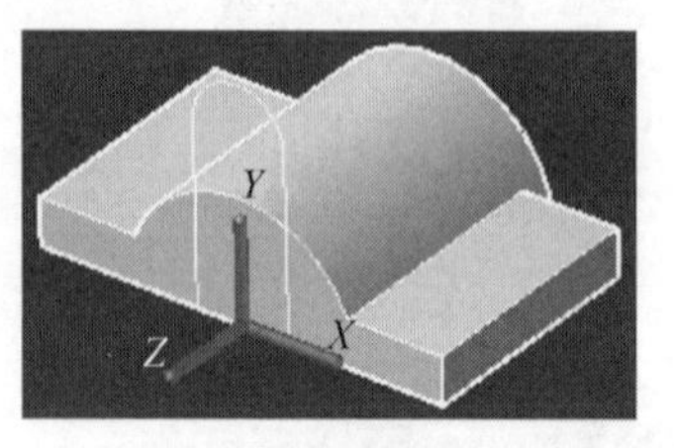

（b）轴测方位

图 15.81　拉伸草图 3

步骤 11：合并对象。选择 合并(J) 命令，将步骤 10 绘制的圆弧与 3 条直线合并为一个整体对象。

步骤 12：创建拉伸特征 3。选择 拉伸 命令，在系统提示下选取步骤 7 创建的对象，沿着 *Z* 轴方向拉伸−16mm（代表沿着负方向拉伸），完成后如图 15.82 所示。

步骤 13：创建布尔并集。选择下拉菜单 修改(M) → 实体编辑(N) → 并集(U) 命令，在系统提示下，选取步骤 9 创建的实体与步骤 12 创建的拉伸特征 3 为要合并的对象。

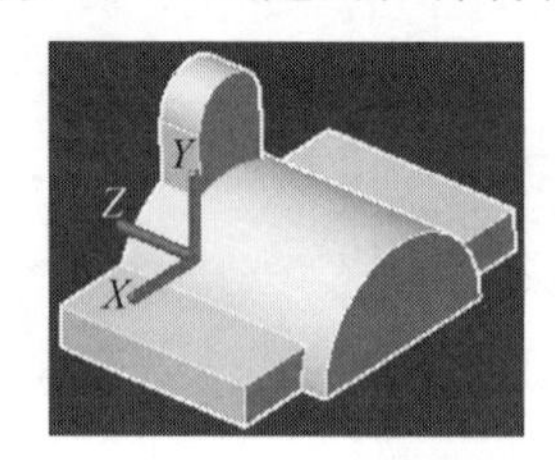

图 15.82　拉伸特征

步骤 14：绘制拉伸草图 4。通过圆命令，绘制如图 15.83 所示的半径为 24 的圆。

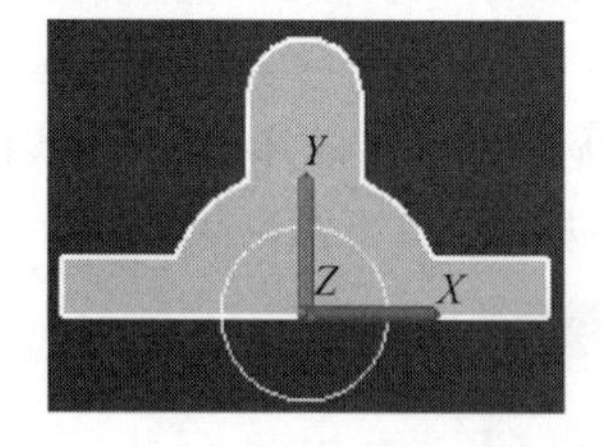

（a）平面方位

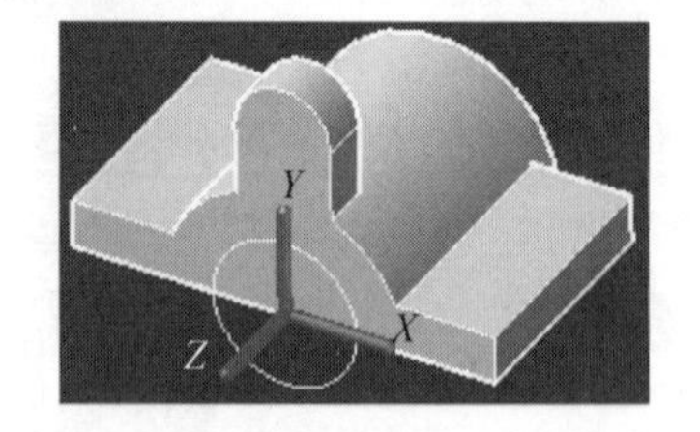

（b）轴测方位

图 15.83　拉伸草图 4

步骤 15：创建拉伸特征 4。选择 拉伸 命令，在系统提示下选取步骤 20 绘制的图形对象，沿着 *Z* 轴方向拉伸−100mm（代表沿着负方向拉伸），完成后如图 15.84 所示。

步骤 16：创建布尔差集。选择下拉菜单 修改(M) → 实体编辑(N) → 差集(S) 命令，在系统提示下，选取步骤 13 创建的实体作为目标体，选取步骤 15 创建的实体作为工具体，完成后的效果如图 15.85 所示。

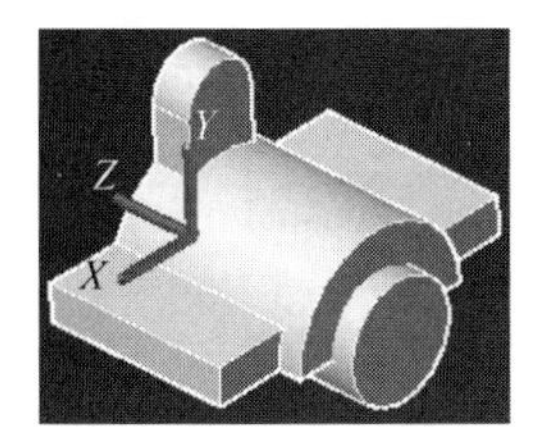

图 15.84 拉伸特征 4

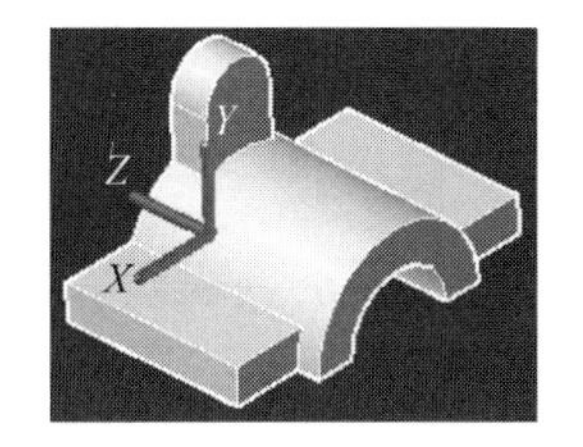

图 15.85 布尔差集

步骤 17：绘制拉伸草图 5。通过圆命令，绘制如图 15.86 所示的半径为 8 的圆。

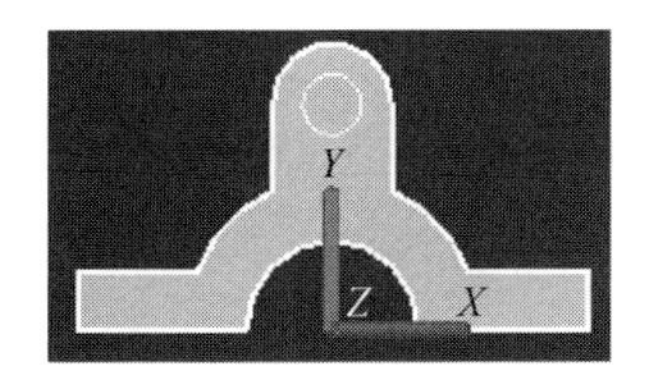

（a）平面方位

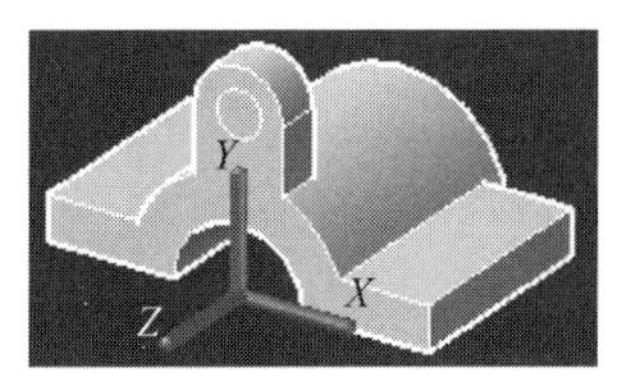

（b）轴测方位

图 15.86 拉伸草图 5

步骤 18：创建拉伸特征 5。选择 拉伸 命令，在系统提示下选取步骤 17 绘制的图形对象，沿着 *Z* 轴方向拉伸−30mm（代表沿着负方向拉伸），完成后如图 15.87 所示。

步骤 19：创建布尔差集。选择下拉菜单 修改(M) → 实体编辑(N) → 差集(S) 命令，在系统提示下，选取步骤 16 创建的实体作为目标体，选取步骤 18 创建的实体作为工具体，完成后的效果如图 15.88 所示。

步骤 20：创建用户坐标系。选择下拉菜单 工具(T) → 新建 UCS(W) → 三点(3) 命令，创建如图 15.89 所示的用户坐标系。

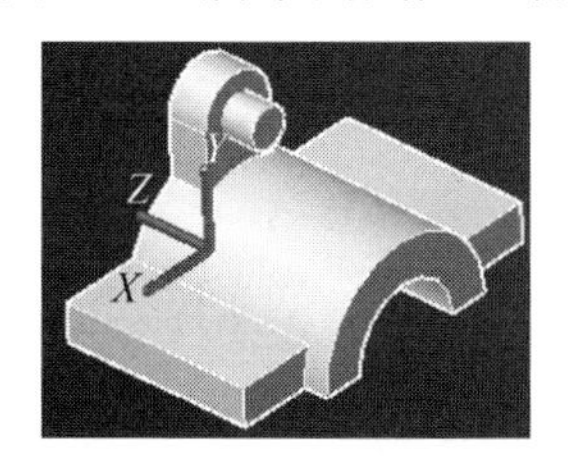

图 15.87 拉伸特征 5

图 15.88 布尔差集

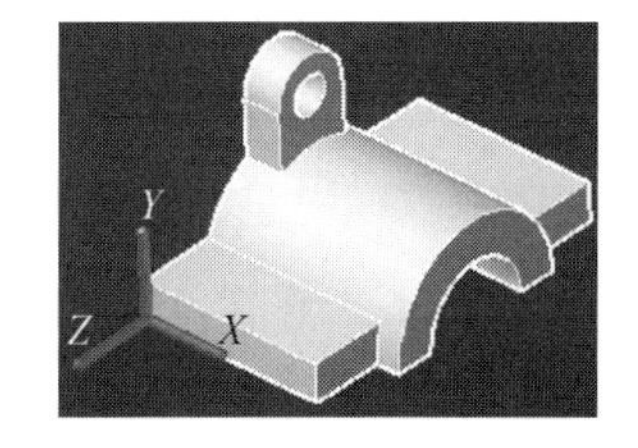

图 15.89 用户坐标系

步骤 21：绘制拉伸草图 6。选择 命令，以 30,34 为矩形的第 1 个角点，绘制长度为 40、宽度为 20 的矩形，完成后的效果如图 15.90 所示。

步骤 22：创建拉伸特征 6。选择 拉伸 命令，在系统提示下选取步骤 21 绘制的图形对象，沿着 *Z* 轴方向拉伸−150mm（代表沿着负方向拉伸），完成后如图 15.91 所示。

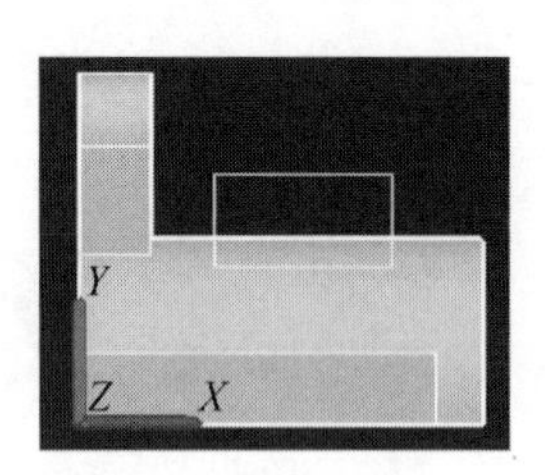

（a）平面方位

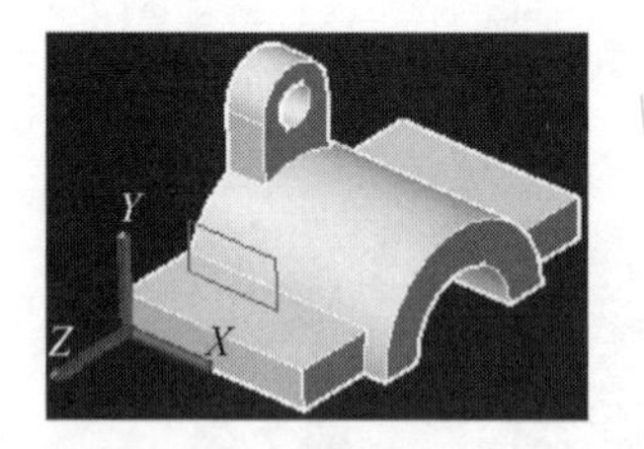

（b）轴测方位

图 15.90 拉伸草图 6

步骤 23：创建布尔差集。选择下拉菜单 修改(M) → 实体编辑(N) → 差集(S) 命令，在系统提示下，选取步骤 19 创建的实体作为目标体，选取步骤 22 创建的实体作为工具体，完成后的效果如图 15.92 所示。

图 15.91 拉伸特征 6

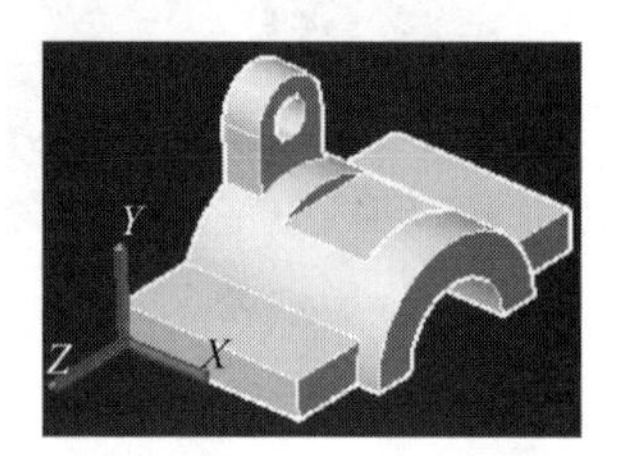

图 15.92 布尔差集

步骤 24：创建圆角特征。选择 圆角 命令，创建如图 15.93 所示的 R15 倒角特征。

步骤 25：创建用户坐标系。选择下拉菜单 工具(T) → 新建 UCS(W) → 三点(3) 命令，创建如图 15.94 所示的用户坐标系。

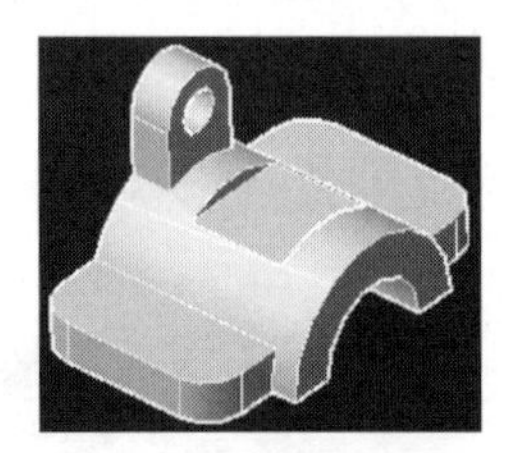
图 15.93 圆角特征

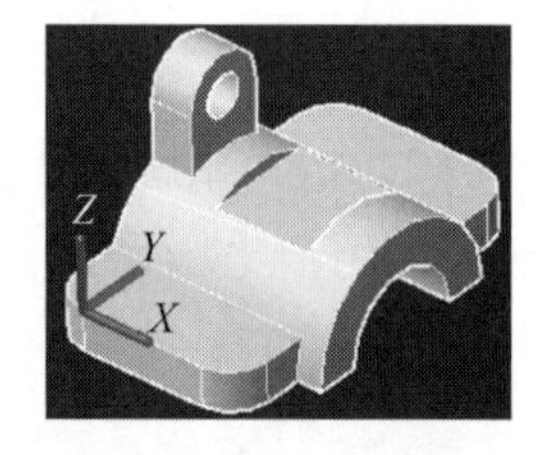

图 15.94 用户坐标系

步骤 26：绘制拉伸草图 7。选择圆命令，绘制如图 15.95 所示的半径为 6 的 4 个圆。

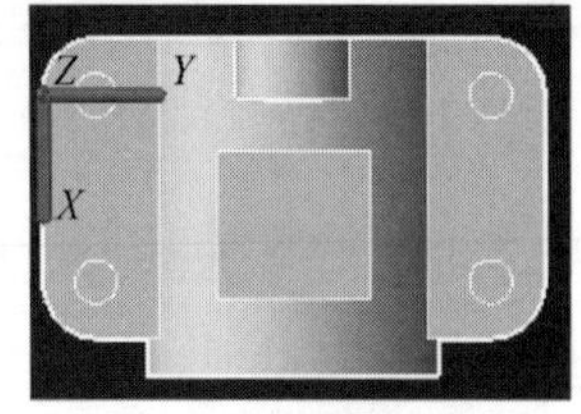

（a）平面方位

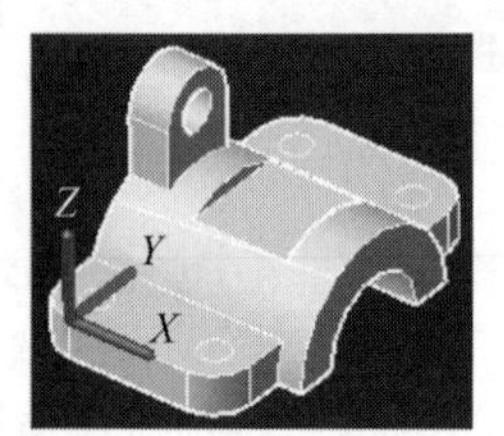

（b）轴测方位

图 15.95 拉伸草图 7

步骤 27：创建拉伸特征 7。选择 拉伸 命令，在系统提示下选取步骤 26 绘制的 4 个圆形对象，沿着 Z 轴方向拉伸−20mm（代表沿着负方向拉伸），完成后如图 15.96 所示。

步骤 28：创建布尔差集。选择下拉菜单 修改(M) → 实体编辑(N) → 差集(S) 命令，在系统提示下，选取步骤 23 创建的实体作为目标体，选取步骤 27 创建的实体作为工具体，完成后的效果如图 15.97 所示。

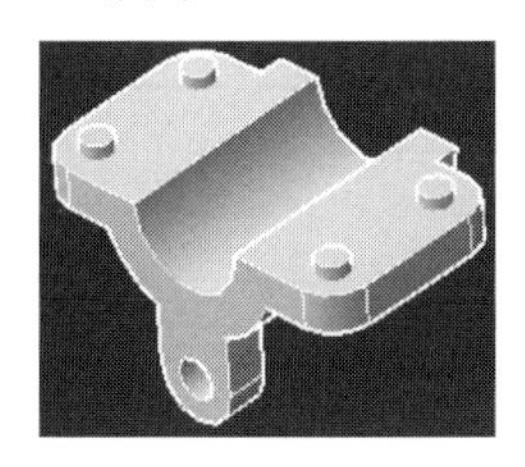

图 15.96　拉伸特征 7

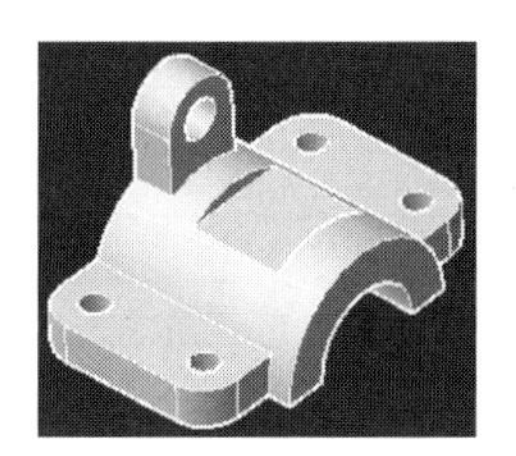

图 15.97　布尔差集

步骤 29：保存文件。

图书推荐

书　　名	作　　者
HarmonyOS 应用开发实战（JavaScript 版）	徐礼文
HarmonyOS 原子化服务卡片原理与实战	李洋
鸿蒙操作系统开发入门经典	徐礼文
鸿蒙应用程序开发	董昱
鸿蒙操作系统应用开发实践	陈美汝、郑森文、武延军、吴敬征
HarmonyOS 移动应用开发	刘安战、余雨萍、李勇军 等
HarmonyOS App 开发从 0 到 1	张诏添、李凯杰
HarmonyOS 从入门到精通 40 例	戈帅
JavaScript 基础语法详解	张旭乾
华为方舟编译器之美——基于开源代码的架构分析与实现	史宁宁
Android Runtime 源码解析	史宁宁
鲲鹏架构入门与实战	张磊
鲲鹏开发套件应用快速入门	张磊
华为 HCIA 路由与交换技术实战	江礼教
深度探索 Go 语言——对象模型与 runtime 的原理、特性及应用	封幼林
深度探索 Flutter——企业应用开发实战	赵龙
Flutter 组件精讲与实战	赵龙
Flutter 组件详解与实战	[加]王浩然（Bradley Wang）
Flutter 跨平台移动开发实战	董运成
Dart 语言实战——基于 Flutter 框架的程序开发（第 2 版）	亢少军
Dart 语言实战——基于 Angular 框架的 Web 开发	刘仕文
IntelliJ IDEA 软件开发与应用	乔国辉
Vue+Spring Boot 前后端分离开发实战	贾志杰
Vue.js 快速入门与深入实战	杨世文
Vue.js 企业开发实战	千锋教育高教产品研发部
Python 从入门到全栈开发	钱超
Python 全栈开发——基础入门	夏正东
Python 全栈开发——高阶编程	夏正东
Python 游戏编程项目开发实战	李志远
Python 人工智能——原理、实践及应用	杨博雄 主编，于营、肖衡、潘玉霞、高华玲、梁志勇 副主编
Python 深度学习	王志立
Python 预测分析与机器学习	王沁晨
Python 异步编程实战——基于 AIO 的全栈开发技术	陈少佳
Python 数据分析实战——从 Excel 轻松入门 Pandas	曾贤志
Python 数据分析从 0 到 1	邓立文、俞心宇、牛瑶
Python Web 数据分析可视化——基于 Django 框架的开发实战	韩伟、赵盼
Python 玩转数学问题——轻松学习 NumPy、SciPy 和 Matplotlib	张骞
Pandas 通关实战	黄福星
深入浅出 Power Query M 语言	黄福星
FFmpeg 入门详解——音视频原理及应用	梅会东

续表

书　　名	作　　者
云原生开发实践	高尚衡
虚拟化 KVM 极速入门	陈涛
虚拟化 KVM 进阶实践	陈涛
边缘计算	方娟、陆帅冰
物联网——嵌入式开发实战	连志安
动手学推荐系统——基于 PyTorch 的算法实现（微课视频版）	於方仁
人工智能算法——原理、技巧及应用	韩龙、张娜、汝洪芳
跟我一起学机器学习	王成、黄晓辉
TensorFlow 计算机视觉原理与实战	欧阳鹏程、任浩然
分布式机器学习实战	陈敬雷
计算机视觉——基于 OpenCV 与 TensorFlow 的深度学习方法	余海林、翟中华
深度学习——理论、方法与 PyTorch 实践	翟中华、孟翔宇
深度学习原理与 PyTorch 实战	张伟振
AR Foundation 增强现实开发实战（ARCore 版）	汪祥春
ARKit 原生开发入门精粹——RealityKit + Swift + SwiftUI	汪祥春
HoloLens 2 开发入门精要——基于 Unity 和 MRTK	汪祥春
Altium Designer 20 PCB 设计实战（视频微课版）	白军杰
Cadence 高速 PCB 设计——基于手机高阶板的案例分析与实现	李卫国、张彬、林超文
Octave 程序设计	于红博
ANSYS 19.0 实例详解	李大勇、周宝
AutoCAD 2022 快速入门、进阶与精通	邵为龙
SolidWorks 2020 快速入门与深入实战	邵为龙
SolidWorks 2021 快速入门与深入实战	邵为龙
UG NX 1926 快速入门与深入实战	邵为龙
西门子 S7-200 SMART PLC 编程及应用（视频微课版）	徐宁、赵丽君
三菱 FX3U PLC 编程及应用（视频微课版）	吴文灵
全栈 UI 自动化测试实战	胡胜强、单镜石、李睿
FFmpeg 入门详解——音视频原理及应用	梅会东
pytest 框架与自动化测试应用	房荔枝、梁丽丽
软件测试与面试通识	于晶、张丹
智慧教育技术与应用	[澳]朱佳（Jia Zhu）
敏捷测试从零开始	陈霁、王富、武夏
智慧建造——物联网在建筑设计与管理中的实践	[美]周晨光（Timothy Chou）著；段晨东、柯吉译
深入理解微电子电路设计——电子元器件原理及应用（原书第 5 版）	[美]理查德 • C. 耶格（Richard C. Jaeger）、[美]特拉维斯 • N. 布莱洛克（Travis N. Blalock）著；宋廷强 译
深入理解微电子电路设计——数字电子技术及应用（原书第 5 版）	[美]理查德 • C. 耶格（Richard C.Jaeger）、[美]特拉维斯 • N. 布莱洛克（Travis N.Blalock）著；宋廷强 译
深入理解微电子电路设计——模拟电子技术及应用（原书第 5 版）	[美]理查德 • C. 耶格（Richard C.Jaeger）、[美]特拉维斯 • N. 布莱洛克（Travis N.Blalock）著；宋廷强 译